几何坐标测量技术及应用

李明　费丽娜　著

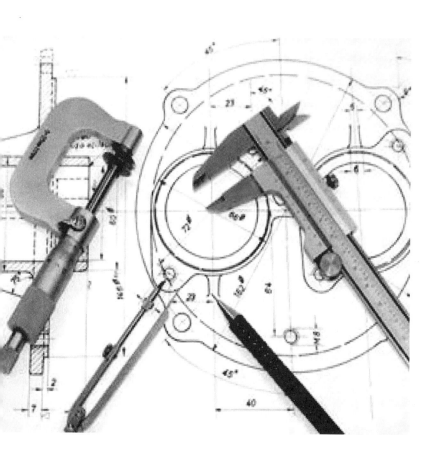

中国质检出版社
中国标准出版社
北　京

图书在版编目（CIP）数据

几何坐标测量技术及应用 / 李明，费丽娜著 . —北京：中国标准出版社，2012.11
（2020.5 重印）

ISBN 978 - 7 - 5066 - 7005 - 0

Ⅰ.①几…　Ⅱ.①李…②费…　Ⅲ.①几何坐标—测量技术　Ⅳ.①P22

中国版本图书馆 CIP 数据核字（2012）第 230585 号

中国质检出版社
出版发行
中国标准出版社

北京市朝阳区和平里西街甲 2 号（100013）

北京市西城区三里河北街 16 号（100045）

网址：www.spc.net.cn

总编室：(010) 64275323　发行中心：(010) 51780235

读者服务部：(010) 68523946

中国标准出版社秦皇岛印刷厂印刷

各地新华书店经销

*

开本 787×1092　1/16　印张 16.5　字数 385 千字

2012 年 11 月第一版　2020 年 5 月第三次印刷

*

定价　60.00 元

作者简介

李明

　　1963 年生，硕士。上海大学机电工程与自动化学院研究员、博士生导师。

　　现任全国产品几何技术规范标准化技术委员会委员（SAC/TC 240，ISO/TC 213）、上海市模具行业协会特种加工委员会副主任委员、上海市机械工程学会先进制造技术专业委员会理事、上海高校互换性与技术测量基础研究会副理事长，是国内坐标测量技术领域的知名专家。

　　从 1987 年开始接触三坐标测量机，长期从事几何坐标检测与质量过程控制、机电一体化系统设计制造方面的教学与研究工作。承担过国家 863、上海市重大和重点攻关项目，并且十分重视与企业的产学研合作，研究成果应用于汽车、风电、航空、航天、地铁、隧道、造船、建筑、机床、军工等领域，多次获得上海市科技进步奖。已公开发表学术论文 50 余篇，获发明专利授权 10 余项。

　　2003 年以来主持和参与了 30 多项产品几何技术规范（GPS）国家标准的制修订工作。多年来一直致力于 ISO、GB 和 ASME 标准的研究、宣贯、企业应用和人才培养。

　　联系方式：robotlib@shu.edu.cn

费丽娜

哈尔滨工业大学自动化测试与控制专业硕士，蔡司光学仪器（上海）国际贸易有限公司工业测量部培训经理，曾担任过应用工程师和产品经理的职务，具有丰富的基层测量经验，在许多技术交流会和学术论坛上发表过坐标测量技术和应用的文章，同时直接参与上海大学"几何坐标测量技术与应用"本科课程的教学工作。

联系方式：feiln@zeiss.com.cn

蔡司光学仪器（上海）国际贸易有限公司（ZEISS）

使命：作为光学技术的先锋，我们不断挑战人类想象的极限。我们以追求卓越的激情为客户创造价值，开启认知世界的全新方式。

关注领域：工业解决方案，科研解决方案，医疗技术。

网址：www.zeiss.com.cn
电话：021-50481717

序

产品几何技术规范 GPS（Geometrical Product Specifications）规定了产品几何特性的定义及验收方法，规范了产品设计、制造、检测、控制的整个质量控制过程，其系列标准构成了机械制造业最基础和最重要的标准体系。

随着数字化技术的发展，新一代 GPS 体系已在理念和方法上发生了根本性的改变。从基于几何到基于计量数学，从仅规范几何精度标注内容和方法到规范整个几何精度的设计与形成过程，无不体现出当今最先进的几何精度设计与控制理念。

作为几何数字化测量技术的几何坐标测量技术，是新一代 GPS 体系的重要组成部分，也是现代数字制造过程中质量过程控制的关键技术。由于该项技术本身涉及的知识体系非常庞杂，现有的规范和标准还未能兼顾到其中一些过程。所以，目前企业在实际应用中最为关注这一部分的技术内容。

该书在新一代 GPS 的理念、方法和相应的国家标准规范基础上，结合几何坐标测量技术的原理和方法，通过大量的实际应用案例，详细且较规范地描述了几何坐标技术及其应用方法。它将帮助坐标测量行业规范测量操作过程，更好地应用坐标测量技术这一数字化测量和控制手段，保障产品质量，提升产品品质。所以，该书的出版不仅是对当今几何坐标测量技术理论和实践的一次小结，也可以说是对 GPS 规范体系在实际应用中的有益解读和引导。

因此，我向专业技术人员推荐这本专著，借以有效地推动 GPS 国家标准体系的建立、实施和应用。

全国产品几何技术规范标准化技术委员会

主任委员　强毅

2012 年 8 月

作 者 序

坐标测量技术（Coordinate Measuring Machine，CMM）是产品几何质量数字化过程控制的关键技术，属于产品几何技术规范（Geometrical Product Specifications，GPS）和 ASME GD&T 标准及应用中的一个重要组成部分，在数字化制造的今天已得到了越来越广泛的应用，成为产品几何质量控制系统中不可或缺的高端技术。

然而，坐标测量技术在实际应用中却遇上了诸多的问题，如坐标测量技术与新一代 GPS 标准体系及 ASME GD&T 的关系问题、测量过程的规范问题、测量系统的不确定度问题、坐标测量与其他测量方法的测量结果比对问题、坐标测量系统的应用问题等。

本书作者有多年几何精度设计与质量控制理论、坐标测量理论、技术和应用研究、与多个行业和领域的企业成功合作经历，并直接参与了多项新一代 GPS 标准的制修订工作，积累了丰富的实践经验。在整合原本科教学讲义，GPS、GD&T 和 CMM 培训讲义的基础上，结合 ISO、GB 和 ASME 相关标准、坐标测量机制造商的资料，以及企业和网络提供的案例编撰了本书。

本书基于新一代 GPS 标准体系和美国 ASME GD&T 相关标准，在介绍坐标测量原理的同时，通过大量的实际案例，结合传统测量方法进行了比对描述，希望使读者能更好地理解本书的内容，同时也对坐标测量机应用过程中的一系列问题进行了探讨，希望能对读者的测量实践有所启发和帮助。

本书可以作为高校精度设计和技术测量课程的辅助教材，也可作为从事机械产品设计、制造、检测和质保人员的参考书籍，更希望本书能成为坐标测量从业人员的一本工具书。

全国产品几何技术规范标准化技术委员会秘书长明翠新研究员为本书的立项和出版提供了指导与帮助。

本书的编写与出版得到了德国蔡司光学仪器（上海）国际贸易有限公司的支持，特别是平颉副总裁对本书的立项和出版给予了全力支持。工业测量部资深工程师张亮先生、工业测量应用部门侯世俊和张超先生在技术上给本书许多有益的直接指导与帮助。

本书的出版得到了上海大学重点课程建设项目经费的资助。

本书在编写、修改和审核过程中，得到了全国产品几何技术规范标准化技术委员会委员、深圳市计量质量检测研究院于冀平高级工程师，全国产品几何技术规范标准化技术委员会委员、上海汽车工业（集团）总公司倪新珉高级工程师，上海大学韦庆玥老师、李伟老师、研究生赵幸福和杨恢等的直接支持和帮助，同时也得到了上海大学 2010 年和 2011 年二届卓越工程师试点班 50 多位同学的许多宝贵意见和建议。在此对帮助和支持本书编写和出版的所有同行和朋友表示由衷地感谢。

受限于作者的知识、能力和精力，本书必然会存在一些问题，甚至错误，希望能得到读者和同行们的意见、建议和反馈。

作　者
2012 年 8 月

目　　录

第 *1* 章

坐标测量技术概论

几何坐标测量涉及计量技术、测量技术、数字测量系统及其应用等多个方面，本章主要介绍与坐标测量技术及其应用密切相关的一些基本概念、相关标准规范及知识体系。

1.1 基本概念

在国际标准化组织/国际电工委员会第 99 号指南（2007）《国际计量学词汇—基础通用的概念和相关术语》［International vocabulary of metrology —Basic and general concepts and associated terms（VIM）］中对测量进行了定义（国内对应的计量技术规范为 JJF 1001：2009《通用计量术语及定义》）：

Measurement：experimentally obtaining one or more quantity values that can reasonably be attributed to a quantity.

测量（有时也称计量）：通过实验获得并可合理赋予某量一个或多个量值的过程。

从上面的定义中我们可以看到测量是一个过程，包括了测（数据获取）和量（评定）两个主要方面，涉及测量要求、测量工具、测量方法、测量过程和评定方法等内容，其核心是整个操作过程的规范，也就是说，所有的测量结果是有条件的，这种条件就是操作规范。

国际标准 ISO 10360：2000［Geometrical Product Specification（GPS）—Acceptance and reverification tests for coordinate measuring machines—Part 1：vocabulary］，对应的国家标准 GB/T 16857.1—2002《产品几何量技术规范（GPS） 坐标测量机的验收检测和复检检测 第 1 部分：词汇》中对坐标测量技术的相关术语进行了定义，其中包括：

坐标测量机（CMM） coordinate measuring machine
通过运转探测系统测量工件表面空间坐标的测量系统。

坐标测量 coordinate measurement
由坐标测量机来完成空间坐标的测量。

在坐标测量技术中，坐标系是一个用来表示几何要素方位和坐标测量机运行方位的体系，其定义与数学定义的坐标系一致。

坐标系 coordinate system
对于一个 n 维系统，能够使每一个点和唯一的一组（n 个）标量构成一一对应的系统。

对于三维空间而言，最常用的是直角坐标系，也称笛卡儿坐标系（Cartesian coordinate system），是一种正交坐标系。三个坐标轴满足由右手定则规定的三维空间，图 1.1

表示了三维直角坐标系定义规则，三个轴按常规定义为 X、Y 和 Z 轴。

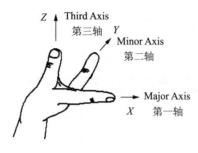

图 1.1　几何坐标系定义

此外，还有一些与测量工作密切相关的概念：

测量误差　measurement error，error of measurement

简称误差（error），测得的量值减去参考量值。

偏差　Deviation

偏差又称为表观误差，是指个别测定值与测定的平均值之差，它可以用来衡量测定结果的精密度高低。

在测量工作中，误差和偏差是二个非常容易混淆的概念。应该说，误差是测量值与真值之间的差值，我们一般用误差来衡量测量结果的准确度，用偏差来衡量测量结果的精密度；误差是以真值为标准，偏差是以多次测量结果的平均值为标准。

从上面可以看出，误差与偏差的含义完全不同，实际工作中必须加以区别。但在一般情况下，由于真值我们并不知道，因此实际中往往在尽量减小系统误差的前提下，把多次平均测量值当作真值，把偏差当作误差。

在介绍坐标测量技术之前，这里先汇总描述一下测量中会使用到的一些术语。

几何要素　geometrical feature（GB/T 18780.1）

点、线、面。

组成要素　integral feature（GB/T 18780.1）

面或面上的线。

导出要素　derived feature（GB/T 18780.1）

由一个或几个组成要素得到的中心点、中心线或中心面。

下面通过一个简单的示例来介绍坐标测量技术的原理：

图 1.2 描述了坐标测量的原理和对工件几何特征进行坐标测量的过程：将被测工件（包含有一个截面圆，图 1.2 中表示为一个虚线的圆），放置在一个平面直角坐标系（图 1.2 中为测量坐标系，即测量机的坐标系）中，通过坐标测量机移动和对被测工件轮廓面（被测特征）的测量，能得到被测截面圆上一个点集 P $\{P_1，P_2，P_3\cdots P_n\}$ 的二维坐标值。由于已知被测几何特征的理想要素是一个截面圆，因此可以通过对测得点（点集 P）进行拟合目标为圆的数学拟合操作，就能得到图示中的被测几何要素（geometrical feature）的拟合要素（associated feature）——被测截面圆（即被测要素的替代要素），以及该拟合要素的导出要素（derived feature）——被测截面圆的圆心。然后通过与公称要素

（nominal feture 理论模型）的比较得到二者之间的误差，包括直径和位置等，并根据图样所规范（标注）的公差进行误差评定。

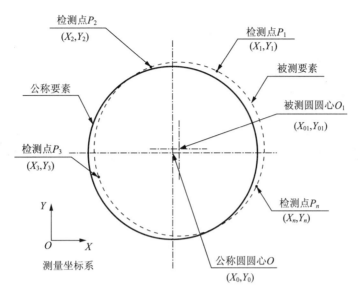

图 1.2 几何坐标测量原理示意

从上面测量和操作过程的描述来看，本书对坐标测量技术进行了新的定义：

坐标测量 coordinate measurement

一种通过对工件轮廓面进行离散点坐标获取、几何要素拟合操作后进行误差评定的几何量测量技术。

坐标测量机（CMM） coordinate measuring machine

采用坐标测量技术的测量系统。

从上面的定义来看，具有三维空间测量能力的坐标测量机都可以称为三坐标测量系统。

坐标测量机（测量系统）一般由硬件、软件和辅助系统组成，其主要功能包括：工件装夹与定位、探针系统配置与校准、测点坐标获取、几何要素拟合、评定基准建立、误差评定和测量结果输出等功能。

1.2 坐标测量技术的发展和应用

意大利 DEA 公司（Digital Electronic Automation Spa）可能是世界上第一台坐标测量机设备的制造商，这是一台具有门式结构并配置了硬测头的坐标测量机。

苏格兰 Ferranti 计量公司（现在为 IMS 公司：International Metrology Systems）可能是第一台采用计算机辅助（Direct Computer Assist）的坐标测量机制造商，这是一台悬臂结构的坐标测量机 [图 1.3a]，它配置了坐标轴的数显装置和硬测头。

德国卡尔·蔡司公司是世界上第一台采用计算机数控（Computer Numerical Control，CNC）技术的三坐标测量机制造商，这是一台桥式测量机 [图 1.3b]，它革命性地将电子技术和测量技术集成在一起，使测量准确度可以达到 $0.5\mu m$，配备了现代意义的接触式探测系统、标准计算机接口、测量软件、动力驱动系统和控制面板等。

今天，高端的坐标测量系统已发展成一种具有高精度计量特性和全自动操作功能的测量系统（见图 1.4）。

a）

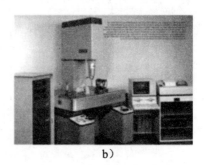

b）

图 1.3　第一台 DCA 和第一台 CNC 坐标测量机

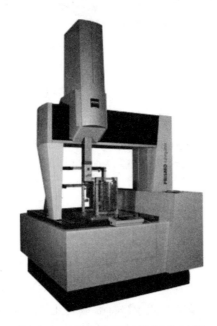

图 1.4　现代坐标测量系统示例

(1) 工件的变化

随着数字制造技术的发展，特别是三维数字设计（CAD）和数字制造技术（CAM）的日益广泛应用，工件的几何特性较以前发生了很大的变化，其主要体现在：

①三维设计和多轴数控加工技术的出现和应用，工件的形状已变得越来越复杂；

②工件的精度要求越来越高，不仅体现在尺寸方面，更体现在形状和空间方位方面；

③极端制造技术的飞速发展，使工件的体量向更大和更小二方向发展，分别进入了微纳和（超）大型尺度。

同时，越来越高的现代产品质量控制要求也对工件的检测和评定技术，特别是质量状况的数字化和过程控制提出了更高的要求，坐标测量技术和测量系统已成为现代制造系统，特别是产品几何质量过程控制过程中不可或缺的部分。

图 1.5 介绍了坐标测量技术在几种复杂工件测量和精度控制中的应用。

a)　　　　　　　　　　b)　　　　　　　　　　c)

图 1.5　坐标测量技术在复杂工件测量和尺寸控制中的应用示例

1）某型号轿车的变速箱壳体［图 1.5a)］：铝镁合金压铸件，需要全尺寸数字测量报告。工件压铸成形后毛坯外形质量控制点数（测量点数）近 5000 个，工件在加工后需测量与控制的几何尺寸误差和几何误差等总计 450 多项；工件采用批量生产方式，其加工质量需要进行过程控制。

2）某型号汽车发动机的气缸盖［图 1.5b)］：铝镁合金压铸件，在工件处于毛坯状态时就需要全尺寸数字测量报告；工件由五轴数控机床加工完成，并需要进行六面（全部空间方向）的几何尺寸误差和几何误差高精度测量与评定；同时由于是批量生产，需要进行质量过程控制。

3）某型号集成阀块［图 1.5c)］：要求五面高精度孔系的几何尺寸误差、几何误差测量和评定；工件加工为批量生产方式，其加工质量需要进行过程控制。

（2）坐标测量系统的位置及与其他环节关系

从以上案例中可以看到坐标测量技术在现代数字制造系统中的重要作用。图 1.6 描述了坐标测量系统在现代机械设计制造过程中的位置及其他环节之间的关系：

1）基于计算机辅助设计（CAD）的几何精度设计技术是整个测量工作的上游，CAD 模型作为理论模型（公称模型）、二维工程图样（规范有公差信息）或三维公差规范模型将是后续测量过程规范建立、误差评定的虚拟对象和评定依据；

2）测量工作不仅针对工程图样的要求，还有相当一部分工作内容是针对制造过程的监控和调整，因此在制定测量过程规范时，还会考虑制造工艺与制造系统等因素。其最终的误差分离结果有相当部分会返回制造系统，用于加工过程的调整；

3）测量过程的规范还会受到质量控制策略的约束，即需要根据控制要求来确定检测的频度、内容和数据密度等，以及返回各相关体系的检测数据内容。

（3）现代测量工作的特点

从上面我们可以看出，现代精度控制过程对测量工作的要求具有以下的特点：

1）工件质量状态的数字化

坐标测量技术对工件几何质量状态的数字化（量化）能力，使其在整个数字制造中的作用越来越突出。它不但实现了几何特征的尺寸误差、几何误差等的数字化，还能通过统计分析手段，描述这些误差的变化过程和趋势，这为产品质量的过程控制提供了依据和有力的技术支撑。

2）工件误差检测的全面化

坐标测量技术的应用将传统对尺寸误差和几何误差的单一化测量模式转变为基于CAD数模的关联化测量模式，使人工测量方式转变为全自动数控测量方式，为全面提高工件的几何精度提供了条件和手段。从理论上讲，目前的坐标测量技术已几乎能完成工件上所有几何特征的尺寸误差和几何误差测量与评定工作，即所谓的全尺寸测量要求。

3）几何规范与计量检测过程的数字化

坐标测量技术不但量化了被测产品的质量状况，也为从几何产品技术规范到计量检测整个过程的数字化提供了条件和手段，其具体体现在新一代产品几何技术规范（Geometrical product specification，GPS）标准体系的理念和应用中。特别对检测过程和结果测量不确定度的评估等，使产品几何技术规范与计量检测过程实现了从基于几何学理论到基于计量数学理论的转化。

4）工件质量控制的过程化

工件质量信息的数字化，特别是工件制造过程中质量信息的数字化，为批量生产的工件质量过程控制提供了技术上的保障。

5）产品数字设计制造过程信息的集成化

数字检测和计量是整个几何产品数字设计制造系统中的一个重要环节，其信息化与集成化技术的应用将有效地提高质量控制管理的效率，在保障工件质量的同时，还为工件品质的提高和成本的控制提供了条件和技术手段。

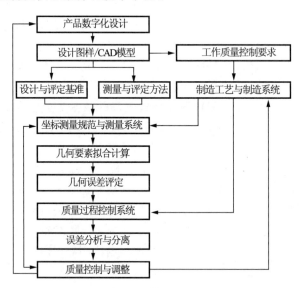

图 1.6　几何坐标测量和误差评定过程

目前，坐标测量技术已广泛地应用在包括航空航天、地铁隧道、汽车制造、机械制造、造船建筑、风电水电、微纳制造、计量检测等领域，坐标测量机（系统）已成为主要的几何量数字测量设备，被应用在生产现场、检测部门和计量部门。

1.3　相关规范、标准和技术体系

作为一种产品几何特性测量的技术，坐标测量技术是在产品几何技术规范（Geometrical product specification，GPS）标准体系的指导下开展工作的，其应用的技术体系如图 1.7 所示：

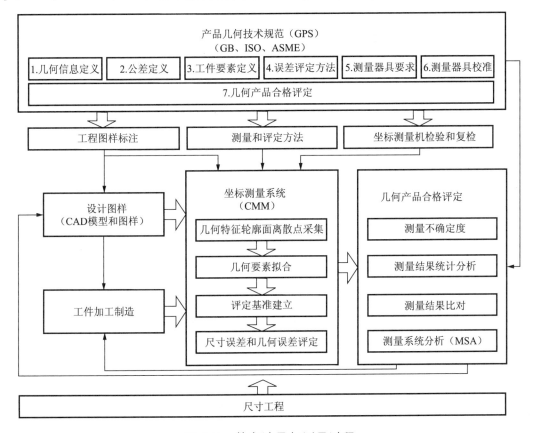

图 1.7　数字计量与测量过程

(1) 新一代 GPS 标准的技术特点：

GB/Z 20308：2006《产品几何技术规范（GPS）　总体规划》（ISO/TR 14638：1995，MOD）规定了整个 GPS 标准体系所涉及的范围，我们可以看到新一代 GPS 标准具有以下的技术特点：

①新一代 GPS 是基于计量数学技术的标准体系，而上一代 GPS 的理论体系是基于几何理论的。从目前来看，世界上主流的产品几何技术规范（标准）还存在二大流派，一派就是以 ISO 为代表的标准体系（基于计量数学的 GPS 体系），另一派则是以美国机械工程师协会（American Society of Mechanical Engineers，ASME）所颁布的标准体系为代表，其目前主要还是基于几何理论。我国的标准战略是尽可能地等同采用 ISO 标准。

②数字化测量技术已成为新一代 GPS 标准体系的核心，而坐标测量技术更成为其中的关键部分，其体现在包括几何定义、要素拟合和误差评定的整个过程中。

③新一代 GPS 标准的规范范围有了很大的扩展，涵盖了几何精度设计方法、几何规范、测量评定方法、测量过程和测量工具等领域。

GPS综合标准								
基础GPS标准	GPS通用标准矩阵							
	链环 要素的几何特征	1 产品文件表示（图样代号标注）	2 公差定义及数值	3 实际要素的特征或参数定义	4 工件偏差评定	5 要素特征提取	6 测量器具	7 计量器具校准
	1 尺寸							
	2 距离							
	3 半径							
	4 角度							
	5 与基准无关的线的形状							
	6 与基准有关的线的形状							
	7 与基准无关的面的形状							
	8 与基准有关的面的形状							
	9 方向							
	10 位置							
	11 圆跳动							
	12 全跳动							
	13 基准							
	14 轮廓粗糙度							
	15 轮廓波纹度							
	16 基本轮廓							
	17 表面缺陷							
	18 棱边							
	GPS补充标准矩阵							

图 1.8　新一代 GPS 标准体系矩阵

也就是说新一代 GPS 标准制定的目标包括了指导产品几何特性定义、检测和计量等控制整个产品几何质量过程。

（2）坐标测量技术涉及的内容

就坐标测量技术而言，涉及从几何特征轮廓面（实际组成要素）离散点采集方法、几何要素拟合、评定基准建立以及尺寸误差和几何误差评定等。同时还将包括测量系统和对整个过程规范制定的方法等。图 1.8 描述了新一代 GPS 标准体系的矩阵结构，从中可以清晰地看到该标准体系所涉及的具体内容。

在坐标测量技术实际应用过程中，它还是产品尺寸工程（Dimension engineering）中的一个重要环节，是检测工件实际几何精度状况、实现质量过程控制的数据源。

从图 1.8 中还可以看到坐标测量技术具体涉及的一些内容，其主要是依据 GB/T 1182《产品几何技术规范（GPS）　几何公差　形状、方向、位置和跳动公差标注》、GB/T 17851《产品几何技术规范（GPS）　几何公差　基准和基准体系》等标准中所规定的几何要素、几何公差代号和基准等标注信息开展相关的测量和评定工作，主要包括：

①针对整个测量工作与过程，制定完整的检测、评定和操作规范；

②各类几何特征（实际组成要素）的数字坐标测量，包括点、空间点、线（截面线、中心线）、圆（截面圆）、平面、圆柱、圆锥、球、曲线（平面曲线、空间曲线）、曲面等，并进行几何要素的拟合、中心要素的导出及其他相关要素的处理等；

③建立评定基准，并根据图样要求进行误差评定；

④对整个测量系统进行不确定度管理（Procedue of Uncertainy Management，PU-MA）和测量系统分析（Measurement system analysis，MSA）；

⑤对测量结果进行合格判定，开展这方面工作的前提是整个过程的规范，依据的国家标准为 GB/T 18779《产品几何技术规范（GPS） 工件与测量设备的测量检验》系列标准。

以上各项工作所涉及的技术、规范和操作技能都属于坐标测量的技术体系范畴。

1.4 传统测量技术与坐标测量技术的关系

数字坐标测量为生产实际提供了一种全新的产品几何特性测量评定方法，它彻底改变和提升了计量检测技术的内涵，特别是数字化技术的引入，使 GPS 标准体系从基于几何理论转为基于计量数学理论。

(1) 工作流程和相关规范

图 1.9 给出了目前传统测量和数字坐标测量这两种技术体系的工作流程和已涉及的相关规范。

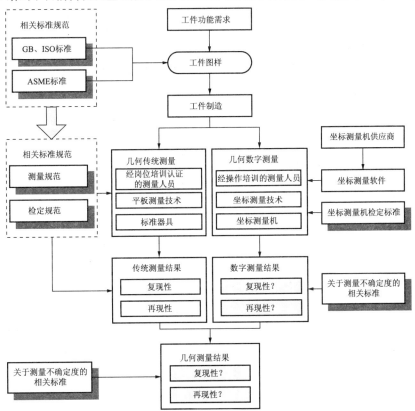

图 1.9　几何坐标测量和传统测量工作流程

从图 1.9 中我们可以看到，总体上看两种测量方法的操作流程差不多，但传统测量方法经过多年的发展，已形成了完整的技术、规范和操作流程。而坐标测量方面，有很多细节问题需要完善，其中主要包括：

①现有标准和规范体系目前已对几何定义等内容进行了规范，但针对坐标测量具体操作过程的相关规范还未制定完毕，造成了目前测量过程的不够规范，并引发一系列问题。

②由于坐标测量与传统测量技术在诸多方面存在着差异，这就造成了在两种测量方法测量结果比对时会出现问题。要有效地协调和解决这些问题，同样需要通过制定相关的规范来实现。

（2）几何坐标测量需注意问题

如同我们对所有测量工作的要求一样，在几何坐标测量技术的实际应用中，需要重点关注的问题有三个：

①几何坐标测量系统的精度问题，这个主要是精度的可溯性问题，目前 GB/T 16857《产品几何技术规范（GPS） 坐标测量机的验收检测和复检检测》系列标准在一定程序上规范了这方面的工作；

②几何坐标测量过程中自身测量结果的复现性和再现性问题（Gauge Repeatability &Reproducibility，GR&R），在具体操作过程中，主要通过一人多次和多人多次的测量，来观察测量结果的稳定性；

③几何坐标测量结果与传统测量结果的对比问题，其中包括了在不同坐标测量系统，以及不同测量方法之间测量结果的比较问题。由于传统测量和坐标测量方法在基础理论上的不同，如何进行测量结果的比对将是一个不得不回答和解决的问题。

（3）传统测量与数字坐标测量技术的比较

传统测量和数字坐标测量技术在具体运用和操作过程中，还存在着许多各自的特点，表 1.1 罗列了传统测量和坐标测量技术在应用层面诸多方面的比较。

表 1.1　传统测量和坐标测量的特点和比较

比较内容	传统测量	数字测量
测量精度	当使用专用测量工具时，单个几何特征（如直径的测量等）的测量不确定度可能更小	由于测量原理、方法与规范等方面的原因，单个几何特征（如直径的测量等）的测量不确定度不容忽略
操作规范	已有相应的检测与误差评定规范和方法	尚未形成完整的检测与误差评定规范和方法
被测工件定位要求	在几何特征方向和位置误差测量时，需根据检测规范，将工件精确定位	测量中工件无需精确定位
对工件的适应性	测量复杂工件需使用专用测量工具或做多工位转换，准备和测量过程复杂，对测量任务变化的适应性差	凭借测量程序、探针系统（组合）和装夹系统的柔性，能快速面对并完成不同的测量任务
评定的基准	通过基准模拟和基准体系的建立，将工件直接与实物标准器或标准器体系比较并进行误差评定	通过对基准的拟合和基准体系的建立，将被测工件与理论模型比较并进行误差评定

续表 1.1

比较内容	传统测量	数字测量
测量功能	尺寸误差和几何误差需使用不同的工具进行测量评定	尺寸误差和几何误差的测量与评定可在一台仪器上完成
测量结果特点	测量结果相互独立，很难进行综合处理	能方便地生成一体化、较完整的测量或统计报告
操作方式	以手工测量为主，数据稳定性保证困难，工作效率低	通过编程实现自动测量，数据稳定，工作效率高，特别适用于批量测量
测量时间	准备与测量操作时间较长，特别是面对批量测量时	准备与测量时间较短，特别是在批量测量时
从业人员要求	对测量人员的技能水平要求高	对测量人员的综合技术素养要求高

从表 1.1 的对比中我们可以总结出以下几点：

①从理论上看，两种测量技术的主要功能都是工件几何特征的测量和误差评定，但由于测量精度、测量方法、自动化程度等诸多方面的不同，因此在实际工作中，它们应该是有比较明确的分工和互补。相对而言，坐标测量系统较多应用在综合测量和需要质量信息数字化的场合。而传统测量一般多用于工序中的通止测量，以及单一几何特征的高精度测量方面。

②由于二者之间存在着基础理论方面的不同，因此在二者测量数据比对时需要特别注意，特别是当被测工件的状态不佳时，如果没有详细的测量规范作为比对依据，其数据比对结果将无实际意义。有关这方面内容将在后续章节中详细展开。

③尽管传统测量和数字坐标测量技术的理论基础不一样，但它们的测量对象是一样的，当被测工件的精度状态良好，同时又制定有良好的操作规范，其测量结果就具有可比性。由于传统测量技术非常直观，同时又是测量工作的基础，因此充分了解传统几何测量技术，将有助于我们对坐标测量技术的了解和应用。

1.5　从业人员的知识体系

从上面数字坐标测量技术的技术体系和应用流程来看，对坐标测量从业人员的技术素养要求远高于传统几何测量的操作人员。特别是从测量转换规范和测量工艺的制定过程来看，在目前数字测量方面的规范还没有成为通用标准之前，这些测量规范制定工作也将由企业的坐标测量和操作人员来完成。

下面介绍了坐标测量人员相关的知识体系和综合能力要求，其主要内容包括：

①熟悉 GB、ISO 和 ASME 等几何技术规范和标准，对于几何测量而言，其核心就是几何尺寸和公差（Geometric Dimensioning and Tolerancing，GD&T），并能在此基础上正确理解和解释工件工程图样上标注的测量要求。

②具有与产品工程师和尺寸工程师进行沟通的能力，这一方面有利于正确理解工件的功能与工程图样的关系，另一方面也有利于纠正工程图样中可能的与（坐标）测量技术相冲突的内容。大量事实表明，目前由于产品设计工程师和尺寸工程师对测量工作、特别是

坐标测量技术的不了解，图样中出现相关问题的现象时有发生，这也是新一代GPS体系建设中设想解决的一个问题。

③熟悉几何坐标测量的原理和方法，包括几何特征的测量方法、几何要素的拟合方法、测量和评定基准的建立方法、尺寸误差和几何误差的测量和评定方法等。

④掌握坐标测量系统的操作技能，包括测量机操作、软件操作、测量参数设置、探针配置和组合、探针系统校准、测量机维护保养等。

⑤掌握工件安装定位方面的工艺知识，了解如何根据图样上的规范要求，保证被测工件的测量工况。

⑥了解传统测量方面的知识和相关的规范，如平板测量技术等。这方面的知识一方面能帮助我们更好地理解几何数字坐标测量的原理和方法，更有助于数字坐标测量和传统测量二种测量方法之间测量结果的比对及相关问题的解释。

⑦了解测量工具、测量方法、测量环境、测量规范和工件实际状况等因素对测量结果的影响，并能在测量过程中对测量进程中出现的问题做出有效的判断。

⑧具有对测量结果的合格性进行判断的能力，包括对测量不确定度的概算、测量系统分析（MSA）技术的理解、掌握和应用等。这些方面的知识是判断测量结果复现性和再现性所必需的。

当然，所有这一切都构筑在数字坐标测量人员的敬业精神和职业道德的基础之上。

从以上数字测量人员知识体系和综合能力要求来看，其要求远比对从事传统测量的人员要高。也就是说，传统测量工作由有资质的测量工（人）就可以完成，而同样的工作如全部采用数字坐标测量技术，由数字坐标测量人员来承担的话，也许要由合格的测量工程师来承担了，这是由数字坐标测量技术的特点所决定的，这一点应当引起企业足够的重视。

第 2 章

几何特征的坐标测量和要素生成

本章将以相关国家标准为指导，在介绍几何坐标测量原理的基础上，介绍几何坐标测量过程中工件上几何特征的坐标测量方法，被测几何要素的生成方法等。

2.1 坐标测量中几何要素的生成

GB/T 18780—2002《产品几何量技术规范（GPS） 几何要素》系列标准对几何要素及其获取、拟合等方法进行了规定。这些规定是整个坐标测量理论和技术的基础。

图 2.1 描述了相关的几何技术规范中几何要素的术语和拟合要素的生成过程，图 2.2 描述了这些要素之间的内在关系与操作流程。

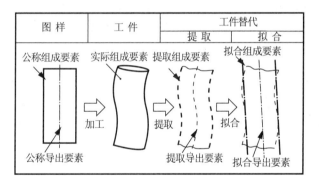

图 2.1 以圆柱为例对几何要素术语的解释与操作过程

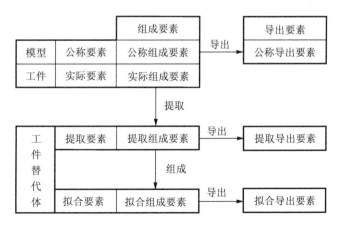

图 2.2 几何要素之间的内在关系

从图 2.1 和图 2.2 中可以看到从设计公称组成要素到工件上的实际组成要素（轮廓面）、测量时的提取组成要素和拟合计算时的拟合组成要素，以及拟合导出要素的整个过程。该过程中的相关操作主要有：

（1）**分离**（partition）

按特定规则，用于从理想或非理想的表面模型得到边界要素或要素的一部分的一种操作。即在工件公称模型（理论模型）的公称组成要素和实际工件上几何特征的轮廓面上，对应指定需要进行测量的实际组成要素的过程。

（2）**提取**（extraction）

按特定规则，用于从要素上获取有限点集的一种操作，即对被测要素（轮廓面、线或点）进行离散处理并采集离散点（集）的过程。表 2.1 罗列了在工件轮廓面上进行提取操作的各种方法。由于工件上几何特征形状、方位和表面质量等因素的影响，不同的提取方法会引起原始测点数据的不同，这会影响到最终的测量结果，因此提取操作的方法应该在相应的规范下进行。

（3）**拟合**（association）

按特定规则，用于将理想要素与非理想要素相贴合的一种要素操作。拟合是坐标测量操作过程中的一个重要环节，在通过离散点测量获得了点群后，通过对测点群数据预处理（滤波，filtration），剔除粗大误差测点后，采用理想要素，针对理论模型中几何特征参数（位置、方向和大小）的调整使其按一定的规则去逼近离散点群，最后得到拟合组成要素。图 2.3 描述了从实际组成要素（轮廓面）上离散测点到拟合组成要素的操作过程。

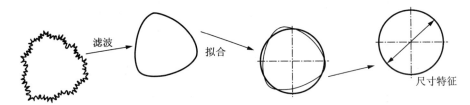

图 2.3　几何要素的拟合过程

在几何测量中，传统测量是采用模拟方法进行被测要素的获取和直接比对测量，而在采用综合量规进行测量时，则是根据泰勒原则进行通止的检测，测量过程非常直观。而在数字坐标测量中，由于被测工件的轮廓面肯定不是理想形状，而要完成几何要素间完整的误差评定，需要在理想形状之间进行。拟合操作过程就是完成被测要素（非理想形状）向拟合要素（理想形状）的转化，当拟合操作完成后，后续的评定操作使用的是拟合要素（理想形状）。这实际上就是用拟合要素替代了被测要素。

常用的几何要素的拟合中一般有以下几种准则（算法）（见图 2.4）：

1）最小区域法

即使包容误差的区域最小。在坐标测量技术中，即在包容离散测点时，使与拟合结果相关的误差包容区域为最小。该算法也被称为切比雪夫（Chebyshev）算法。

2）最大实体法

使拟合要素处于被实测要素的最大实体状态，此时，拟合要素是与实际的几何轮廓线相切。对于孔而言，就是最大内接圆，对于轴而言，就是最大外接圆。此时，与传统测量中的贴切要求相符。

3）最小实体法

使拟合要素处于实测要素的最小实体状态，这实际上是一种虚拟的状态。

4）高斯方法

该算法也被称为最小二乘法，即离散点与拟合结果（要素）之间误差的平方和最小。这种方法是目前数字坐标测量中最常用的一种拟合方法，也是坐标测量机测量软件中的一种缺省方法。

目前在测量结果仲裁时，一般用最小区域法。而采用最大实体法和最小实体法时，要求参与拟合计算的点的数量要尽可能大一些。

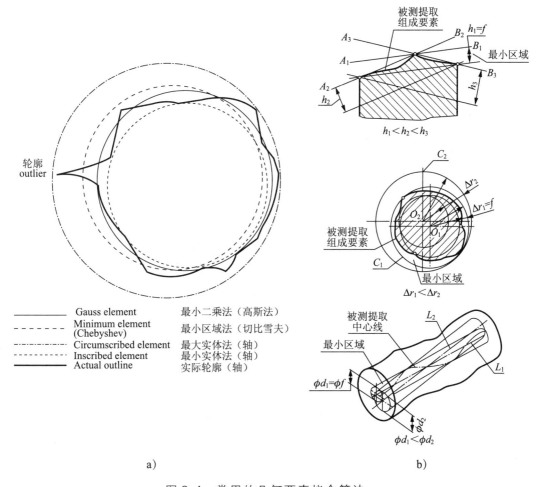

——————	Gauss element	最小二乘法（高斯法）
- - - - - -	Minimum element (Chebyshev)	最小区域法（切比雪夫）
- · - · - ·	Circumscribed element	最大实体法（轴）
- - - - - -	Inscribed element	最小实体法（轴）
▬▬▬▬	Actual outline	实际轮廓（轴）

a)　　　　　　　　　　　　b)

图 2.4　常用的几何要素拟合算法

从图 2.4a）中可以看到四种拟合方法的拟合结果，同时也可以看到对原始数据进行预处理的必要性，图中实际轮廓线有一突变处，如果不是实际工件的缺陷，那么就是测量过程中的粗大误差，应当在剔除后再进行后续的拟合处理。

几何坐标测量技术及应用

此外，图中也可以看到这几种拟合方法所得到的拟合结果之间的明显差异，因此在后续测量数据比对时，数据预处理方法和所选择的拟合方法也应该作为测量结果比对的条件。

（4）**导出**（derivation）

从理想组成要素中生成中心要素等要素的一种操作。这类操作主要生成中心点（圆心、球心）、锥顶点、中心线、中心面等要素。导出操作是在拟合后的理想要素上操作完成的，因此其生成的导出要素也是理想的。

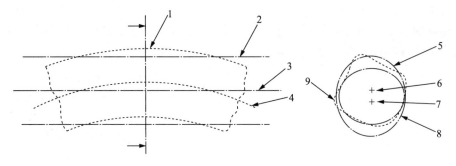

1—提取表面；2—拟合圆柱面；3—拟合柱面轴线；

4—提取中心线；5—拟合圆；6—拟合圆圆心；

7—拟合圆柱面轴线；8—拟合圆柱面；9—提取线。

图 2.5 圆柱面的中心线导出

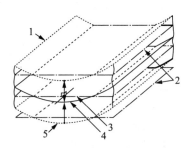

1—提取表面；2—拟合平面；3—拟合中心平面；

4—提取中心面；5—提取表面。

图 2.6 二平行平面的中心面导出

GB/T 18780.2—2003（ISO 14660-2：1999，IDT）《产品几何量技术规范（GPS）　几何要素　第 2 部分　圆柱面和圆锥面的提取中心线、平行平面的提取中心面、提取要素的局部尺寸》对需要进行测量评定的中心要素的提取和导出操作进行了专门的规定。

图 2.5 描述了对一个被测圆柱进行圆柱拟合的过程和拟合结果，这是单一要素的拟合操作，根据设计图样的要求（一个理论圆柱），其拟合目标为一个理想圆柱。拟合完成得到的是一个理想的圆柱面，并在此基础上进行导出操作，得到其中心线。

图 2.6 描述了对二个平行平面中心面进行导出操作的过程和导出结果，其图样上的理论模型是一组（二个）平行的面，所以其拟合目标是二个理论上平行的平面。此时，这二

个平行平面是被视为一个（组）要素在进行（同时）操作，这种拟合操作被称为"同组拟合"。这与圆、圆柱、平面等单一要素的拟合有所不同。在本案例的同组拟合中，拟合目标（二个平行平面）的平行特性不能改变，但其距离和空间方位可以变动，并在所选用的拟合方法下完成拟合操作。如果是最小二乘法，则二个被测平面和拟合目标（二个平行平面）之间误差平方和为最小。其拟合结果为二个平行平面，然后在此基础上进行导出操作得到这二个平行平面的中心平面。该导出的中心面同样是理想的平面。

其实在传统测量中，中心面要素的定位装夹和模拟方式一般都用平口（或台虎）钳，其工作原理和上面描述的二平面同组拟合原理是一样的，只是在传统测量采用的是模拟（贴切）概念。

局部尺寸是传统测量中用二点法和截面法进行测量的结果，其同样需要进行提取和导出操作。图 2.7 和图 2.8 对局部尺寸要素的提取和导出进行了描述。

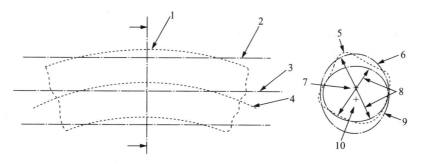

1—提取表面；2—拟合圆柱面；3—拟合柱面轴线；4—提取中心线；
5—提取线；6—拟合圆；7—拟合圆圆心；8—提取要素的局部直径；
9—拟合圆柱面；10—拟合圆柱面轴线。

图 2.7　提取圆柱面的局部直径

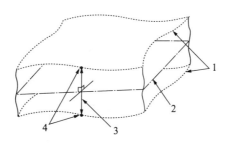

1—提取表面；2—拟合中心平面；3—两提取表面的局部尺寸；4—对应点。

图 2.8　二平行提取表面的局部尺寸

图 2.7 描述了一个截面圆局部尺寸要素的获取和中心点导出的过程。其首先是在圆柱面上提取一个横截面，然后在该横截面上进行圆的拟合操作，其拟合目标为一个理想圆，并在此基础上导出圆心。在图中可以明显看到这样操作所得到的圆心与圆柱拟合所得到的中心线是不重合的。

图 2.8 描述了二平行平面局部尺寸要素的获取及中心面导出的过程。其首先是在二被

测平面上提取测量点（二点），然后构建二测点连线并获取中点，并通过构建过中点且垂直于二测点连线平面的操作，来导出中心面。

值得注意的是，由于是局部信息的操作，其获得的拟合及导出结果会随着提取位置不同而变化，这就给后续的数据比对带来了问题，因此应该制定严格的测量规范，以确保测量数据的重复性和再现性。

一般几何要素的拟合，都是对自身理论模型的理想要素进行，其中理想要素中的可调节的参数包括尺寸大小、方向和位置，除了曲面曲线拟合时大小和形状方面的已有约束外，一般都没有其他约束，此时拟合完成的判据就是所选用的拟合方法。

但在实际应用中，还存在着许多带约束的拟合要求，如尺寸和位置方面的理论正确尺寸约束，方向上的约束等。特别是基准要素的拟合和基准体系的建立过程中，许多情况下都会用到带约束的拟合操作，这里选取 GB/T 1958—2004《产品几何量技术规范（GPS）形状和位置公差 检测规定》中的相关案例来说明这类拟合操作的目的和过程。

图 2.9 描述了一个带方向约束的平面拟合过程，该拟合操作的拟合目标还是平面，但拟合得到的平面必须平行于所规定的基准平面。拟合完成的判据是在约束情况下，所选拟合方法的拟合完成判据。对图样中带基准的线性尺寸标注的测量就是这类情况的一种应用。

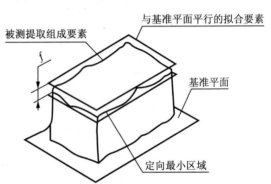

图 2.9 带方向约束的平面拟合

图 2.10 描述了一个带方向约束的圆柱中心线拟合过程，该拟合的拟合目标还是圆柱中心线，但拟合得到的中心线必须垂直于所规定的基准平面。拟合完成的判据是在约束情况下，所选拟合方法拟合完成的判据。在该拟合操作中，首先需提取被测圆柱面的中心线，选用拟合方法，并在垂直的约束条件下进行直线（中心线）拟合操作。图样中第一基准为平面，第二基准为圆柱中心线的基准体系拟合建立过程就是该案例的一种实际应用。

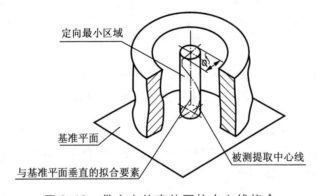

图 2.10 带方向约束的圆柱中心线拟合

图 2.11 中描述了一个带位置和方向约束的中心面拟合导出过程，该拟合操作的拟合目标还是二平行平面（同组要素），并在此基础上导出中心平面，但要求该导出的平面与基准平面共面。不同基准下误差的比较是该类案例的一种应用。

此外，同组拟合也是常用的拟合方法。图 2.12 描述了一个带位置和方向约束的圆柱中心线拟合导出过程，该拟合操作的拟合目标还是圆柱中心线，但要求该导出的中心线与基准轴线同轴。不同基准下误差的比较是该案例的一种应用。

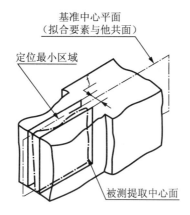

图 2.11 带位置和方向约束的中心面导出

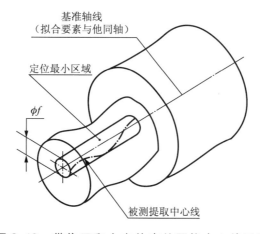

图 2.12 带位置和方向约束的圆柱中心线导出

图 2.13a) 描述了二根中心线作为同组要素拟合一条轴线的过程，该拟合操作对象是二线轴线，拟合目标是一根轴线。公共基准的拟合是这类操作的一种应用。

图 2.13b) 描述了一个由多个共面的平面共同拟合一个面的过程。该拟合的操作对象是三个面，拟合目标是一个平面。

图 2.13c) 描述了由二个中心面作为同组要素拟合导出一个面的过程，该拟合的操作对象为四个平面，理想要素是二组同中心的平行平面。在拟合时，整个理想要素在方位上都无约束，但其中二组平行平面的距离可以分别调整。拟合操作的目标是一个面。该拟合的操作对象是四个面，拟合目标是一个面（公共面）。

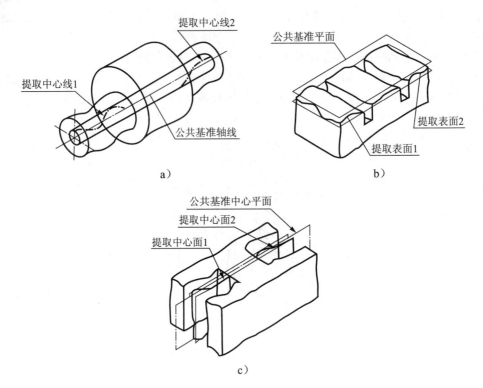

图 2.13　同组要素的拟合导出案例

2.2　测点的基本概念

从坐标测量原理可以看到，所有测量都是在工件轮廓面（实际组成要素）上进行的，通过对工件轮廓面的提取操作，实现了对几何轮廓面上测量点的离散分布与位置确定。对这些点的坐标测量和三维坐标值获取是整个坐标测量工作的基础。

图 2.14 描述了在一个平面中对截面圆要素进行测量和获得拟合要素的过程。通过对工件轮廓面的截面圆测量，得到了测点坐标值。由于被测要素是圆，所以其拟合操作的目标，即理想要素也是圆（图 2.14 左上侧所示）。在拟合过程中，该理想要素可以在位置（和姿态）以及尺寸方面变化，并通过最小二乘方法，使所有的测点与拟合结果之间的误差值平方和最小，就完成了拟合操作。此时以拟合要素为中心，可以画出包容所有测点的一个最小圆环区域，该区域的二同心圆半径差一般标记为 S，它就是拟合结果的离散程度，通过这个参数，可以方便地了解和判断测量和拟合操作过程的精度状况。

从上面我们可以看到，在坐标测量过程中，测点是所有工作的起点。

在几何上，点本身也是一个几何要素，这里的点可以有多种形式：

1）理论提取点：经提取操作，在工件轮廓面理论模型上布置的拟测点；

2）实测点（实际提取要素）：根据理论提取点在工件轮廓面上通过测量得到的点；

3）导出点（导出要素）：从拟合要素中经导出操作所得到的几何要素点；

4）计算点：经过几何要素间的数学计算操作所得到的几何要素点，如交点、端点、中点、投影点、对称点、移动点、转动点等。

　　从上面对各类点的定义中可以看到，实测点是整个坐标测量过程中真正的数据源。

　　由于被测量的点实际上是未知工件轮廓面上的点，对于接触式测量而言，由于探针针尖不可能是一个理论意义上的点，除非是采用非接触式的"点"测量工具，如激光测量等。一般都会在测量时引起干涉现象，即无法精确知道探针针尖与工件轮廓面的实际接触位置，这样也就无法精确获取实测点信息。

　　因此在接触式坐标测量中，一般都采用球形作为末端测量工具，即探针针尖是球形的，并通过一定的修正补偿操作来得到实测点。采用球型针尖是为了保证测量过程中所获取的测点数据具有唯一性。当被测轮廓面还处于未知的情况下，其针尖与工件轮廓面的接触点也是未知的，但由于是探针针尖与工作轮廓面是点接触，所以探针球形针尖的球心位置是唯一的。然后就可以在这个球心唯一的基础上，通过后续的修正补偿操作得到被测点，完成测点的获取。

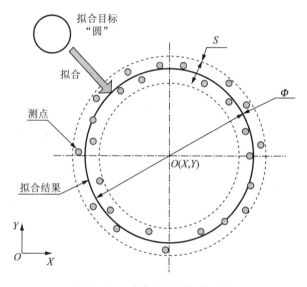

图 2.14　坐标测量拟合原理

　　在选择探针球形针尖半径时，必须注意防止测量干涉现象，特别是测量内凹的轮廓面时，探针球形针头的半径应小于被测轮廓面上被测点附近的曲率半径，以确保无干涉的点接触。

　　然而，即使是点接触测量方式，由于工件状况的未知，包括工件表面状况及安装方位等因素的影响，测量时同样会遇到问题。在图 2.15a）中，坐标测量机试图从某一探测方向上去接触（测量）"目标接触点"，但未知的工件方位和探针球形针尖却让其出现了误接触测量（碰到了实际接触点），这就是所谓的干涉现象。

　　在坐标测量软件中，由于探针球形针尖的球心是唯一的，所以测量机只记录球心坐标，并提供一个修正补偿的功能，其修正补偿的方向一般规定在探测方向上，因此当被测点的法矢不在探测方向时，如果启用补偿功能，就会产生测量误差（图示中的δ）。此时必须选择关闭修正补偿功能，即仅获取探针针尖球心坐标，因为它是唯一已知的。

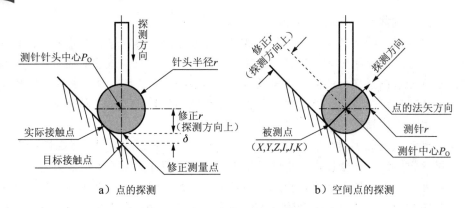

a）点的探测　　　　　　　b）空间点的探测

图 2.15　点的坐标测量与修正方法

所以说，在测量未知点的情况下，即测点接触的位置不确定时，所获得的测量点信息并无直接的意义。

如果工件轮廓面上被测点的法向矢量在当前测量坐标系下是已知的［图 2.15b)］，坐标测量机就能逆着其法向矢量方向进行被测点的测量，并根据修正补偿原则，通过在测量方向（法向矢量方向）上进行探针球形针尖半径修正补偿，直接得到被测点的实际位置。这种测量需要坐标测量机具有法向自动测量功能。

坐标测量系统对被测点的定义与表示一般如下：

$$Point\quad X,\,Y,\,Z$$

其中：Point——点的标识，视不同的坐标系测量软件规定会有所变化；

X，Y，Z——表示在当前测量坐标系下被测点的坐标值，其修正补偿与否由测量软件根据"修正补偿"功能选项的设置决定。

当被测点法向矢量在当前坐标系下已知时，这种点称为"空间点"，坐标测量机将逆着被测点的法向矢量方向进行测量，此时坐标测量系统对实测点的数学表示如下：

$$Point\quad X,\,Y,\,Z,\,I,\,J,\,K$$

其中：Point　X，Y，Z 的定义与上面一致，I，J，K 为该点的理论法向矢量方向，也有用 α、β、γ 三个角度的方向余弦来表示。空间点在坐标系中的表示方法如图 2.16 所示。其测量结果的表示仍为（X，Y，Z）。

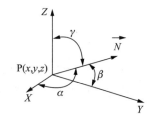

图 2.16　空间点的表示方法

注意：在实际测量中，由于点是整个坐标测量的原始数据与基础，因此必须确保获取正确的点位信息。

除了通过坐标测量机在工件轮廓面上直接进行点的测量与获取外，点（计算点）还可以通过下列方法得到：

——通过对相关几何要素的导出操作获取，包括：圆心、球心、圆槽中心、方槽中心、对称点、重心点等；

通过几何要素及拟合结果进行相关计算操作获取，包括：最小误差点、最大误差点、阵列点、端点、边缘点、移动点、转动点、象限点等；

——通过对几何要素间的构造操作获取，包括：交点（直线与直线、直线与圆、直线与轮廓曲面等）、投影点、切点、投影点、曲率拟合点等；

——通过对几何要素进行提取操作而生成，比如任意测量点。

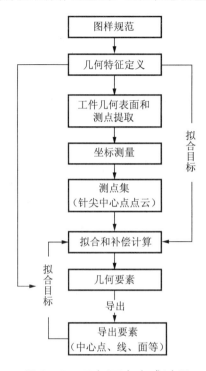

图 2.17　几何要素生成过程

2.3　常规几何特征的测量及拟合

几何要素是通过对工件轮廓面的测量，并进行拟合和相应的修正补偿计算得到的。图 2.17 表示了常规几何要素测量和拟合生成的过程。

从坐标测量原理中可以看到，除了点（包括空间点）以外，工件中的其他常规几何特征，包括直线（2-D 直线、3-D 直线）、（截面）圆、平面、圆柱、圆锥、球等，其几何要素都是在点（测点或从其他几何要素的计算中得到）的基础上，通过拟合计算后得到的。

由于实际工件与理论模型之间存在误差，用来拟合的数据点又来自实际测量，总会带有测量误差，这些误差都将表现在最终的要素拟合结果中，并以相对于拟合结果的数据点离散程度表示出来。因此，坐标测量软件会在给出拟合结果的同时，给出拟合的误差值（S），该值不仅描述了被测要素的形状误差，同时也会在相当程度上表示整个测量操作和拟合计算过程的精度。

通过对已有几何要素的各种操作，如导出操作等，可以生成新的点要素，这些点要素同样可以用来拟合生成新的、其他的几何要素。

此外，不通过拟合操作，仅对已有几何要素进行相关的数学处理操作，如相交、对称等，也同样能得到新的几何要素，但这样生成的几何要素是没有拟合误差的，因为他们是通过理想要素直接生成的。

在几何特征测量与几何要素拟合计算时，需要注意对探针针尖半径的修正补偿问题。

特别是在手动测量时，需要注意修正补偿的方向。

此外，测量的提取方式和分布密度，也将是影响最终测量结果的一个因素，应给予充分的考虑，并形成相应的操作规范。

2.3.1～2.3.6 是一些常规几何要素的测量和拟合过程。

2.3.1 直线的坐标测量和拟合

在实际工件中除平面交线外，并没有实际存在的线要素，都是通过其他方式得到的（包括交线）。在测量中所面临的直线有两种：

(1) 平面直线（2-D 线）

这类直线一般为工件表面的提取线，即通过截面与被测轮廓面相交操作后提取的线。由于测量机在测量时定位方面存在误差，因此，这类直线在拟合计算前应该对所测得点群进行平面投影的操作，然后在平面中再进行直线的拟合。为了防止测量干涉的影响，在拟合时采用的是探针针尖中心数据，拟合得到的是由探针针尖中心组成的线，因此最终被测要素的生成需要进行相应的修正补偿。探针针尖半径补偿修正的方法根据探测方向确定。

(2) 空间直线（3-D 线）

这类直线一般是通过对多个已有几何要素的拟合计算而生成的，如圆柱的中心线等，除可以对圆柱进行导出操作来得到外，还可以通过对多个截面圆的测量和中心点导出，然后对中心点群进行直线拟合计算来得到，在这种情况下，不需要进行探针针尖半径修正补偿。

根据直线的几何定义可以知道，最少二个测点（点要素），就能计算并生成直线，理论上讲，测点越多越精确，但点数多了会直接影响到测量工作的效率和经济性。一般情况下，具体测点的密度和分布会根据工件的实际体量情况、被测要素的精度和测量的精度要求确定。图 2.18 是直线的坐标测量和拟合过程示意。

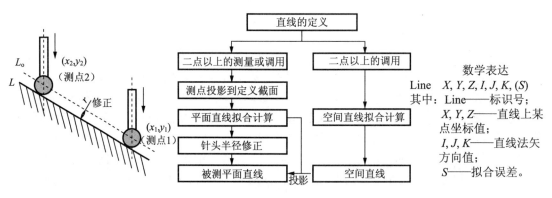

图 2.18 线的坐标测量和拟合

在坐标测量中，还有许多直线是通过几何计算和构造得到的，如：

——旋转面中心线：通过对已测旋转面几何要素（圆柱、圆锥等）的导出操作来获取；

——旋转面中心线：通过对已测点要素群（截面圆导出的中心要素）的拟合操作来获取；

——旋转面的母线：通过对过中心线的辅助平面和旋转轮廓面相交计算得到，或直接应用有些软件提供的母线测量策略，然后回叫调用母线上的测量点进行直线拟合来获取；

——棱边：通过两平面要素相交计算得到；

——垂线：通过构造的方法生成点到直线或点到平面的垂线；

——对称轴：通过对两直线的对称计算方法构造对称轴线；

——中心线：通过对二平行直线采用导出方法生成中心线。

需要注意的是，测量和构造得到的直线都是无边界的，这一点在进行相关几何误差评定时应该注意。

2.3.2 圆的坐标测量和拟合

圆要素本身是一个平面问题，在实际工件中并不存在独立的圆，都是依附在其他几何要素上的。在坐标测量中，圆一般有以下两种形式：

1）截面圆：由二个几何要素相交生成，这些被截的几何要素可以是圆柱、圆锥、球、圆环等旋转类要素，截面是能与这些被截要素相交并生成圆的轮廓面。截出来的圆，其上点的法向可以是与被截旋转类要素的中心线方向（切向）相一致，如圆柱横截面圆和圆环纵截面圆等。也可以是沿被截轮廓面上表面点的法向方向，如圆锥面上的截面圆等。在实际测量中，应在截面圆上点的方向或所在面上点法矢方向上进行测点的提取和测量。

2）平面圆：由截面圆扫描操作时，其中心要素扫描所生成的圆要素，如圆环中的平面扫描圆等。这类圆要素测量时，可以通过对纵截面圆中心要素点群的拟合操作来获取。

根据圆的几何定义，最少需要 3 个点（测点）才能进行圆的拟合操作并生成圆要素，其具体测点密度和测点分布可根据工件实际的体量、被测要素精度和测量的精度要求确定。

由于圆是一个平面问题，因此所有参与拟合的点要素都应该首先投影到圆平面上后才能进行拟合操作。如果拟合用的是探针针尖中心数据，则拟合后需要进行修正补偿，其补偿方向根据测量方向［被测要素是孔，或是凸台（柱）］来确定。当参与拟合的点是理论上是被拟合要素上的点时，则在后续拟合时就不需要进行修正补偿操作，例如使用孔系中各孔中心要素组拟合其分布圆时就不需要进行修正补偿操作。图 2.19 是圆的坐标测量和拟合过程示意。

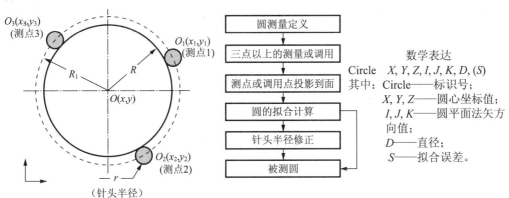

图 2.19 圆的坐标测量和拟合

2.3.3 平面的坐标测量和拟合

根据平面的几何定义，最少需要 3 个点要素才能完成平面的拟合操作。对平面测量时选用何种测点提取方法、测点密度和分布则视工件的体量情况、被测要素精度及测量精度要求确定。图 2.20 是平面的坐标测量和拟合过程示意。

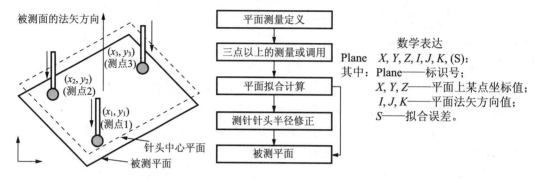

图 2.20　平面的坐标测量和拟合

平面测量的探针针尖修正补偿方向根据测量操作和平面法矢方向确定。平面的法矢方向一般定义为朝外（工件体外）。

也有不需要进行探针针尖修正补偿的情况，即直接调用理论上就是被测平面上的测点进行拟合操作时，如圆环中面圆平面的拟合等。

此外，拟合生成的平面在坐标测量中是表达为无界的，在进行相关几何误差评定时应该注意这个问题。

2.3.4 圆柱的坐标测量和拟合

根据圆柱的几何定义，最少需要 4 个点要素（大多数软件需要 5 个点要素）才能完成圆柱的拟合操作，对圆柱测量时选用何种测点提取方法、测点密度和分布则视工件的体量情况、被测要素精度及测量精度要求确定。

圆柱测量修正补偿的计算方向根据被测要素是孔还是凸台（柱）来确定。

此外，拟合生成的圆柱面在坐标测量中的表达也是无界的，在进行相关几何误差评定时应该注意这个问题。图 2.21 是圆柱的坐标测量和拟合过程示意。

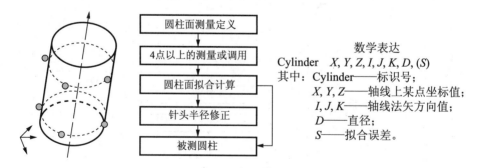

图 2.21　圆柱的坐标测量和拟合

有些测量软件为了提高拟合的精度和速度，会建议圆柱的测量方法，特别是前几点的测点顺序和方位，因此应根据所使用测量软件的要求进行相关操作。

2.3.5　圆锥的坐标测量和拟合

根据圆锥的几何定义，最少需要 5 个点要素才能完成圆锥的拟合操作，对圆锥测量时选用何种测点提取方法、测点密度和分布则视工件的实际情况及测量精度要求定。图 2.22 是圆锥的坐标测量和拟合过程示意。

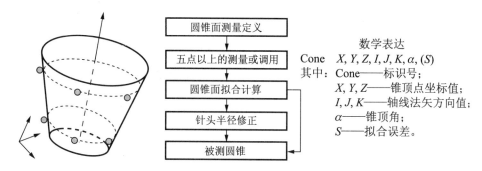

图 2.22　圆锥的坐标测量和拟合

圆锥测量的修正补偿方向根据被测特征是孔还是凸台（柱）来确定。

此外，拟合生成的圆锥面在坐标测量中的表达也是无界的，因此在进行相关几何误差评定时应该注意这个问题。

有些软件为了提高拟合的精度和速度，会建议圆锥的测量方法，特别是前几点的测点顺序和方位，因此应根据所使用软件的要求进行相关操作。

2.3.6　球的坐标测量和拟合

根据球的几何定义，最少需要 4 个点元素才能完成球的拟合操作，对球测量时选用何种测点提取方法、测点密度和分布则视工件的体量情况、被测要素精度及测量精度要求确定。

从测量精度方面来看，测点的分布越开越好，因此对球的测量一般建议至少五点，即在探针方向上，进行赤道上均布四点和极点上一点的测量。

球测量的修正补偿方向根据被测要素是球体还是球窝来确定。图 2.23 是球的坐标测量和拟合过程示意。

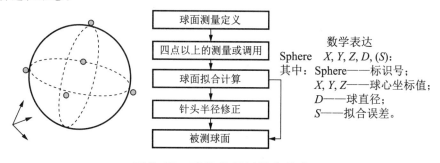

图 2.23　球的坐标测量和拟合

2.4 曲线、曲面的坐标测量方法

对曲线和曲面的精度控制一般都是采用线轮廓度和面轮廓度。根据坐标测量原理,其轮廓线和轮廓面的测量,同样是通过离散点群的测量和误差评定来实现的。

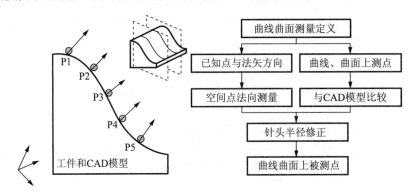

图 2.24 曲线、曲面的坐标测量与计算过程

由于工件中曲面曲线形状多样性和无法预计性,因此针对自由曲面曲线,一般的坐标测量软件并不提供类似常规几何要素的测量拟合操作功能。

当然,对于一些特殊的曲面曲线,如齿轮、凸轮、叶片、螺线等,则需要由专门的测量、拟合和评定软件或功能模块来辅助相关的拟合、测量和误差评定工作。

事实上,对一般曲面曲线的坐标测量还是很方便的,即对曲线、曲面同样采用离散点(提取)的测量方法。这种离散测量方法与曲线、曲面在 CAD 软件中造型建模的方法是相符的,即通过测量关键点(建模节点)来控制曲面曲线的形状和精度状况。图 2.24 是曲线曲面的测量与计算评定过程示意。

对于曲线而言,有空间和平面二种情况,当被测曲线是平面曲线时,如平面凸轮等,所有的测量和评定都应在相关平面上进行操作,特别是测点,首先必须投影到平面后进行后续操作。

对于空间曲线(曲线上点的法矢沿该点在轮廓面上的法矢方向)和曲面,采用空间点的测量方法。

具体的曲线、曲面坐标测量一般有以下几种情况:

1) 在已知曲线、曲面上需测点在当前测量坐标系中坐标值与法矢方向的情况下,即 Point (X, Y, Z, I, J, K) 已知时,就可直接采用空间点测量方法,并根据图样上线、面轮廓度的规范,在评定基础建立的基础上,进行(实测)点对(理论)点的比较与误差评定。当曲线的评定是在一个平(截)面中时,则测量拟合操作应在相应的平面中进行。由于测量机定位控制误差的必然存在,以及空间平面测量的要求,实际的点测量操作应尽可能在所定义的平面中(附近)进行,并应将点测量结果投影到评定平面后再进行相关的拟合和评定工作。

2) 在拥有曲线、曲面 CAD 模型的情况下,可根据图样上所规定的基准和基准体系信息,将评定基准(坐标系)与 CAD 模型的基准(坐标系)相关联,并直接在被测曲线或曲面上进行点的测量(只获取探针针尖中心坐标),然后将实测点的数据与理论模型

（CAD 模型）进行在法向矢量方向上的距离计算（包括探针针头半径修正），以得到被测点与理论模型（CAD 模型）的偏差值，并根据图样上曲线与曲面的轮廓度规范完成相关的误差评定工作。

2.5   几何特征坐标测量提取策略

坐标测量是通过对被测轮廓面的离散化、数字化开展的，即首先提取工件轮廓面上若干离散点，并通过坐标测量获取测点的坐标值，然后进行数据处理来计算与评定尺寸误差、几何误差。但由于工件被测几何特征存在着形状、位置和方向上的几何误差，表面波纹度、粗糙度、表面缺陷等的表面结构误差，加上测量过程误差、测量系统误差以及后续数学计算误差等方面的问题，因此仅采集理论上的数学拟合所需最少提取测点数是远远不够的。

从理论上讲，针对几何轮廓特征的提取测点数量越多越好。但受限于实际测量条件、测量系统功能、测量时间及经济性等诸多因素，很难对所有的被测轮廓特征作全面测量，实际上也无此必要。因此需权衡得失，对各种形状几何轮廓特征测量的点数及其分布做综合考虑。一般考虑合适测点数量和测点分布的主要因素包括：被测要素的体量状况、被测要素的精度状况、被测要素的精度规范要求和测量系统的精度等。表 2.1 罗列了常用的一些测点分布方法，表 2.2 结合英国 BS 7172 标准，给出了根据被测几何特征特点所推荐的测量点数。

表 2.1   提取方法示意表

方法名称	提取方法图示
分层法	
特定栅格	
栅格法	
螺旋法	
布点法	

表2.2　几何特征的坐标测量点数推荐表

被测几何特征	数学拟合最少要求点数	推荐测量点数	说　明
点	1	1	探测点
直线	2	5	应充分考虑被测直线的长度，如果为得到直线度信息，则至少测7个点
平面	3	9	按三线条点阵分布，每条线上3个点（测点阵列）
（截面）圆	3	7	设置7个点是为剔除被测轮廓面上某些周期性误差的影响。此外为得到圆度信息，在使用滤波传输频带为50UPR～500UPR时，则推荐测量点为3500个
圆柱	4	12	为得到直线度信息，最少测4个平行截面圆，每个截面圆上3个点
		15	为得到圆柱度信息，最少测3个平行截面圆，每个截面圆上5个点
圆锥	5	12	为得到直线度信息，最少测4个平行截面圆，每个截面圆上3个点
		15	为得到圆锥面轮廓度信息，最少测3个平行截面圆，每个截面圆上5个点
球	4	9	最少3个截面，每个截面圆上3个点
椭圆	4	12	一般按供应商规定的测量方法采集测点信息，应尽可能采集长短轴上的信息
曲线	—	—	应根据曲线曲率变化情况布置测点，一般在曲率变化大的地方点的密度宜大一点，曲率变化小的地方则点的密度可以相对小一些
曲面	—	—	可参考CAD建模时截面和点分布密度布置测量，一般在曲率变化大的地方点的密度宜大一点，曲率变化小的地方则点的密度可以相对小一些

　　在被测轮廓面测点提取、测点密度及其分布设置时，建议在考虑坐标测量技术特点的情况下，兼顾参考传统测量中平板测量的测点选择原则和方法，这一方面是为了借鉴已有的几何测量经验，同时也为了兼顾传统测量和坐标测量结果之间的比对需要。

第 3 章

测量坐标系和误差评定基准

在几何坐标测量中，（坐标测量系统）所使用的坐标系（测量坐标系）与被测要素误差评定时所涉及的误差评定基准/基准体系（公差代号中标注的基准和基准体系）是两个比较容易混淆的概念，故放在一起叙述。本章主要介绍几何坐标测量过程中测量坐标系、评定基准和基准体系、评定基准的建立方法以及测量坐标系和评定基准的关系等内容。

3.1 测量坐标系及其应用

所有数控的加工设备与测量仪器除了拥有自己的多个（直线和回转等）运动轴线外，还将通过这些运动轴线的有效组合，形成一个空间的轴系，最常见的是组成直角坐标系体系，这同时也构建了所谓的机器坐标。而在实际工作时，为了方便工作和计算需要，又会在机器坐标系下设置若干与机器坐标系相关的坐标系。这些坐标系的用途主要有：

1）描述设备控制点的空间位置，在数控机床中，该控制点一般设置在主轴孔法兰面与主轴轴线相交的点上。在坐标测量系统中，该控制点一般为探测轴或探测系统上的某一点。对于接触式测量而言，当安装了探针并校准后，则为探针针尖的球心点。

2）被测工件理论模型的描述，包括工件理论模型（CAD 模型）、理论测量点、理论被测几何要素等。

3）实测点及实际测量评定信息描述，包括坐标测量过程中的实测点坐标、拟合后的被测要素，误差评定结果等。

坐标测量系统的最常用的表达形式是直角坐标系，用户也可以根据需要，将其设置或转换为圆柱坐标系和球坐标系等形式。这些坐标系之间的转换可以在坐标测量软件中方便地实现。

表 3.1 罗列了坐标测量过程中实际可能存在的几种测量坐标系及其用途。

表 3.1 测量坐标系的种类与功能

序号	坐标系名称	坐标系的功能	个数	备注
1	机器坐标系	也称作世界坐标系。是测量机固有的坐标体系，测量机的移动控制、测量操作与测量数值存贮都是在这个坐标系下进行的	一个	每台坐标测量机一个，在开机后通过"回零"操作建立
2	工件坐标系	根据测量和评定工作需要，使用工件上几何要素、相关的几何要素或坐标变换操作建立的虚拟坐标系	多个	可根据需要切换使用

续表 3.1

序号	坐标系名称	坐标系的功能	个数	备注
3	工作坐标系	也称为基本坐标系、当前坐标系，属工件坐标系中的一个，用以描述和控制当前的测量操作	一个	不同的工作须在相应的坐标系下进行，这一点使用时须注意
4	编程坐标系	也称为启动坐标系或粗定位坐标系，是自动测量程序编制和运行时的虚拟坐标系	一个	该坐标系将简化自动测量程序启动前的工件快速定位操作

测量坐标系是测量操作、测量机探针位置显示、测点和测量过程信息数字化表述的载体。所有的测量工作都是在某一个测量坐标系下开展的，如果不考虑测量工作的方便性，测量工作可以在任何一种测量坐标系下进行，此时，测量软件所显示的信息为当前所使用的坐标系下的相关信息。

在实际操作中，为了方便测量工作，往往会使用让工件图样上的尺寸和公差标注信息表示方位与测量坐标系相一致或相关的方法，即此时测量坐标系的建立都会参考工件图样上的相关标注内容，并根据需要建立相应的一个或多个测量坐标系（工件坐标系），然后分别在各自相关的测量坐标系（作为当前坐标系）下完成相应的测量工作。

当坐标测量机具有计算机数控（CNC）功能时，它还能通过测量程序的控制进行自动测量。测量程序同样是在某个测量坐标系下运行的。由于自动测量工作往往需要多次运行，特别是工件，甚至夹具会在多次安装后运行，因此要求运行自动测量程序的编程坐标系应该能非常方便地建立。一般情况下，会简单设置一个编程坐标系（启动坐标系或粗定位坐标系），然后在此坐标系中，通过自动测量编程，精确建立测量编程坐标系。

不同坐标系下所表达的信息，只要测量时工件未移动，且探针未重新配置和校准，则其各几何要素及其相对空间关系并不会改变。

3.2 误差评定基准/基准体系

在工程图样中，工件的几何尺寸（公差）与几何公差的评定都是被标注和规范在规定的基准/基准体系下进行的，这些测量评定的基准/基准体系（后面简称评定基准）实际也就是误差评定的条件之一。这里通过两个案例（图 3.1）来说明评定基准在测量评定时的作用。

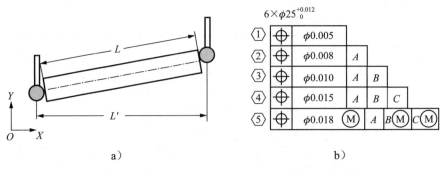

图 3.1 测量坐标系与评定基准关系示例

在这两个案例中，对于坐标测量而言，测量原始数据的获取并不复杂，坐标测量系统可以在任何一种测量坐标系（如机器坐标系或工件坐标系）下完成相应几何要素（轮廓面）上测点的获取和几何要素［图 3.1a）的二点和图 3.1b）中的六个圆孔］的拟合，后续就是如何根据图样要求进行相关的计算与误差评定。

图 3.1a）所示案例需要测量的是千分卡标准圆柱棒的长度（实际上是二平行平面的距离）。这里假设二端面平行并垂直于圆柱面中心线，由于二被测平面都较小，测量时可以通过对二端面测量并将测量点投影到圆柱面中心线方向后，对其进行投影点距离计算和探针针尖半径修正补偿来完成对长度尺寸 L 的测量。此时，圆柱面中心线就是该长度尺寸评定的基准方向。

如果直接在图示的测量坐标系下进行测量及根据坐标轴方向进行距离计算，就会得到 L'，这并不是图样所需要的。

这里使用这个案例只是为了说明评定基准的作用，有关二平面距离的规范测量方法将在后面章节中详细描述。

在图 3.1b）中，可以看到对一组孔在不同的评定基准下进行位置度误差评定的要求。其中各孔要素的测量和被测要素拟合方法是一样的，但其误差评定则是在各自评定基准下完成的，同时这些评定基准的建立方法也是完全不一样的。公差①的基准是由被测六孔自身同组拟合构建的，公差②的基准是由 A 面和被测六孔在 A 面方向约束下同组拟合构建的，公差③是在 A 面、B 孔、被测六孔在 A 和 B 基准约束下同组拟合构建的，公差④的评定基准是 $A-B-C$ 基准体系，而公差⑤评定基准的建立还要考虑基准要素 B 和 C 的最大实体实效状态。

从这二个案例中还可以看到，工件的放置方向与测量坐标系（XOY）并不一定要一致，因为测量坐标系设置在哪并不会影响测量，最多是不方便。但评定基准就不一样，它必须是根据设计（图样）要求而确定。

上面二个案例要说明的问题是：设计师在设计工件时，会对其精度进行规范，即标注尺寸公差和几何公差，其约束就是公差带，而公差带的定位就涉及基准/基准体系。

在设计时面对的是理论模型（或 CAD 模型），使用的是一个标准的、虚拟的基准体系（如三基面体系）。而在几何坐标测量时，评定基准/基准体系则是通过对工件上实际几何特征的测量、几何要素的拟合并按基准拟合规范来构建的。后续的评定则在相应的评定基准下完成，因此评定基准/基准体系的建立是几何坐标测量中除了测点获取以外的另一个关键问题。

国际标准 ISO 5459：2011《Geometrical product specifications (GPS) — Geometrical tolerancing — Datums and datum systems》中定义了基准和基准体系。

注：与之对应的国家标准为 GB/T 17851《产品几何技术规范（GPS）　几何公差　基准和基准体系》，其目前最新的版本为 2010 年。

基准（datum）：用来定义公差带的位置和/或方向或用来定义实体状态的位置和/或方向（当有相关要求时，如最大实体要求）的一个或一组与基准要素相关的方位要素。

基准体系（datum system）：由两个或多个基准要素按序建立的二个或多个方位要素（体系）。

一般情况下，这些基准可以是单基准，也可以是多个几何要素组合而确定的基准（体系）。基准体系按公差代号所标注的顺序（后面的以前面的为约束），逐个拟合。基准之间的相关位置（含方向）是理论正确的，常用的是符合直角坐标系定义的三基面体系。

图 3.2 描述了基准体系组成及相关术语示意，从图 3.2 中也可以看到坐标系与基准体系之间的关系：

1）基准/基准体系是用来约束公差带方向和位置的一组由基准要素按理论正确要求组成的体系。在图样上它是虚拟的，在实际中是通过一定的规则和方法，用工件上的基准要素，按序拟合生成的。

2）在三基面体系中，基准体系和测量坐标系在表示上是一样的，但其用途不同，测量坐标系用于测量控制，而基准体系是用来误差评定的。

3）测量坐标系可以通过工件上的几何要素构建，也可以凭空构建。但评定基准只能根据图样上的要求，根据一定的规则和方法，用工件上的基准要素，按序拟合生成。

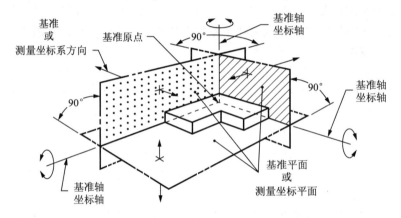

图 3.2　基准体系组成与相关术语示意

从上面可以看到，基准/基准体系和测量坐标系是二个体系，它们在形态上有相似之处，但又有实质的区别。同时它们之间又有一定的关系，测量坐标系的建立方法与基准的建立方法类似，在实际测量中，有时为了方便，时常根据基准体系的要求建立测量坐标系，并在测量坐标系下直接进行误差评定。

图 3.3 描述了测量坐标系和评定基准/基准体系的关系。

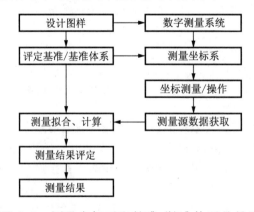

图 3.3　测量坐标系和基准/基准体系的关系

3.3　评定基准/基准体系的构建规则与方法

（1）传统测量时基准构建案例

在传统测量中，工件的定位常常与加工和安装基准直接相关，特别是当工件较简单时，这种情况更容易出现。图 3.4 描述几种传统测量时基准的构建（模拟）案例。

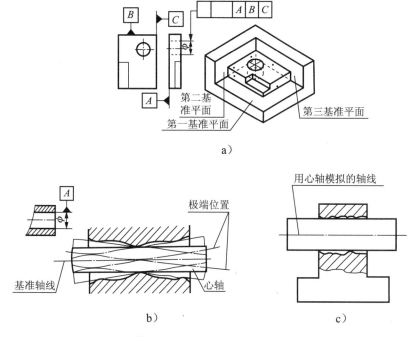

图 3.4　传统测量中的基准定位方法示意

1）图 3.4a）描述了一个具有三基面基准体系的检具及其采用综合量规方法检测孔位置度的案例。其中检具中的安装基准 A、B 和 C 是理论正确的，即相互垂直，形成了一个基准体系。工件被安装在检具中。通过工件与检具中基准面的贴切，由理论正确的三基面模拟实际工件中图样所标注的基准体系。并进行被测孔的通止检测。值得注意的是，工件在检具的定位必须是按图样上所规定的 A/B/C 顺序进行。

2）图 3.4b）和图 3.4c）描述了传统测量中一个孔中心线基准的建立方法。在实际工件中并不存在中心线，因此在传统测量中是采用芯轴模拟的方法来获取基准孔的中心线。由于孔本身存在着形状误差，所以要完全模拟轴线的话，实际上模拟的芯轴与基准孔的应该在孔的最大实体状态下贴切，在这种状态下，芯轴的中心线就被替代认为是基准轴线了。

了解传统测量的一些定义和方法，对于我们了解几何数字测量技术来讲是非常有帮助的。事实上，传统测量对基准和被测要素的操作方法与几何数字坐标测量是类似的，只是传统用贴切方法来模拟基准和被测要素，坐标测量用拟合方法来获取基准要素和被测要素。

在基准体系的建立过程中，有一个规则非常重要，那就是图样中所标注的基准顺序问题。这是因为工件轮廓面的误差是必然存在，因此，为了确保工件定位和图样公差带定位的唯一性，基准体系的定义中引入了顺序的概念，图 3.5 描述了基准定位中顺序的作用。

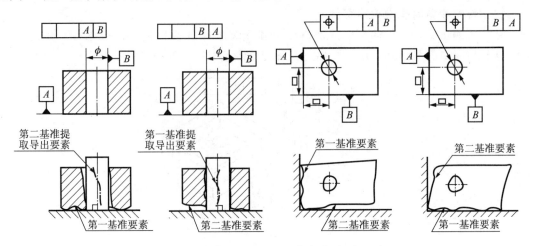

图 3.5　传统测量中的基准定位方法示意

从上面案例中我们可以看到，如果不规定基准体系建立过程的顺序，那么由于工件误差的存在，其定位结果将不唯一，则其测量评定的结果也会不唯一。所以说，基准的顺序实际上也是保证测量数据具有唯一性的主要条件之一。

（2）坐标测量中基准体系的建立规则与过程

基准体系中的各个基准在公差代号框格中按顺序排列：左起第三格中字母所表示的是"第一基准"，第四格为"第二基准"，第五格为"第三基准"。第二基准的拟合要素以第一基准为基准，即受到第一基准的约束。第三基准的拟合要素以由第一、第二基准构成的体系为基准，即受到第一和第二基准的约束。事实上基准的建立也是一个拟合过程，其拟合目标就是它的理论模型。

图 3.6 表示了一个典型的"三基面体系"基准体系案例。图样右上方为标有完整基准体系的位置度公差。按图样要求，须构建对工件误差评定的基准体系（$A/B/C$ 基准）。

这里参照传统检测的定位模式对其进行解读，其中第一基准 A 将工件约束在 A 面的（法矢、Z 轴）方向上，同时也约束了其在 Z 轴方向上的移动、绕 X 轴与 Y 轴的转动，一共约束了 3 个自由度；第二基准 B 约束了工件绕 Z 轴的转动以及沿 Y 轴方向上的移动，一共约束了 2 个自由度；第三基准 C 约束了工件沿 X 轴移动，即约束了最后一个自由度。

下面描述该评定基准在几何坐标测量中的建立过程，即工件在基准体系中的虚拟定位过程：

1）将工件置于坐标测量系统的测量空间中，测量第一基准 A 定义的工件 A 面上若干点（＞3 点），通过平面的拟合操作，得到第一基准的基准要素（A 面）在当前测量坐标系下的法向矢量方向和空间位置。

2）通过基准体系空间方向设置（一般使用测量软件）功能，将 A 面的法向矢量方向设为空间基准轴 Z 轴，并将 A 面设为 Z 轴的零点，即 XY 平面（此时工件在测量空间中并不移动，只是虚拟的基准体系做空间旋转变换，即 XY 平面从原有位置转到所设置位置）。此时

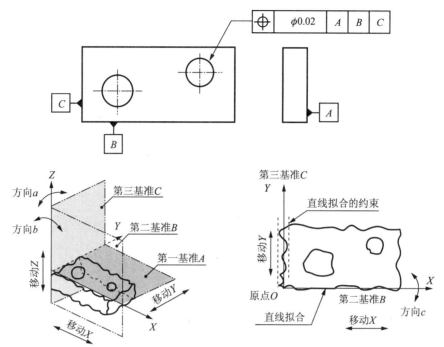

图 3.6　工件在基准体系中的定位过程（三基面体系）

即约束了工件在虚拟坐标系下绕 X 轴（方向 a）和绕 Y 轴（方向 b）的转动（即确定工件的空间基准方向），并约束工件在 Z 轴方向的移动，共约束了工件在空间的 3 个自由度。

　　3）在第二基准 B 定义的工件 B 面进行若干点的测量，将其投影到 A 基准平面上并进行直线拟合；并在 A 基准下将其设置为基准体系中的 X 轴，即 Y 轴的零点（此时工件在测量空间中并不移动，只是虚拟的基准体系做以 A 基准方向为轴的平面旋转变换，即将原 X 轴根据第二基准要求旋转并移动到 B 线上）。它将在虚拟坐标系下约束工件绕 Z 轴（方向 c）的转动（即确定工件的平面基准方向）。同时也约束了工件沿 Y 轴方向的移动。即总共约束了工件在空间的 2 个自由度。

　　4）在确定 A、B 基准面的方向与位置后，第三基准 C 的方向是自然确定（根据三基面的右手法则），此时工件还有一个自由度没有约束，即工件仍可在 X 轴方向上移动。在第三基准 C 定义的工件 C 面上测量若干点并投影到 A 基准面，然后以 B 基准为约束拟合 C 线，即拟合出来的 C 线必须垂直于 B 线，并通过测量软件操作，将 C 线设置为 X 轴的零点（此时工件在测量空间中并不移动，只是虚拟的基准体系作平面移动变换），这个操作将约束工件沿 X 轴的移动，即工件在空间的最后一个自由度。

　　从上面的操作流程中我们可以看到，B 面的测量数据被投影到 A 面上，实际上就是确保了拟合出来的 B 是垂直于 A 面的，准确的说法就是 B 基准的拟合在 A 基准的约束下。同样道理，在 C 基准拟合时，C 面的测量数据被投影到 A 面上，即 C 基准的拟合是在 A 基准的约束下进行。同时，由于 C 和 B 的理论模型是相互垂直的，所以此时的 C 基准确定实际上是确定 X 轴的零点。在拟合 C 基准时，其还受到 B 基准的约束，即拟合得到的

C 线一定是垂直于 B 基准。

在上述评定基准的构建过程，可以看到其与机械加工和传统测量中工件的六点定位原理相似。只是加工和传统测量中工件定位的基准是工装或台面，定位时工件外贴合在基准（面）上。而坐标测量中的基准/基准体系构建则是虚拟的，即工件不动，通过相关基准体系的空间转换（通过数字方法的坐标变换），将工件定位在基准体系中，或者更形象地说是基准体系贴合（拟合）到工件上去。这是一种数学定位找准的方法。

此外，评定基准/测量坐标系也可以通过平移、转动等操作，从其他评定基准/测量坐标系中来构建生成。

3.4 图样中基准/基准体系与坐标测量评定的关系

(1) 测量需注意事项

图样是表达工件形状、规范尺寸和公差等相关规范信息的载体。GB/T 14692—2008《技术制图 投影法》中规定了工件描述的投影方法（如图 3.7 所示），还有其他相关标准规定了尺寸和几何公差的标注方法。对测量而言，有以下几点需要特别注意：

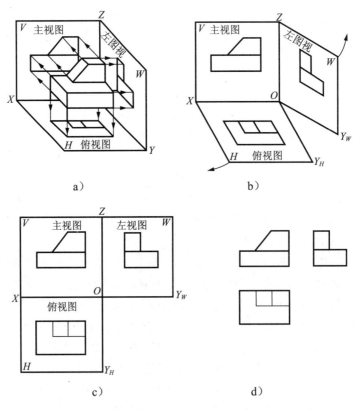

图 3.7 零件的正投影视图描述方法示意

1) 如没有特殊说明，某一视图上所表示的轮廓都是在视线方向垂直面上正投影的结果，各视图中所标注的尺寸，除了有明确的相互关系外（如二个面的距离等），应该都是在该视图方向上的投影。当然，在理论模型的图样上，这样的投影没有任何问题，但对于一个充满误差的工件而言，这样的投影方向又在哪呢？这个方向应该是在图样中明确表示的。

2）所标注尺寸和公差的方向与被标注的几何要素（组）相关。

3）尺寸误差和几何误差的评定只能在其所标注的基准体系下进行。

（2）几何坐标测量中基准构建过程与图样的关联

结合几何坐标测量的原理与方法，如果未标注明确基准的测量要求，则可以通过图样中所标示的内容，将几何坐标测量中的基准构建过程与图样按以下的理解关联起来：

1）在工件尺寸测量计算时，首先须确定图样中视图方向，即尺寸的投影方向。坐标测量软件中有一个空间轴的概念，它确定了当前测量结果投影到某个平面中的方向，也就是尺寸投影平面；要正确地完成视图中尺寸的评定，该投影平面必须与图样视图平行。这与基准/基准体系中空间基准方向的确定是对应的。

2）图样视图中所标注的尺寸，许多尺寸的评定还涉及到一个方向问题（尺寸标注方向），在对其计算评定前，必须确定该方向［如图 3.1a）和图 4.3 所示］，这与基准/基准体系中空间和（或）平面基准方向的确定是对应的。

3）从几何误差评定的情况来看，都存在着用来定义公差带方位的基准/基准体系，须根据其各自的定义，在进行评定时明确其基准/基准体系（评定基准）。

4）至于坐标测量系中的原点，则是几何要素及相关信息数字表示的参考点，有时也是尺寸评定时的基准参考点；可在测量与评定过程中根据图样中对尺寸与几何误差评定的要求灵活设置。

由于对尺寸误差和几何误差的评定必然会涉及到基准/基准体系（评定基准），因此必须在图样上明确规范，不然会给后续的坐标测量与评定带来不定因素与不必要的麻烦。这类问题在传统测量中并不突出，那是因为在传统测量中，评定基准是实际存在的，即是由实物标准器组建而成的，如平板、直尺、方箱、V 形块等。然而在坐标测量中的评定基准则是虚拟的，而且构建自几何特征（拟合要素）。这一问题是传统测量方法与几何坐标测量在原理方面的差异，同时也是新一代 GPS 体系中的一个现实问题。

由于基准/基准体系涵盖了大多数的尺寸与几何误差评定工作，为叙述方便，这里将图样中所标注的基准/基准体系称为评定基准，将与图样中视图或剖面对应的基准面称作评定平面，将与图样视图中所标尺寸的方向对应的方向称为评定方向。

3.5 评定基准/基准体系构建方法和案例

前面章节已对测量坐标系、测量计算与误差评定基准/基准体系等作了详细的描述，但在实际应用时，这二者往往会同时考虑。根据工件图样的多种测量要求，会有多种的测量坐标系和评定基准的确定方法，下面结合 GB/T 17851—2010《产品几何技术规范（GPS） 几何公差 基准和基准体系》和传统测量方法的基准与定位概念介绍几种常用的坐标系/评定基准建立方法，并通过卡尔蔡司测量软件的操作过程详细介绍基准和基准体系的实际建立方法。

(1) 基准/基准体系坐标测量建立

案例 1： 在本案例中，要求建立以圆柱中心线为基准的评定基准，图 3.8 列出了该基准在传统测量时的建立方法。

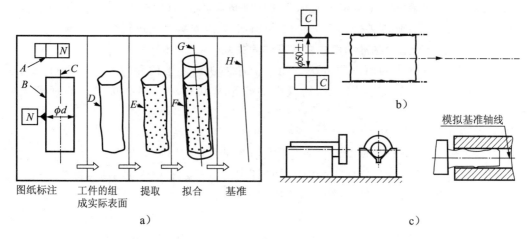

图 3.8　基准/基准体系坐标测量建立案例——圆柱中心线基准

1）基准解读：第一基准为被标注圆柱面的中心线。

2）基准建立方法：测量被标注圆柱面、拟合生成被测圆柱面要素，并导出基准中心线。此时，在坐标测量软件的操作中，该中心线一般是以几何要素的形式存在。如作为基准时，则一般会通过坐标系的建立来实现，或在后续误差评定时，通过测量软件来指定。

由于在工件中并不存在实际的中心线，也就是说传统测量中因为无法直接定位到中心线，因此一般都用对轮廓面的定位来替代，这与坐标测量提取中心线的操作方法是完全不同的，在测量结果比对时需要注意。这也是传统测量和坐标测量原理方面的不同造成的。

图 3.8a）表示了中心要素的获取过程，图 3.8b）表示了在坐标测量中，中心线的拟合和导出过程，以及最终获得的中心要素（基准）。图 3.8c）则表示了传统测量中，通过模拟的方法，获得中心线基准的方法，这里要注意的是，工件形状和尺寸误差对定位的影响。对于这种中心线的定位，其定位装置与被定位轮廓面之间一定是完全贴合（包容）的。

图 3.9a）表示了在蔡司坐标测量（Zeiss Calypso）软件中，圆柱要素的测量过程定义，当圆柱要素测量完毕后，其中心线也就自然生成了（导出）。图 3.9b）则表示了运用坐标定义功能，将该圆柱（中心线）定义为第一基准的操作过程。从这里我们可以看到，在实际操作中，基准/基准体系和坐标系在应用中的相互关系。

(2) 基准/基准体系坐标测量建立

案例 2： 在本案例中，要求回转轮廓面要素的素线为基准（线），在图 3.10 中主要罗列了该基准在传统测量过程中的建立方法。

1）基准解读：被标注圆柱面的某根素线。

2）基准建立方法：首先测量圆柱面，导出操作后获得中心线，然后确定过该中心线的测量平面，测量该面上素线的提取点，并投影到测量平面后做直线拟合，即得到素线，并指定为第一基准。

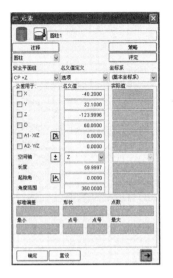

图 3.9　Calypso 软件的圆柱中心线第一基准建立方法示意

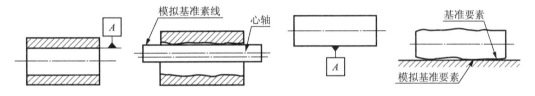

图 3.10　基准 /基准体系坐标测量建立案例 2——回转轮廓面素线基准

图 3.11 描述了 Calypso 软件对这类基准的操作方法。即在确定测量平面后，采用2-D直线测量功能，拟合得到素线，然后在坐标系操作功能中，用该 2-D 直线作为第一基准（轴线）。

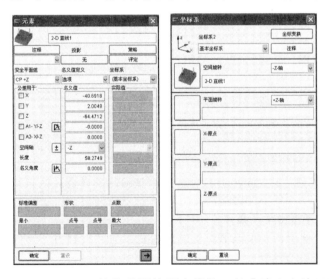

图 3.11　Calypso 软件的圆柱面素线第一基准建立方法示意

（3）基准/基准体系坐标测量建立

案例3： 在本案例中，要求以球心要素为基准（点），在图 3.12 中罗列了该基准在传统测量过程中的建立方法。

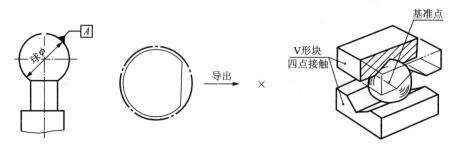

图 3.12 基准/基准体系坐标测量建立案例3——球中心点基准

1）基准解读：被标注球面的中心点。

2）基准建立方法：测量被标注球面、拟合导出基准中心点，并指定为第一基准。

图 3.13 描述了运用 Calypso 软件进行该基准构建的方法与过程，其中左侧图为球要素的测量，拟合后其中心点自然确定。右图则采用坐标系功能，将该球心要素指定为第一基准，这其中包括了该点 X、Y 和 Z 坐标值的确定等。

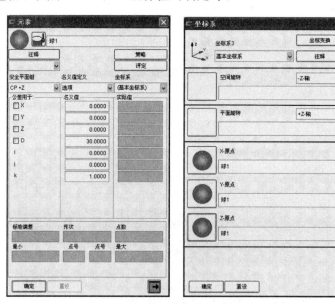

图 3.13 Calypso 软件的球心第一基准建立方法示意

（4）**基准/基准体系坐标测量建立**

案例4： 在本案例中，要求以平面要素为基准，在图 3.14 中罗列了该基准在坐标测量和传统测量过程中的建立方法。

1）基准解读：被标注平面。

2）基准建立方法：测量被标注平面、经拟合操作得到平面要素，并通过软件功能指定为第一基准（面）。对于作为基准的平面要素而言，实际上是通过对该平面的法向矢量的指定来定义的。

图 3.14a）描述了平面要素的测量拟合过程并基准的指定。图 3.14 b）则描述了传统测量中基准模拟的方式，从中可以看到，传统定位常用外贴切的方式，当该面形状为凸出时，其定位还需要有辅助的装置，以获得唯一的定位位置。而坐标测量用的是拟合方法，无论是凸面还是凹面，其拟合得到的平面要素一定在工件体内，也即传统测量和坐标测量在基准定位时存在着原理上的差异。当然，如果用作基准的平面本身精度较高时，这种差异是可以忽略的。图 3.15 表示了传统测量和坐标测量在平面基准定位时存在的差异，图 3.15 中①为坐标测量中的拟合要素，②为传统测量中的外贴切定位方法。这种差异在后续测量数据比对时需要引起注意。

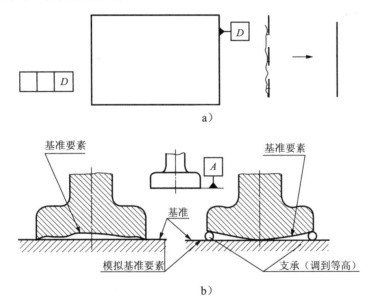

图 3.14　基准/基准体系坐标测量建立案例 4——平面基准

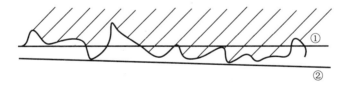

图 3.15　拟合几何要素和贴切方法示意

图 3.16 描述了使用 Calypso 测量软件在平面基准建立时的操作过程。图 3.16a）为平面要素的测量拟合过程。图 3.16b）为运用坐标系功能，指定平面基准要素为第一基准的界面。

（5）基准/基准体系坐标测量建立

案例 5：在本案例中，要求以具有理论正确角度的圆锥面要素为基准，图 3.17 表示了该基准的拟合导出和建立过程。

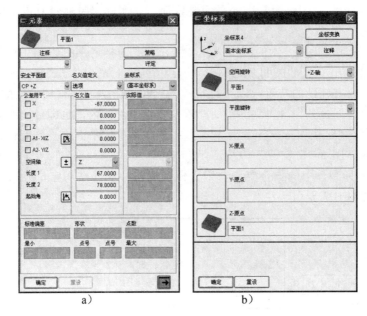

图 3.16　Calypso 软件的平面第一基准建立方法示意

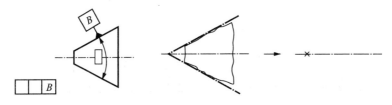

图 3.17　基准/基准体系坐标测量建立案例 5——圆锥中心线—点基准

1）基准解读：被标注圆锥面的导出要素，即包括中心线和顶点。

2）基准建立方法：测量被标注圆锥面、拟合操作得到圆锥面要素并导出中心线和锥顶点。通过坐标测量软件功能指定为第一基准，它将约束除绕圆柱轴线的回转外的另外 5 个自由度。

注意：由于本案例中的基准是一个带有理论正确角度的圆锥，因此在圆锥拟合时就不是简单地用常规方法（无约束）去拟合一个理想圆锥后导出得到中心线，而是该圆锥的拟合目标是一个具有理论正确尺寸的圆锥，也就是说拟合出来的圆锥锥顶角一定是等于理论正确角度。并在此基础上导出中心线要素和锥顶点要素。

在传统测量中，该基准将通过一个高精度（锥角等于理论正确尺寸）的锥孔来定位。从这里我们可以看到，实质上，传统测量方法与坐标测量方法仅在几何要素获取的方法上有差别，即传统测量方法中为模拟（贴切）方法，而在数字坐标测量方法中为拟合方法，如果采用最小二乘法，则获取的拟合要素位于工件体内，而如果采用最小内接方法拟合，则与传统方法的模拟是一致的，只是测量数据的量需要非常大。

图 3.18 是 Calypso 测量软件对该类基准建立的测量操作过程示意，图 3.18a）为圆锥的测量和拟合，其中拟合中理论正确角度的约束设置在菜单的右上"策略"中设置。图 3.18b）为圆锥顶点要素的导出操作。图 3.18c）为运用坐标系功能指定该圆锥为第一基

準，使用的要素为锥顶点和中心线。

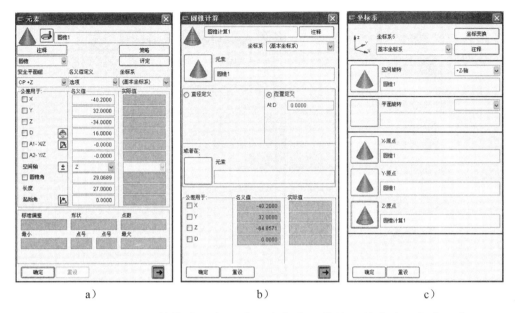

a)　　　　　　　　b)　　　　　　　　c)

图 3.18　Calypso 软件的具有理论正确角度圆锥第一基准建立方法示意

(6) 基准/基准体系坐标测量建立

案例 6： 在本案例中，要求以一个自由曲面要素为基准，图 3.19 表示了该基准的拟合建立过程。

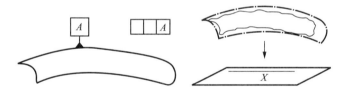

图 3.19　基准/基准体系坐标测量建立案例 6——空间曲面—基准体系

1) 基准解读：由被标注空间自由曲面所确定的基准体系。

2) 基准建立方法：测量被标注空间自由曲面上若干提取点、并进行自由曲面拟合，即其拟合目标为理论自由曲面，这个拟合过程完成的判据一般还是最小二乘法，其结果是使所测得的点云与理论模型能最好地重叠在一起，即所谓的最佳拟合（best fit）。由于理论模型本身会带有坐标系（基准体系），因此该操作过程实际上也就是被测要素在坐标系（基准体系）中的定位过程，对于基准体系而言，也就是基准/基准体系的建立过程。

注意： 只有空间自由曲面才能完全约束空间 6 个自由度，如果该曲面为平面曲线在平面法矢方向拉伸而成，则所建立的基准可能只约束了除接伸方向外的其他 5 个自由度或更少。

图 3.20 为 Calypso 测量软件对该类基准测量和建立过程示意。图 3.20a) 为自由曲面上测量点云的获取过程，测点的数量应尽可能多，测点的分布应尽可能地开。图 3.20b) 则是点云和理论自由曲面模型的拟合操作示意，图中的选项"基于 CAD 模型的最佳拟合"

45

表示用云点对自由曲面的理论模型进行拟合计算。如果不选择该选项，则是测点点云与理论点云之间运用点对点方法进行拟合。

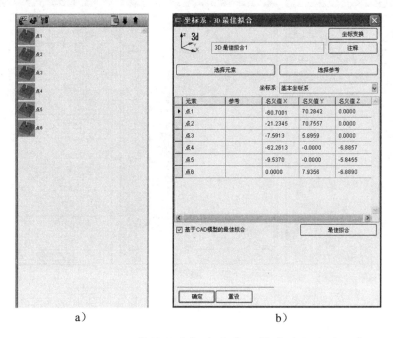

图 3.20　Calypso 软件的空间自由曲面基准建立方法示意

（7）基准/基准体系坐标测量建立

案例 7：在本案例中，要求以一组平面要素为（公共）基准，图 3.21 表示了该基准的拟合建立过程。

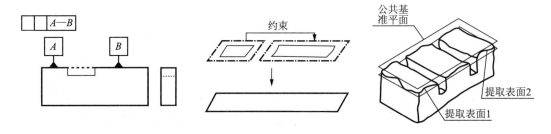

图 3.21　基准/基准体系坐标测量建立案例 7——平面公共基准

1）基准解读：由二个被标注（同）平面组成的公共基准。

2）基准建立方法：分别测量二个被标注平面、将二平面作为同组要素进行平面拟合以构建公共平面要素 A—B，并应用软件的坐标系功能指定公共基准 A—B。

对于本例来讲，这二个面本身就是一个面，可以按一个面来处理。但这类基准有时会用在阶梯面情况中，此时会有二种情况，一种是阶梯面之间不标注理论正确距离，此时同组要素的拟合目标是一组平行的平面，这有点类似中心面拟合操作时对二个面的同组拟合，它的距离是可以变化的。还有一种情况就是标注有理论正确距离，此时同组要公共素的拟合目标就是理论模型（或 CAD 模型）。

这类同组要素组成的公共基准，在自由度约束上与平面是一样的，都是只约束了三个自由度。车身钣金件的定位有时会用到这类基准形式。

这类基准在传统测量的定位中，如果面之间标有理论正确距离，则定位支撑面之间不仅方向是相对固定的，而且距离也是固定的。如果未标注理论距离，则定位支撑面之间的方向是相对固定的，但距离是可以调整的。

图 3.22 描述在了 Calypso 测量软件中该类基准的测量和基准建立过程。图 3.22a）、b），是 2 个平面的分别测量和拟合。图 3.22c）、d）是对同组要素（2 个面）的拟合并生成公共平面要素。图 3.22e）则是通过坐标系建立功能指定公共基准。

a）

b）

c）

d）

e）

图 3.22 Calypso 软件的多同向平面公共基准建立方法示意

(8) **基准/基准体系坐标测量建立**

案例 8： 在本案例中，要求以一组基准目标为基准，图 3.23 表示了该基准的拟合建立过程。

1) **基准解读：** 由多个被标注小平面（基准目标）组成的平面基准。

2) **基准建立方法：** 分别测量三个被标注小平面（点），拟合生成平面要素，并由坐标测量软件指定为第一基准。

该案例实际上就是一个平面基准问题，只是其测点是由基准目标规定的，由于需要根据图样要求测得基准目标上的点要素，即根据图样上基准目标的基准（理论正确尺寸标注起点）标注先构建测量坐标系，然后根据理论正确尺寸进行目标点测量。

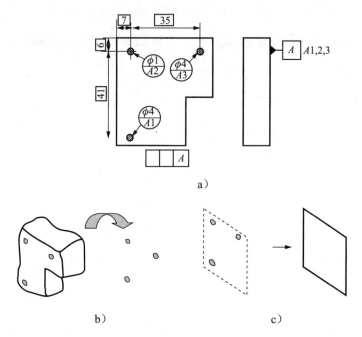

图 3.23　基准/基准体系坐标测量建立案例 8——由基准目标组建的平面基准

这类案例在传统测量定位时，就是根据理论模型和基准目标的大小方位，设置一系列支撑圆柱。

图 3.24 为采用 Cplypso 测量软件构建该基准的过程和方法，这是一种由非平面点构建平面的测量功能，该功能能通过多个不在同一平面，但相互之间具有相同方向和理论正确尺寸定义的一系列点来构建一个平面（方向）。图 3.24a）为该功能菜单示意，它设置了该理论平面的参数；图 3.24b）设置了拟合方法，图中选择了最小二乘法；图 3.24c）为设置参与拟合的点（基准目标）与拟合目标（即理论平面）的距离，图中第三个点设置为 −10，是说明该点与理论平面的距离及偏离方向，而在本例中，该参数应该为 0；图 3.24d）为拟合生成的平面；图 3.24e）为采用坐标系功能将拟合生成的平面指定为第一基准，即平面基准。

(9) **基准/基准体系坐标测量建立**

案例 9： 在本案例中，要求以由 2 个具有理论正确角度（夹角）平面（组）的中心平面为基准，图 3.25 表示了该基准的拟合建立过程。

1) **基准解读：** 2 个（具有理论正确夹角）平面的导出中心面为平面基准。

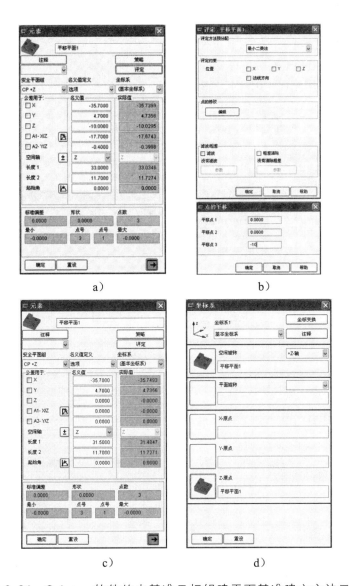

a)　　　　　　　　　　　b)

c)　　　　　　　　　　　d)

图 3.24　Calypso 软件的由基准目标组建平面基准建立方法示意

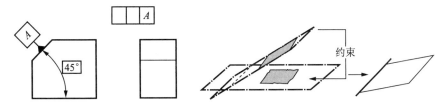

图 3.25　基准/基准体系坐标测量建立案例 9——中心平面基准

2）基准建立方法：分别测量 2 个被标注的平面、将该 2 个平面作为同组要素进行拟合操作，其拟合目标是理论模型，即具有理论正确夹角的 2 个平面，然后导出中心平面

A，并在坐标测量软件中指定为平面基准。

　　该类基准在传统测量定位时，其定位基准就是一个具有理论正确夹角的 2 个平面，定位时工件与夹具接触后就定位完毕了，这种情况下，如果多个工件中这 2 个面的夹角有变化时，其定位结果同样会有变化。而在坐标测量中，由于采用最佳拟合，其定位结果将与传统测量方法会有差异，这一点需要引起注意。

　　图 3.26 为 Calypso 测量软件对该类基准的构建过程示意。图 3.26a）、b）分别为 2 个平面的测量，图 3.36c）为同组平面要素的拟合及中心面导出。图 3.26d）为采用坐标系功能指导中心面为平面基准。

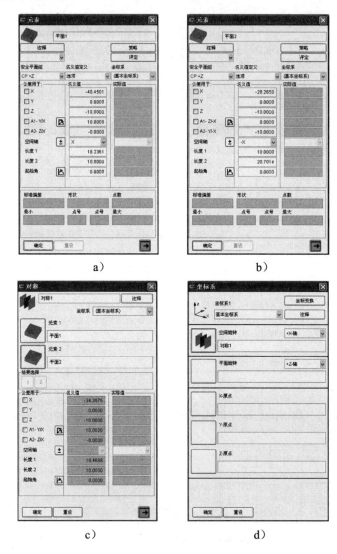

图 3.26　Calypso 软件的二平面中心面基准体系建立方法示意

（10）基准/基准体系坐标测量建立

案例 10： 在本案例中，要求以由 2 个平行平面的中心平面为基准，图 3.27 表示了该基准的拟合建立过程及传统测量中的定位方法。

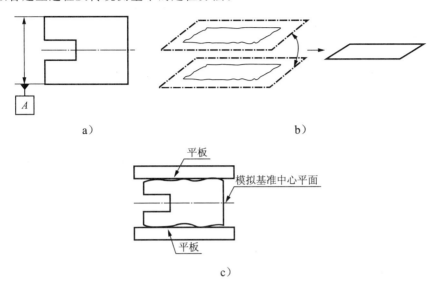

图 3.27　基准/基准体系坐标测量建立案例 10——中心平面基准

1）基准解读：由二个平行平面组成的同组要素的中心面。

2）基准建立方法：分别测量被标注的 2 个平面、将该 2 个平面作为同组要素与理论模型（二个平行平面）进行同组拟合并导出基准中心面 A，并在坐标测量软件或后续评定时指定。

在实际测量时，有时为了方便，会通过多个两侧面上测点连线的中点来拟合基准平面（线），这只能是一种变通方法，其前提是两平面是平行的。

在传统测量中，这类基准一般都是采用平口钳或台虎钳来完成，也就是说是通过两个始终平行，但能相向运动的同组平面，通过其与工件上基准面的贴合来模拟基准，并从夹具上导出中心面。

该案例在 Calypso 测量软件中的基准建立过程与上例相似，只是进行对称（导出中心面）操作时，两平面设置为平行，但不设置理论正确尺寸（距离）。

（11）基准/基准体系坐标测量建立

案例 11：在本案例中，要求以由 2 根圆柱中心线共同组建一条线基准，图 3.28 表示了该基准的拟合建立过程及传统测量中的定位方法。

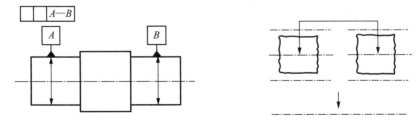

图 3.28　基准/基准体系坐标测量建立案例 11——"同轴双圆柱"公共基准中心线

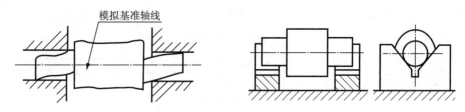

续图 3.28

1) 基准解读：由 2 个圆柱面中心线作为同组要素，组成一根公共基准线。

2) 基准建立方法：测量被标注的 2 个相关圆柱面、分别导出其中心线，并将该 2 个线要素作为同组要素，拟合为公共基准 $A—B$，然后在坐标测量软件中指定为第一基准。

在传统测量定位时，最常用的方法是采用等高的 V 形块，但由于实际工件中并不存在中心线，因此采用这种方法时，应注意由于基准圆柱直径之间的偏差所造成的误差。

也有采用 2 个中心线等高的孔来定位，同样由于需要定的基准是中心线，而不是圆柱轮廓面，因此装夹孔的孔径应该是可以变化的，以确保装夹时能与基准圆柱轮廓贴切。此时，夹具的 2 孔公共中心线就是模拟基准。

图 3.29　描述了该类基准在 Calypso 软件中测量和建立过程。图 3.29a)、b) 为两圆柱的测量及中心线要素的导出，图 3.29c)、d)、e) 三图则为用 2 根中心线要素拟合一个公共中心线的操作过程，包括已测要素调用及设置、3D 线拟合设置等，图 3.29f) 为采用坐标系功能指定该公共中心线要素为第一基准的操作。

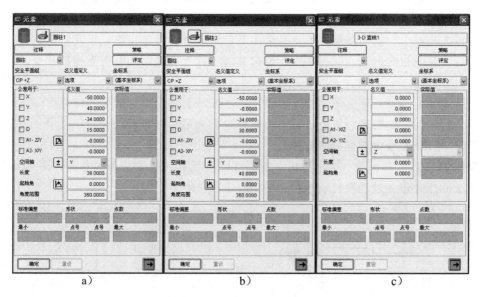

图 3.29　Calypso 软件的二同心圆柱组合中心线基准体系建立方法示意

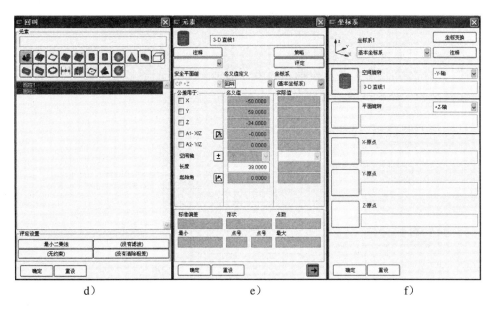

d)　　　　　　　　　　　　e)　　　　　　　　　　　　f)

续图 3.29

(12) 基准/基准体系坐标测量建立

案例 12：在本案例中，要求以相互垂直的一个平面和一根圆柱中心线为公共基准，图 3.30 表示了该基准的拟合建立过程。

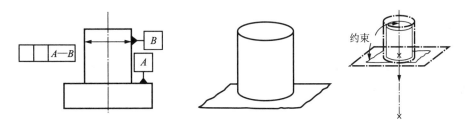

图 3.30　基准/基准体系坐标测量建立案例 12——"平面—圆柱"公共基准/基准体系

1）基准解读：由一个平面和一根圆柱面中心线作为同组要素组成的公共基准；实际上，平面作为基准，确定是其法向，在本案例中，平面的法向和圆柱中心线方向是一致的。

2）基准建立方法：测量被标注平面和圆柱面、并分别导出圆柱中心线要素及平面法向（线）要素。将该 2 个线要素作为同组要素拟合公共线要素 A—B，并在坐标测量软件中指定为基准线然后用 A 面指定原点。该基准将约束除绕基准轴线回转以外的 5 个自由度。

该基准在传统测量时是无法合理定位，因为对于传统测量而言，A 面和 B 圆柱中心线都作为基准是过定位的，如果 A 面和 B 圆柱的垂直度有问题，对该两个要素定位的先后会造成不同的结果。而图样的要求更是要求同时模拟。

该案例基准的 Calypso 测量软件构建方法类似于案例 11，只是在最后时需要确定在基准轴上的零点位置，因为公共基准 $A—B$ 不仅确定了轴线方向，还确定了基准在轴上的位置。

（13）**基准/基准体系坐标测量建立**

案例 13：在本案例中，要求以两个相互平行且具有理论正确距离的平面构建公共基准，图 3.31 表示了该基准的拟合建立过程。

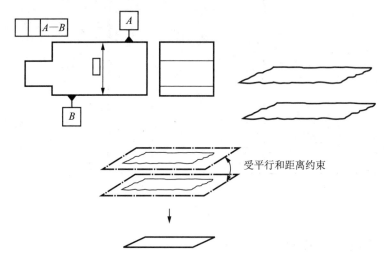

图 3.31　基准/基准体系坐标测量建立案例 13——"二定距平面"公共基准/基准体系

1）基准解读：由 2 个定距平面同组组成的基准。

2）基准建立方法：测量 2 个被标注平面、将该 2 个要素作为同组要素与理论模型进行拟合，拟合目标是定距的 2 个平面。此时实际就是将被测基准要素与理论模型进行了定位，即构建了基准。该基准在构建时不仅确定了由 $A—B$ 公共要素约束的方向，同时也约束了其位置，即约束了除绕 $A—B$ 公共基准面法向转动及在 $A—B$（面）上 2 个方向移动以外的 3 个自由度。

该基准在传统测量时的无法合理定位，因为根据基准定义，夹具应为定距的 2 个平面，此时如果二基准平面要素之间的距离和平行有误差时，定位时就有可能造成无法正确贴切，即实际距离小时造成多种定位结果，实际距离大或平行度误差大时，甚至无法放入问题。

该案例在 Calypso 测量软件中的基准建立过程与案例 10 相似，只是拟合时选择理论模型为目标。

（14）**基准/基准体系坐标测量建立**

案例 14：在本案例中，要求以 2 个相互平行且具有理论正确距离的圆柱中心线构建公共基准，图 3.32 表示了该基准的拟合建立过程。

1）基准解读：由 2 个有理论正确尺寸的平行圆柱面中心线同组组成的基准。

2）基准建立方法：测量 2 个被标注圆柱面、分别导出其中心要素，将该 2 个要素作为同组要素与理论模型（具有理论正确距离的 2 根线要素）进行拟合并生成公共基准面 $A—B$。通过坐标测量软件指定为公共基准 $A—B$。由于其拟合目标是一个理论模型，因此其公共基准的构建结果不但指定了公共基准面 A—B 的方位，同时通过 2 条基准中心线，也确定了基准在 A—B 基准面上的方向与位置，最后仅剩下在 A—B 基准面上沿轴线方向的移动自由度还没有约束，即该基准共约束了 5 个自由度。

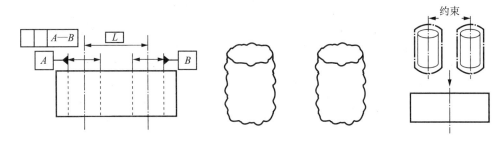

图 3.32　基准/基准体系坐标测量建立案例 14——"平行双圆柱面"公共基准体系

这类基准的传统测量定位比较困难，其夹具应由 2 个具有理论正确距离的圆柱组成，关键是由于基准中的几何要素为中心线，因此需要该 2 个定位圆柱具有直径变化功能，以确保在定位时能够与基准中心线的轮廓面贴切。但由于这是一种过定位状态，因此定位时会不同的操作程序可能会导致不同的定位结果，这一点需要引起重视。

（15）**基准/基准体系坐标测量建立**

案例 15：在本案例中，要求以 5 个相互平行且具有理论正确位置的圆柱中心线构建公共基准，图 3.33 表示了该基准的拟合建立过程。

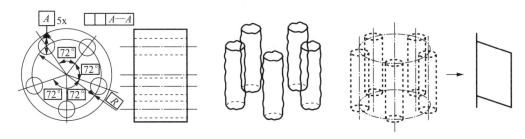

图 3.33　基准/基准体系坐标测量建立案例 15——"平行多圆柱面"公共基准体系

1）基准解读：由 5 个具有理论正确位置的平行圆柱面中心线同组组成的基准。

2）基准建立方法：该案例基准体系的构建方法与上例类似，只是其拟合的理论模型是 5 根在理论正确位置的中心线，拟合的结果实际就是一个被测工件与理论模型的定位过程。其最终约束的自由度与上例一样，即除了沿各中心线方向移动自由度以外的 5 个自由度。

（16）**基准/基准体系坐标测量建立**

案例 16：在本案例中，要求以 3 个相互垂直的面按序构建成一个三基面基准体系，图 3.34 表示了该基准的（3-2-1）拟合建立过程。

1）基准解读：由 3 个相互垂直平面按序组成的基准体系。

2）基准建立方法：测量 A 面上的（至少）3 个点，进行平面拟合，并构建空间基准（第一基准）；测量 B 面（线）上的（至少）2 个点，并投影到 A 面上，通过直线拟合，构

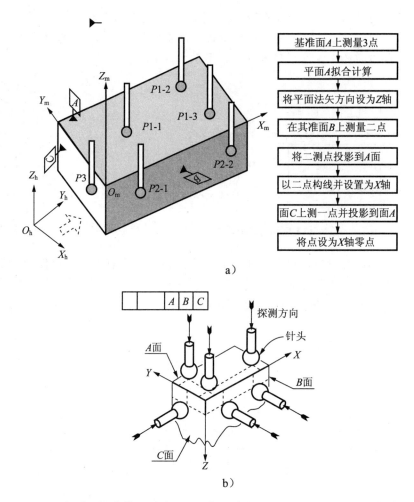

a)

b)

图 3.34　基准/基准体系坐标测量建立案例 16——"3-2-1"基准体系

建平面上的方向基准（第二基准）；测量 C 面上的（至少）1 个点，投影到 A 面上，并在 B 基准的约束下拟合垂直于 B 基准的直线，分别设置这 3 个基准要素为"零"，完成基准的建立。

　　在本案例中，构建完成的基准体系是一个标准的三基面，即相互垂直，也就是说，在第二基准 B 构建时，其拟合得到的基准要素一定垂直于第一基准 A，即所谓的约束下拟合。同样道理，第三基准 C 的基准要素拟合时，其拟合结果一定垂直于 A 和 B，这同样是一种约束下的拟合。在上面的基准建立方法描述中，采用了所谓的投影，实际上就是一种垂直约束的操作方法。

　　这类基准在传统测量方法中，其定位基准就是 3 个相互垂直的基准结构，包括六点定位结构。

　　图 3.34b）描述了这类基准一种更简单的构建方法，即通过 3 点、2 点和 1 点的测量构建了（三基面）基准系统，这就是所谓的 3-2-1 方法。

　　图 3.35 为采用 Calypso 测量软件进行最简单六点测量并构建基准的过程示意。

图 3.35a）为基准面 A 的 3 点测量及拟合，图 3.35b）为基准面 B 的 2 点测量，图 3.35c）为基准面 C 上的 1 点测量。图 3.35d）为 3-2-1 基准建立方法的基准指定操作界面，上述的投影拟合等操作都在该模块中自动完成了，而无需用户专门操作。

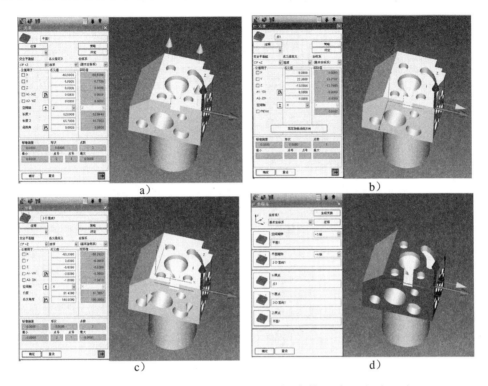

图 3.35　Calypso 软件的 3-2-1 基准体系建立方法示意

（17）基准/基准体系坐标测量建立

案例 17：图 3.36 是该类基准通过 3 个面的测量拟合和构建的过程示意。

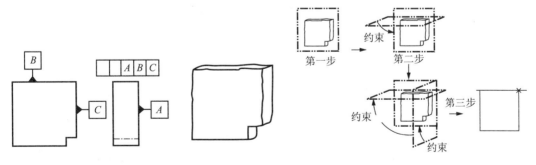

图 3.36　基准/基准体系坐标测量建立案例 17——"3-2-1"基准体系

图 3.37 为采用 Calypso 测量软件进行三基面基准测量并构建基准的过程示意。图 3.37a）为基准面 A 的测量及拟合，图 3.37b）为基准面 B 的测量和拟合，图 3.37c）为基准面 C 上的测量和拟合。图 3.37d）为被测基准面与三基础理论模型的拟合及基准构

建操作界面。

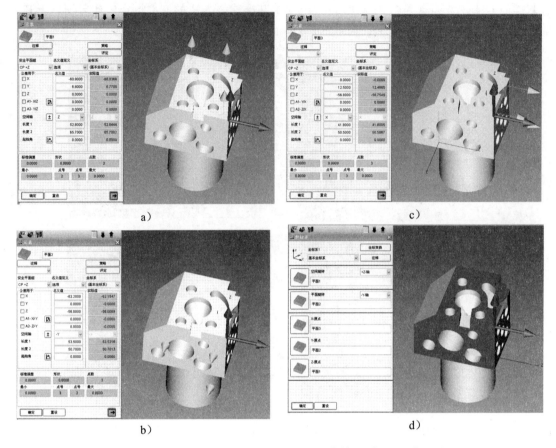

图 3.37　Calypso 软件的三基面基准体系建立方法示意

(18) 基准/基准体系坐标测量建立

案例 18: 在本案例中,要求以端面为第一基准、圆柱中心线为第二基准的基准体系,图 3.38 表示了该基准的拟合建立过程。

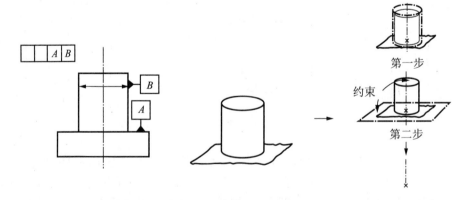

图 3.38　基准/基准体系坐标测量建立案例 18——"面—圆柱"基准体系

1）基准解读：由一个平面和一个圆柱面中心线按序组成的基准体系。

2）基准建立方法：测量基准面 A，拟合 A 面要素，指定为第一基准；测量基准圆柱面 B，并在 A 基准的约束下进行圆柱面拟合及中心线导出操作，即圆柱中心线是垂直于基准面 A 的，最后将该中心线指定为基准 B。该基准体系约束了除在平面 A 上绕 B 轴回转的自由度外的其他 5 个自由度。

在实际操作中，有时为了简化测量过程，会只测圆柱面的一个截面圆，并导出圆心后作为 B 基准，这样操作的前提是该圆柱垂直于 A 面。因此，为了减少基准建立误差，建议使用圆柱的中间截面圆。

在传统测量时，A 面作为第一定位基准面，而由于 B 基准是中心线，因此定心的基准夹持结构应该是直径可调节，以确保夹持定位机构与 B 基准轮廓面的贴切。

图 3.39 为采用 Calypso 软件进行该类基准的测量和建立过程。首先测量平面并拟合平面要素 A，然后测量圆柱，并带约束拟合圆柱面，最后通过坐标系功能指定基准体系。

a)　　　　　　　　b)　　　　　　　　c)

图 3.39　Calypso 软件的"平面—圆柱"基准体系建立方法示意

（19）基准/基准体系坐标测量建立

案例 19：在本案例中，要求以平面 A 为第一基准、圆柱 B 和 C 的中心线分别为第二和第三基准，来构建 A—B—C 基准体系，图 3.40 表示了该基准的拟合建立过程。

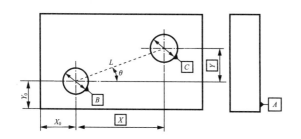

构建方法
1）测量并拟合 A 面，指定为基准平面；
2）测量并拟合 B 和 C 圆柱面并导出中心线；
3）设置 B 为 A 平面上的原点；
4）在 A 平面上，以 B 基准为约束，将 C 基准要素的理论模型为拟合对象，拟合生成 C 基准。

图 3.40　基准/基准体系坐标测量建立案例 19——"一面二销"基准体系

1）基准解读：由一个平面二个销（二个圆柱面，一主一辅）按序组成的基准体系。

2）基准建立方法：图 3.40 右侧描述了基准的建立过程，一面二销是工件定位中最常见的一种方式，基准的建立方法也比较简单。但在实际测量和基准建立过程中需要注意实际工件中 2 基准孔孔距误差对基准建立的影响，理论上的基准建立方法应为在 A 基准面的约束下，测量 B 圆柱面并拟合导出中心线作为第二基准，然后在 A 和 B 基准的约束下，运用 X 和 Y 理论距离对 C 圆柱面中心线作最佳拟合计算来确定平面上的基准方向。

在传统测量定位中，这类基准的第二基准 B，由于是中心线为基准，因此定位销应该是直径可调的，以确保定位时定位销与孔贴切。第三基准 C 的定位，则采用菱柱形结构，因为此时需要约束的仅是在 A 面上绕 B 的回转。同时由于也是中心要素为基准，因此直径也应可调。

图 3.41 为采用 Calypso 测量软件进行该类基准测量构建的操作过程示意。其第二和第三基准的操作是采用圆的测量完成的，其前提就是实际工件上的圆柱 B 和圆柱 C 是垂直于 A 基准面的。最后选用"坐标系"功能指定并建立基准体系。

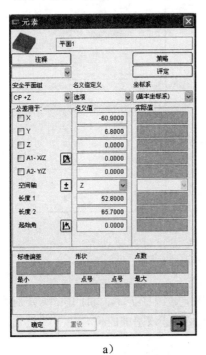

a）

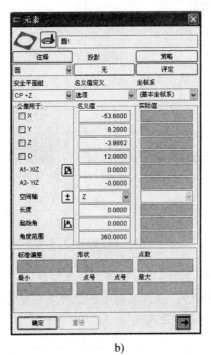

b）

图 3.41 Calypso 软件的"一面二销"基准体系建立方法示意

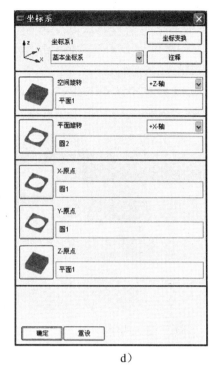

c） d）

续图 3.41

（20）基准/基准体系坐标测量建立

案例 20：在本案例中，要求以空间 3 个点来直接构建基准体系，图 3.42 表示了该基准的拟合建立过程。

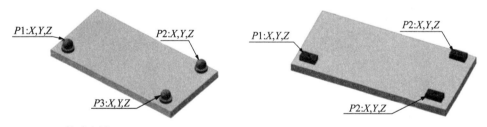

构建方法：
1）在当前坐标系下测量并获取 P1、P2 和 P3 的 3 点位置（球心或点坐标）；
2）将实测的 3 点坐标数据与理论的 3 点数据做最佳拟合（bes fit），并构建新的测量坐标系和基准体系。

图 3.42 基准/基准体系坐标测量建立案例 20——"多点"基准体系

1）基准解读：由三个以上点构建的基准体系。

2）基准建立方法：分别测量相关几何特征并拟合导出或通过相关操作获得基准点要素，然后通过对理论模型的多点同组最佳拟合（best fit）直接构建基准体系。

在一些工件的测量检具上，为了方便测量坐标系/基准体系的建立，常常会使用一些点（孔与平面交点）或球（心）等作为基准体系的构建要素。

使用这种方法要注意最后拟合结果的误差，并判断其拟合误差是否在允许的范围内。这种方法也常应用于多于3点的情况，多于3点可以提高坐标系建立的精度和稳定性，也是对基准点可能破损的备份。

图 3.43 表示了采用 Calypso 软件进行该类基准的测量和构建过程，在获得基准点要素后，就直接采用坐标系功能中多点拟合功能，构建基准体系。

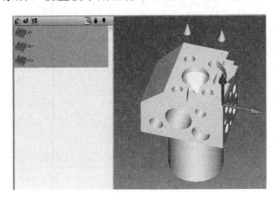
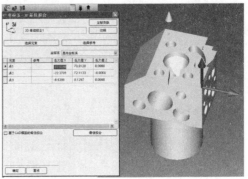

图 3.43　Calypso 软件的"多点"基准体系建立方法示意

(21) 基准/基准体系坐标测量建立

案例 21：在本案例中，要求以标有空间有理论正确尺寸和方向的多个要素（基准目标）构建基准体系，图 3.44 表示了该类基准的拟合建立过程。

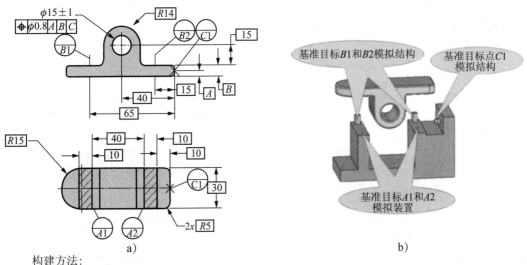

构建方法：

1）在工件上建立初始坐标系；

2）按空间点方式测量标注在A面上的基准目标点，拟合平面后，构建基准A；

3）按空间点方式测量B面上二基准目标点并建B基准；

4）按空间点方式测量C面上一基准目标点并建C基准；

5）复测并检验A，B和C基准，如未达精度要求，则回到第2）步，重测并重建基准。

注：图例来自http://www.tec-ease.com/,采用的ASME标准。

图 3.44　基准/基准体系坐标测量建立案例 21——"多要素迭代"基准体系

1）基准解读：由多个空间基准要素（基准目标）组成的基准体系。

2）基准建立方法：图 3.44b) 描述了这类基准建立的方法。这类基准的标注在图样上是对着理论模型在标注，于是这些基准目标看似都有很明确的定位参数。然而在实际工件中完全不是这样一种状况，因为坐标测量都必须在一定的坐标系下进行，而图样中的基准目标既然标注在一个坐标系下，那么这个坐标系又如何去寻找呢？这是这类基准的标注给测量带来的相关问题。在实际测量中，一般需要先定一个初始的坐标系，这个坐标系图样中并未明确标注，只能根据工件加工制造的精度状况或图样中尺寸注的方法进行相应的选择，然后在这个初始坐标系下开始相应的测量工作。由于初始坐标系对于基准建立仅是一个参考，因此可以采用验证与迭代相结合的方法去逼近基准，即在建完基准后对基准目标进行复测，如果基准目标的测量精度达到要求，则构建完成，不然则在当前坐标系/基准体系下，再进行一次基准测量与构建。一般情况下，经过 3～5 个循环，就能完成基准的精确建立。如果所建基准还未达到精度要求，就需要检查这些基准目标点本身的精度了。

这类基准在传统测量和定位时非常方便和直观，即六点定位，也就是说定位装置完全按理论模型构建，图 3.44 很清晰地表示了其定位方法与过程。

汽车设计中采用的 RPS（Reference points system 基准参考系统）点体系实际上就是这类六点定位的体系。

（22）基准/基准体系坐标测量建立

案例 22：在本案例中，要求以第二和第三基准（相互不垂直）的面构建基准体系，图 3.45 表示了该类基准的拟合建立过程。

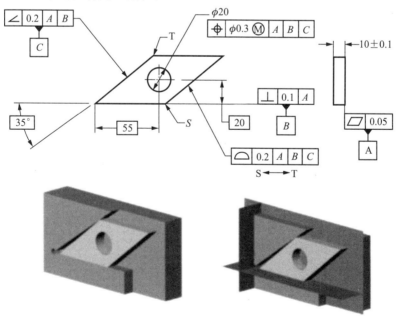

注：图例来自http://www.tec-ease.com，采用的是ASME标准。

图 3.45　基准/基准体系坐标测量建立案例 22——"非垂直三基面"基准体系

1）基准解读：由 A、B 和 C 等基准标注面按序组成的基准体系。

2）基准建立方法：测量 A 面，平面拟合后确定空间基准 A（第一基准），测量 B 面（线）并在基准 A 的约束下拟合平面方向基准 B（第二基准），测量 C 面（线）并在基准 A 和 B 和约束下拟合 C 面，这里的约束是指 C 面对 A 面的垂直，以及 C 面对 B 面具有理论角度 $35°$ 的夹角。最后用 C 基准面（线）与 B 基准面（线）的交点确定平面上的坐标原点。并在此基础上评定中间孔的位置度误差。

本案例中需要注意以下几点：

①坐标测量方法所建的基准在理论上应是理想的，一般的三基面是三个基准面相互垂直，而在本案例中，其中的 B 和 C 基准则是成理论正确角度的。而从上面传统测量定位的装置来看，其安装定位装置也正是这种理论正确结构的体现，从这里我们同样能够看到，当工件基准精度满足要求时，尽管传统测量和坐标测量一个是用的贴切方法，另一个用的是拟合方法，但其相互的定位差异并不大。

②图 3.45 的传统定位方法中 C 基准定位结构设计应该说是有问题的，尽管它能进行定位操作，但并未完全考虑 C 基准面本身的误差可能对定位造成的影响。这里可以对照坐标测量定位方法来看，如果 C 基准面本身形状精度没问题，则应在 C 基准面中间位置设置点状定位机构，这样可以减小由于 C 基准面与 B 基准面之间角度误差引起的定位误差。

③作为基准的轮廓面，都应该有相应的精度要求，以确保定位的精度。美国 ASME Y14.5m 标准中对用作基准的几何要素，专门提出了几何公差要求。所以在坐标测量时，首先必须对基准的精度有一个测量和判断，如果定位精度有问题，那么测量和评定数据就会有问题，而且在测量数据比对时，特别是不同测量方法之间的测量数据比对时，这类问题将更为突出。

第4章

坐标测量的误差测量和评定

本章主要介绍了从几何工程图样中的标注和规范信息到坐标测量和误差评定等具体操作过程和相关方法等。

4.1 几何要素的坐标测量与误差评定流程

几何要素的坐标测量和误差评定的整个过程涉及许多方面，国家相关标准规定了这方面的内容，目前这些标准主要有：

——GB/T 1182—2008（ISO 1101：2004）《产品几何技术规范（GPS）　几何公差　形状、方向、位置和跳动公差标注》；

——GB/T 4249—2009（ISO 8015：1985）《产品几何技术规范（GPS）　公差原则》；

——GB/T 13319—2003（ISO 5459：1998）《产品几何量技术规范（GPS）　几何公差　位置度公差注法》；

——GB/T 16671—2009（ISO 2692：2006 产品几何技术规范（GPS）　几何公差　最大实体要求、最小实体要求和可逆要求》；

——GB/T 17851—2010（ISO 5459：1981）《产品几何技术规范（GPS）　几何公差　基准和基准体系》。

从某种角度讲，对图样上标注信息和相关规范的正确理解是整个坐标测量的关键之一，但由于目前的几何技术规范（GPS）标准体系对坐标测量技术方面的规范还未完善，这也造成了目前坐标测量技术应用中的一系列问题。图4.1描述了误差测量和评定的过程和内容，其中主要包括：

（1）对设计图样信息的解读与坐标测量要求的转换

国家几何技术规范方面的标准规定了几何尺寸公差和几何公差的定义方法，因此对于图纸的解读以及结合坐标测量技术进行相应的转换工作主要体现在以下几个方面：

①被测要素的测量内容和评定要求；

②评定基准/基准体系及其建立方法；

③公差带形状、大小、方向以及位置；

④误差评定方法与要求，包括一些相关性要求；

⑤其他有关评定的要求和内容。

（2）坐标测量工艺和规范的制定

由于目前在坐标测量方面还没有建立起如 GB/T 1958—2004《产品几何量技术规范（GPS）　形状和位置公差　检测规定》等标准和规范。因此，在实际测量工作中，针对测

量任务，建立相应的测量规范已成为顺利完成几何坐标测量工作的关键。这部分内容主要
解决如何测量问题，主要包括：

　①几何要素的具体测量方法与流程；

　②被测几何要素的提取方法；

　③具体的测点方法、测点的数量、密度和分布；

　④几何要素的拟合和计算等方法；

　⑤测量过程中的其他工艺问题，如探针组合与配置、工件装夹方法等。

　　根据尺寸公差和几何公差的标注情况，以及在实际测量过程中所使用的不同方法，
图 4.1 对测量评定对象进行了分类。同时也描述了简单的测量评定过程。下面分别对这些
测量要求和误差评定进行展开介绍。

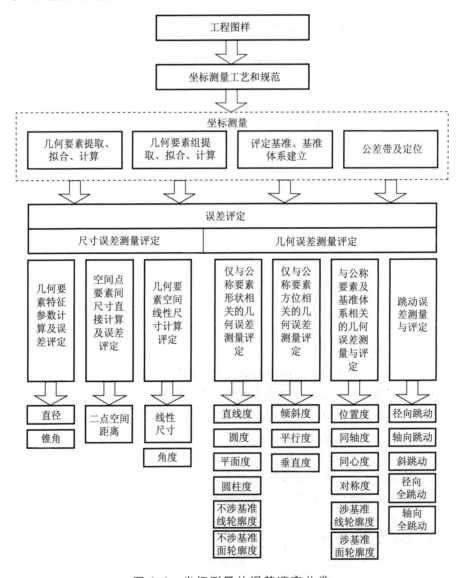

图 4.1　坐标测量的误差评定分类

4.2　尺寸误差的测量与评定

GB/Z 20308—2006（ISO/TR 14638：1995）《产品几何技术规范（GPS）　总体规划》中将有关尺寸要素的标注分为尺寸、距离、半径（直径）和角度等四种类型，而 GB/Z 24638—2009《产品几何技术规范（GPS）　线性和角度尺寸与公差标注：＋/－极限规范　台阶尺寸　距离、角度尺寸和半径》中更明确了对于实际的几何要素类型而言，尺寸要素的定义。这此标准是进行后续测量和误差评定的依据。

（1）传统测量案例

尺寸的测量看似简单，但在实际测量过程中，却是非常容易被忽略或引起问题的。设想一下，如果两个面不平行，那么这个距离到底是什么呢？在这里先看一下传统测量是怎么做的。

图 4.2 描述了用一把游标卡尺进行齿厚测量的案例。从这个案例中可以看到以下一些情况：

①尺寸的测量是由两个平行（卡尺）平面完成的；

②测量方向的不同会带来不同的测量结果，尽管标准中没有明确提出过尺寸是有基准的，但从某种角度讲，这个测量实际上就是尺寸的基准方向。

（2）坐标测量技术中线性尺寸拟合方法

回到坐标测量技术中，距离的理论模型就是两个平行平面，也只有平行的平面才有唯一的线性尺寸，那末对于一个具有误差的实际工

图 4.2　传统测量中的尺寸测量方法示意

件而言，其线性尺寸到底是什么？结合坐标测量的基本理论与方法，这里同样采用拟合-替代的方法来进行测量计算与评定，其拟合的目标同样是其理论模型，对于线性尺寸而言，就是相互平行要素的同组拟合，并在此基础上的评定。图 4.3 描述了部分线性尺寸要素的拟合案例。

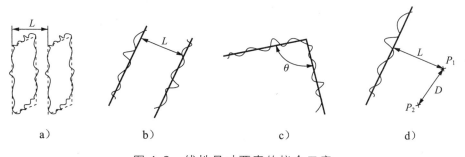

图 4.3　线性尺寸要素的拟合示意

图 4.3 中各线性尺寸要素的拟合方法如下：

①这实际上表示的是两个平行面间的距离，采用两个理想平行面与被测平面进行同组的拟合后，拟合时理想模型的距离和整个理想模型的方位都可调整，但平行关系不变。拟合完毕后所得到的距离值 L 就是实际工件上的距离。如果不采用这种方法，那么当二被测平面不平行时，在不同位置上测量会得到不同的测量结果，所以必须对测量方法和过程进行规范。只有在二被测平面的平行度误差可以忽略时才允许在任意位置上进行测量。

从这个案例中可以看到在线性尺寸测量时传统测量和坐标测量结果之间可能存在的差异，这在数据比对时应该引起注意。

②这是空间二平行条线之间的距离标注，处理方法类似于上例，只是其拟合目标是两条理论平行的直线，通过被测二直线同组与理想模型的拟合后，得到实测值 L。

③这是两个平面之间的夹角标注，跟第一种情况类拟，只是拟合目标为两个理想平面，拟合时，这两个理想平面的夹角及整个理想模型都可以调整。拟合完毕后，其理想平面之间的夹角就是实测值 θ。

④这是空间点 P_1 到平面的距离标注，根据坐标测量原理，其同样是通过对一个"点—平面"理论模型的拟合来得到实测的距离 L。在拟合时，点到面的距离，以及理想模型的方位都可以调整。在图中的 P_1 和 P_2 点的距离为"点—点"距离，这个可以直接通过点坐标和计算得到实测距离。

上面的相关案例都是描述的空间要素间的线性尺寸，平面中的要素间线性尺寸采用同样的方法，其关系主要是"线—线"距离、"线—点"距离和"点—点"。

（3）实际案例

下面通过实际案例来进一步描述工件中线性尺寸的测量方法。

1）线性尺寸测量方法——"面—面距离"

图 4.4 表示了二平面间距离标注的两种方法。这是一种几何要素之间的距离关系问题，其中左边的标注中，直接采用二被测平面同组拟合方法得到距离值。这类标注的传统测量一般通过游标卡尺、分离卡和高度尺完成，测量时须注意其与二被测平面之间的贴切情况。

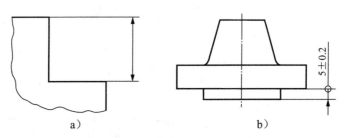

图 4.4　"面—面"距离的标注方法示意

而在图 4.4b）的标注，由于尺寸中存在着基准（尺寸方向）的标注，因此其测量拟合方法就不同于左边的标注。其测量拟合步骤为：

①测量并拟合尺寸基准面（尺寸要素中带圈标注的那个面）；

②测量另一尺寸标注面，并按带约束拟合方法拟合平面，即拟合得到的平面，其一定平行于尺寸基准面；

③计算两平行平面的距离，得到实测距离。

在该案例的传统测量，同样可以采用游标卡尺、分离卡和高度尺等工具，只是在测量时必须先将测量工具的一边贴切到尺寸基准面，然后再贴切测另一面。

2）线性尺寸测量方法——"面—线距离"

图 4.5a）表示了面与线距离的标注方法，由于其中的线是一条中心线，需要通过导出才能得到，可以先行拟合被测平面，然后在该平面的约束下，进行被测圆柱的拟合及中心线的导出，以获得实测距离。

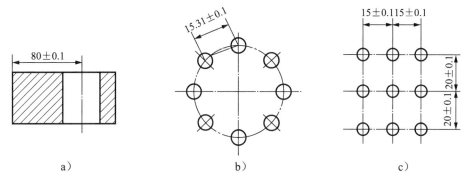

图 4.5　平面距离的标注方法示意

该案例的传统测量一般在平台上进行，将被测平面置于平台上，然后通过测量孔的拟合芯轴高度来得到实测距离。

3）线性尺寸测量方法——"线—线距离"

图 4.5b）表示了 2 条中心线之间距离的标注方法。由于 2 个被测圆柱是平等的（即没有尺寸基准），严格上讲，其距离应该是通过 2 个圆柱的测点点群同组对 2 个理论平行圆柱进行拟合后得到的。拟合时其两理想圆柱始终平行，但其距离和整个模型的方位可以调整。

这类线性尺寸测量和计算方法，许多软件不一定提供，因此在进行这类测量时，应首先确认 2 个被测要素的平行情况，如果平行度误差可以忽略，那么拟合过程就可以简化，甚至可以先将 2 条中心线分别导出，再进行尺寸计算。

在传统测量时，同样要注意被测要素相互的平行问题，不然其测量结果会有多个，而在与坐标测量机测量数据比对时更会有相应的问题出现。

图 4.5c）表示了一组孔之间的尺寸要求，这类标注看似是给定相应的尺寸方向，实际上还是二中心线的距离问题，方法同上。

4）线性尺寸测量方法——"半（直）径"

这类标注，实际上就是对圆柱直径（半径）的测量，即通过对圆柱轮廓面的测量和圆柱拟合，就能得到直径值。

然而，由于测量系统的测量误差存在，当圆弧所对应的角度小于 $60°$ 以后，用同样的圆柱测量和拟合方法，其得到的半径值误差会非常大，而且不稳定。这就是所谓的短小特征问题。解决这类问题的最好办法是对测量方法（标注）进行变通。

先看一下传统测量对这些小圆角（见图 4.6）的测量，一般都是采用 R 规进行测量。这是一种用理论正确形状进行直接比对的测量方法。

对照传统测量方法，在小圆角的测量时，可以将其转化为轮廓度误差进行测量，此时，其公差标注如图 4.6b）所示，在测量时，通过对圆弧离散测点与理论圆弧模型的最佳拟合（定位）后，进行轮廓度评定，即公差带以定位后的理论圆弧模型轮廓为中心对称等距分布，此时可以判定被测圆弧是否在公差带内。

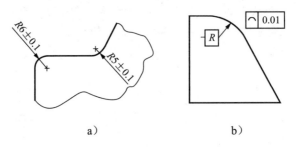

图 4.6　半径标注方法示意

在网上流传着另一种对这类小 R 圆弧的测量方法，即以圆弧中心为定位，通过圆弧上测点与中心距离的计算来评定 R 圆弧的误差。然而从公差的独立原则看，这种变通是存在问题的，因为在本例尺寸公差的标注中，仅涉及半径值，并不涉及其与位置的关系，也就是说，如果按这种方法变通，其标注时将在轮廓度公差后面添加上定位圆心的基准（面），这无疑是不符合公差独立原则的，因为本例中半径尺寸的标注是独立的。

5）线性尺寸测量方法——"分布圆直径"

在这类标注中，该圆是由一群要素组成的，如图 4.7 就是由一系列圆柱孔中心线拟合而成的一个圆柱面。如果要采用其他变通和简化方法，那么必须首先确认各孔中心线相互平行的情况。

6）线性尺寸测量方法——"锥的角度"

锥角（见图 4.8）的测量，只要通过圆锥测量拟合后就能直接得到。

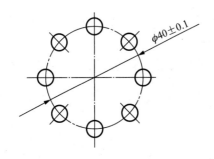

图 4.7　分布圆直径标注方法示意

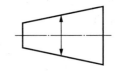

图 4.8　锥角标注方法示意

在传统测量时，一般都是在纵截面上，通过素线的夹角测量来实现的。

7）线性尺寸测量方法——"平面夹角"

这种平面夹角标注（见图 4.9）可以通过分别测量拟合 2 个被测平面，然后进行平面夹角计算来完成测量。

在传统测量中，需要通过二平面交线垂直平面的定位，并测量该垂直平面与二被测平面交线的角度来完成测量。这里需要指出的是，这样的测量实际上是局部尺寸，可能与坐标测量方法得到的结果会有所不同。这一点在数据比对时需要注意。

8）线性尺寸测量方法——"构建类平面夹角"

这是一种由其他要素构建的平面与其他面的夹角测量和评定（见图 4.10）。其测量操作的核心是被测平面的构建。

在图 4.10a）中，这 2 个平面分别是通过二条圆柱孔中心线的拟合来得到，然后计算尺寸标注的 2 个面的夹角。

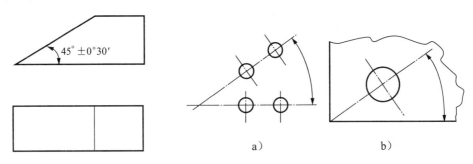

图 4.9　平面夹角标注方法示意　　　图 4.10　构建类平面夹角标注方法示意

在图 4.10b）中，其中一个面由一条两面的交线和一个圆柱孔的中心线拟合得到，然后计算尺寸标注的二个面的夹角。

线性尺寸的标注，一般情况下还是比较简单的，但在尺寸标注时，有时工件上几何要素的相互关系比较复杂时，其标注就会出一些模糊不清的情况，图 4.11 就是这种情况的一个案例。

在这个案例中，只有左上的圆柱孔中心线是明确的，而其夹角标注的水平线到底由哪些特征构成呢？是 2 个圆柱孔的中心线？还是分列两边但共线的 2 个平面？图上并没有明确标示。此外，需角度误差评定的二个面交线的生成方法也没有明确标出，即图当中的那条垂直中线由哪些要素来生成没有明确说明。

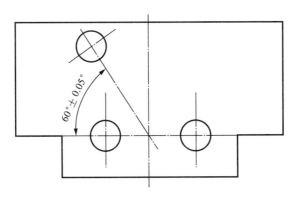

图 4.11　角度标注不明确的案例示意

这些问题实际上都是由设计的标注不明造成的，遇上这种情况，必须与设计沟通，在明确了被测要素获取或生成方法后再进行相关的测量。不允许根据猜测进行测量，因为所有的测量都应该是在图样的规范下进行的。

除了在尺寸规范中直接标注相互间的尺寸（距离）外，有时还会根据功能要求将尺寸（距离）表示在某些方向（坐标系）下，图 4.12 表示这样一种距离的标注测量计算和评定案例。在本例中，需要在一定的方向上测量评定距离 A 和 B 误差，也就是说它们被标注在某一个基准体系下（图中未注出）。从检测的角度看，对其圆柱孔中心要素的测量可以在任何测量坐标系下完成，但对它们的评定就必须先确定其基准体系，这是评定的前提（本例中未考虑被测量孔与评定平面的垂直问题）。

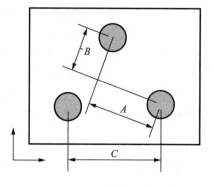

图 4.12　尺寸计算评定示例

在构建评定基准体系时，可以通过其对理论模型的拟合来进行，在其理论模型中 A 和 B 为理论正确尺寸，通过两被测圆柱孔与该理论模型的拟合，同时也就构建了评定基准体系，并在此基准体系下，得到 A 和 B 的测量评定结果。

而图中的 C 尺寸则为两圆（孔）之间的距离，其通过 2 个圆柱孔中心线同组与理论模型（2 条平行线）的拟合后得到。

尺寸误差的评定是通过测得尺寸与理论尺寸进行直接比较，得出其差值并进行评定的过程。在坐标测量软件中指定需评定的实测尺寸，输入理论值和公差值，即能计算并显示或输出。下面某测量软件在测量某圆柱孔上的圆（横截圆，其垂直于拟合圆柱面中心线）时所得到的测量评定结果示例：

ID	NOM	+TOL	−TOL	MEAS	DEV	OUTTOL
X	85.0000	0.0300	0.000	85.0170	0.0170	－ － － － ｜ ＊ ＊ ＋ ＋
Y	32.0000	0.0000	−0.0100	31.9900	−0.010	＊ ＊ ＊ ＊ ｜ ＋ ＋ ＋ ＋
D	52.0000	0.0250	0.0000	52.0260	0.0260	0.001

其中：ID：标识（Identify）；

　　　X 和 Y：点的坐标标识符；

　　　D：被测圆的直径标识符；

　　　NOM：理论值（Nominal）；

　　　TOL：公差（Tolerance），其中包括上公差（＋TOL）和下公差（−TOL）；

　　　MEAS：测得值（Measure）；

　　　DEV：偏差（Deviation）；

　　　OUTTOL：评定结果（Out Tolerance）。

在上面测量评定结果的显示中，OUTTOL 为评定结果，许多测量软件为了直观地反映测量评定的结果，会把公差带分为八等分，用附号"｜"表示公差带中心，左右二边分别用四个"－"和"＋"代表将正公差和负公差分为四等分，然后用"＊"代表评定后实测值在公差带中的位置，从而直观反映了测量结果。如上面的 X 值，其尺寸偏差位于公差带中心偏正方向 50%。Y 值则已为达到了公差带负方向上 100%，已近极限。而 D 尺寸，则已超差，此时显示的就是超差部分的数据。这样做的目的是让操作者能一目了然。当然，各种软件有各自的表达方式，但基本内容大同小异。

在实际测量过程中，当被测几何要素之间的几何误差可以忽略时，则可以采用一些简化的方法来测量尺寸和距离，如在测量坐标系（基准）建立后，同时被测尺寸又直接在基准方向上，则可以通过测点的坐标值来直接计算尺寸和距离，而不是通过要素组的拟合来进行相关的测量和计算。但在采用变通方法进行测量时，必须对其进行相应方法不确定度评估后才能进行。

4.3　几何误差的坐标测量与评定

对工件几何误差的测量与评定是坐标测量技术的优势所在，但同时也是坐标测量工作中难度较高的部分，那是因为许多技术人员对几何公差的标注、解释和理解等方面还有待提高。同时，几何误差的坐标测量、计算与评定方法也比较复杂，而且目前还未形成相关的、统一的规范。所有这些问题反映出来的情况主要是测量结果的可信度差，测量结果与其他测量方法之间的可比性差。

目前坐标测量设备及相关的测量软件都具有常见几何误差的测量、计算与评定功能，在进行测量、评定基准和相关参数设置后，坐标测量软件就能完成相关的计算评定工作。但为了保证测量结果的复现性和再现性，应注意相关测量规范的制定。

对照产品几何技术规范（GPS）总体规划，可以将几何公差分为以下几种：

1）仅与公称要素形状相关的几何误差：平面度、直线度、圆度、圆柱度、以及未标注基准的线/面轮廓度等；

2）仅与公称要素相互方向相关的几何误差：倾斜度、平行度、垂直度等；

3）与公称要素位置与轮廓相关的几何误差：位置度、同轴度/同心度、对称度、标注基准的线/面轮廓度等；

4）跳动误差：径向跳动、轴向跳动、斜跳动、径向全跳动和轴向全跳动等。

鉴于这方面工作的复杂性与重要性，下面从坐标测量技术角度出发，结合 GB/T 1182—2008（ISO 1101：2004）《产品几何技术规范（GPS）　几何公差　形状、方向、位置和跳动公差标注》等相关标准，以及 GB/T 1958—2004《产品几何量技术规范（GPS）　形状和位置公差　检测规定》介绍几何误差的测量评定方法与过程。同时因为在产品检验中，时常需要将传统几何测量方法和几何坐标测量方法所产生结果进行比对，因此下面会同时对照介绍一些传统测量方法，而且几何传统测量方法对于我们理解复杂的几何误差测量评定方法还有借鉴和帮助作用。

由于有关几何要素的测量及公差的定义已在相关标准中全面描述，因此这里只描述其在坐标测量软件的操作过程。并注重从误差评定基准、公差带定位等角度展开介绍。

有关几何误差的评定操作，这里只按调用坐标测量软件功能来处理。

4.3.1　仅与公称要素形状相关的几何误差测量评定

这类几何误差的标注和评定一般不涉及基准，也就是说，只关心其对理想形状的偏离程度，而不关心其在空间所处的位置和方向。这类误差主要包括：平面度、直线度、圆

度、圆柱度以及未标注基准的线/面轮廓度等。

在这类“度”的测量中一般都需要采集大量的点，因此需注意提取操作时测点的密度及其分布。当被测对象为平面上线要素时，还需根据公差的定义，在相应的截面上进行测量与评定。

但由于坐标测量机在一个截面上进行测点时，其总会存在一定的定位误差，因此在后续处理时，须将测点结果投影到相关的截面上后再作处理。

下面通过相关案例，分别对该类公差及坐标测量评定方法进行介绍。

4.3.1.1 直线度（公差符号“—”）

直线度的测量和评定涉及被测轮廓面上提取线、素线和中心线等几种情况，下面是这几种类型直线度坐标测量评定的方法：

（1）**直线度测量案例** 1：平面上素线的直线度测量和评定

图 4.13 描述了标注在被测轮廓面上（由截面生成的）素线的直线度控制要求、公差带及一种传统测量方法示意。这个案例中的直线度是一个平面问题。

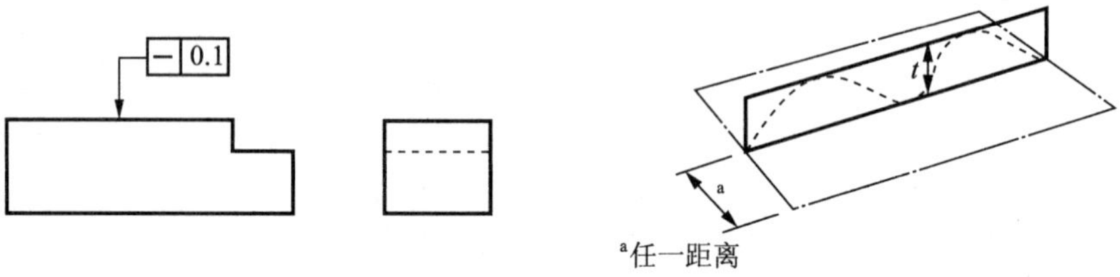

a)

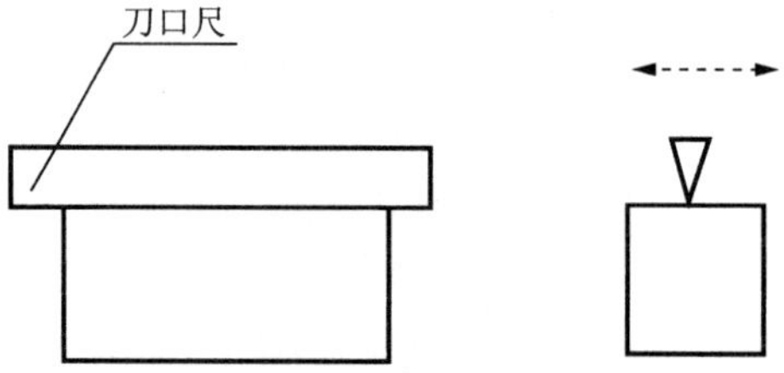

b)

图 4.13　平面上素线的直线度测量评定案例

1）评定对象：被测平面要素上，与视图投影面平行的任一截面直线（实测点群）。由于图上没有明确标示出该线所在截面的方向，应根据工件状况，确定合适的评定平面，即确定截面方向，同时确定测量截面的数量和直线上测点的分布。

2）评定基准：仅将公差带约束在评定平面中，但在评定平面中无约束基准。

3）公差带：在评定平面上，由距离为公差值的二根平行线限定的区域，该区域在平面中无方位约束。其误差实测值为针对被测要素采用最小区域法拟合生成的区域二边界距离。

4）坐标测量方法：确定被测轮廓面提取素线所在截面（评定平面）→在被测轮廓面

的素线上测量若干点（尽可能接近评定平面）→将测点投影到评定平面上→（直线拟合操作）"[①] →调用测量软件"直线度"评定功能，输入公差值并评定直线度误差。

　　本案例为平面问题，应定义具体测量评定的截面位置、提取线密度等，如图样未定义，应在测量规范中补充，以确保测量结果的复现性和再现性。

　　图 4.13b) 还描述了该公差的传统测量方法，即采用刀口尺，通过透光法来测量直线度。测量时须将刀口尺前后移动，以完成对面上（任一）直线的直线度测量。

　　（2）直线度测量案例 2：圆柱轮廓面素线的直线度测量和评定

　　图 4.14 描述了标注在圆柱轮廓面上母线的直线度测量要求、公差带及一种传统测量方法示意，这是一个平面问题。

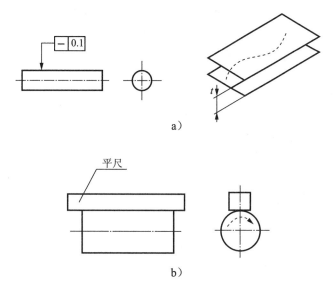

图 4.14　圆柱轮廓面素线的直线度测量评定案例

　　1）评定对象：回转轮廓面（圆柱面）特征上所有母线（素线）（实测点群）。在测量时被测线的数量、方位布置根据实际需要定，并写入相应的规范。建议至少在 90° 方向上布置二条测线。

　　2）评定基准：仅将公差带约束在评定平面中，但在评定平面无约束基准。

　　3）公差带：在评定平面上，由距离为公差值的二根平行线限定的区域，该区域在平面

---

　　① 　按几何误差的定义，被评定的应该是其实际要素。但在实际操作时，测量软件的操作过程都是先进行几何要素的拟合，然后再进行评定的，其内部操作时还是对测点的直接处理（或采用拟合误差）。因此在这里描述时，将其用括号隔离，以示区别。

　　此外，在不是"度"这类的几何误差评定时，理论上讲也应该是其实际要素的情况，但由于表面形状的误差对最终误差评定结果的影响不大，因此在操作中一般是采用了其拟合要素。这一点在后续操作中需要注意。在后续的叙述中，遇到这种情况，将采用拟合要素作为评定对象。

中无方位约束。其误差实测值为针对被测要素采用最小区域法拟合生成的区域二边界距离。

4）坐标测量方法：测量圆柱轮廓面并导出中心线→确定通过中心线的截面（评定平面）位置→在被测轮廓面的素线上测量若干点（尽可能接近评定平面）→将测点投影到评定平面上→（直线拟合操作）→调用测量软件"直线度"评定功能，输入公差值并评定直线度误差。

本案例为平面问题，应定义具体测量评定的截面位置、提取线密度与分布，如图样未定义，应在测量规范中补充，以确保测量结果的复现性和再现性。

图 4.14b）还描述了该公差的传统测量方法，即采用平尺或平板，通过透光法来测量直线度。测量时须将被测工件转动，以完成对圆柱轮廓面上（任一）直线的直线度测量。

(3) 直线度测量案例 3：圆柱面中心线的直线度测量和评定

图 4.15 描述了圆柱面中心线的直线度测量要求、公差带和几种传统测量方法。

1）评定对象：旋转轮廓面（圆柱面）的中心线（空间线）（实测点群）。由于实际工件中并不存在中心线这一要素，因此在测量时需要通过多个横截圆的测量，以得到圆柱中心线的一系列实测点。

这里需要注意的是，不能直接采用圆柱面拟合后导出的中心线，因为拟合后的圆柱面是理想形状，其导出的中心线也是理想的，是不存在误差的。

2）评定基准：不涉及基准，即公差带在空间不受约束。

3）公差带：一个直径为公差值的圆柱面形成的域，该区域在空间无任何约束。其误差实测值为针对被测要素采用最小区域法拟合生成的圆柱形区域的直径。

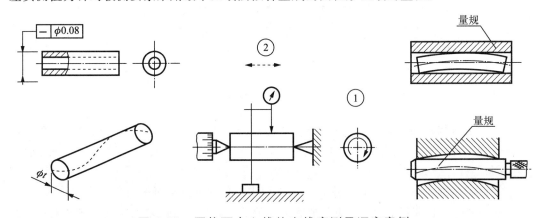

图 4.15　圆柱面中心线的直线度测量评定案例

4）坐标测量方法：测量被评定中心线的圆柱面、拟合圆柱面并导出中心线→确定若干个横截面（垂直于圆柱面拟合要素的导出中心线）→在各个截面上分别测量截面圆、拟合圆后导出其中心点→（对各截面上导出的圆心集合做直线拟合操作）→调用测量软件"直线度"评定功能，输入公差值并评定直线度误差。

在测量时应注意横截面的数量。

在传统测量中，由于不存在实际的中心线，因此一般都采用变通方法进行该误差的测量。但这些变通方法都会带入圆柱轮廓面形状误差，因此应确认圆柱轮廓面形状误差的影响，以减少测量误差。

4.3.1.2　平面度（公差符号"□"）

平面度仅涉及被测平面要素本身，测量方法相对比较简单，下图描述了一平面度误差测量案例、公差带及几种传统测量方法等。

平面度测量案例：平面的平面度测量和评定

1）评定对象：被测平面（实测点群）。

2）评定基准：不涉及基准，公差带在空间不受约束。

3）公差带：由距离为公差值的二个平行平面限定的区域，该区域在空间中无方位约束。其误差实测值为针对被测要素采用最小区域法拟合生成的区域二边界面距离。

4）坐标测量方法：在被测轮廓面（平面）上测量若干点 →（平面拟合操作）→ 调用测量软件"平面度"评定功能，输入公差值并评定平面度误差。

平面度误差测量案例：平面度误差测量和评定。

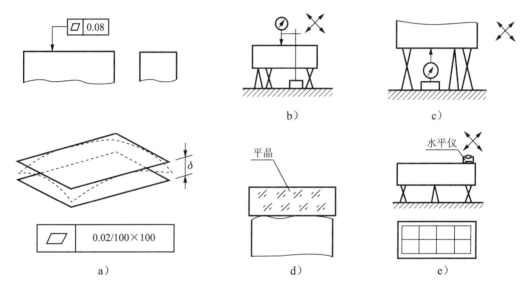

图 4.16　平面度测量评定案例

在平面度测量评定中，需要注意测点提取的密度和分布方式。

在平面度公差标注中，有时会标明评定的区域范围，图 4.16a）表示了评定的范围为 100×100 的区域。此时评定时，只需采用所标注的区域范围内的实测数据即可。

图 4.16 中还描述了几种平面度的传统测量方法。图 4.16c）和 4.16d）则都借用了平板作为基准，通过工件水平的调整后，采用表具进行测量。而图 4.16d）则使用了平晶，其一次测量区域取决于平晶的大小。图 4.16e）使用了水平仪，这种方法同样需要将工件被测面调成水平后才能进行测量。

4.3.1.3　圆度（公差符号"○"）

圆度误差是一个平面问题，下图描述了一个圆柱面和圆锥面上的圆度误差测量要素、公差带和几种传统测量方法等。

(1) 圆度误差测量案例 1：圆柱面上截面圆圆度误差测量评定案例

1）评定对象：在被测圆柱面所确定的评定平面上的横截圆（实测点群）。

2）评定基准：仅将公差带约束在评定平面中。在评定平面内对公差带无基准约束。

3）公差带：在评定平面中，由半径差等于公差值的二个同心圆组成的区域，其在平面中的位置没有约束；其误差实测值为针对被测要素采用最小区域法拟合生成的同心圆区域的二圆半径差。

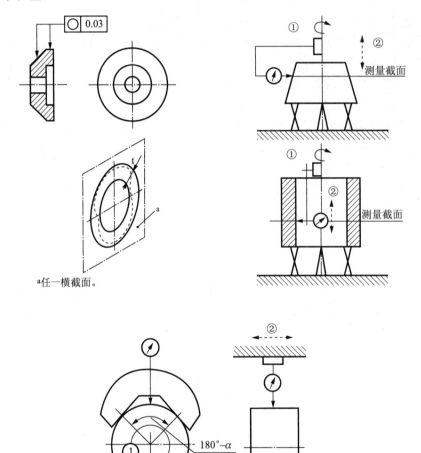

图 4.17 圆度的测量评定案例

4）坐标测量方法：测量被测圆柱面、拟合操作后导出中心线→确定评定平面→测量横截面圆上若干点（点集，并尽可能接近评定平面）→将测点投影到评定平面上→调用测量软件"圆度"评定功能；输入公差值并评定圆度误差。

圆度测量需要注意测点的密度问题。

在本案例中，还有几个问题需要引起特别注意：

a）案例中圆柱面的长径比太小，这类情况会影响到中心线导出的精度（稳定性），并直接影响到截面圆的生成和最终评定结果；

b）在传统测量中，一般都借助了端面作为评定平面的方向，在圆度仪上的操作的实际情况也是如此，这并不符合圆度的标注要求，只有在端面和被测圆柱面垂直时，才可以说是一种实际测量的变通方法，因此在做测量数据比对时需要注意。

图 4.17 右侧描述了一种采用 V 形块定位进行圆度测量的方法，这同样是一种变通方法，其圆柱轮廓面的误差会影响到测量精度，使用时需注意。

(2) 圆度误差测量案例 2：圆锥面上截面圆圆度误差测量和评定

1）评定对象：在评定平面上，被测圆锥面横截圆（实测点群）

由于这里的被测对象是圆锥，因此需要采用空间点（法向）测量的方法来获取这些测点。

2）评定基准：仅将公差带约束在评定平面中。在评定平面内对公差带无基准约束。

3）公差带：在评定平面中，由半径差等于公差值的二个同心圆组成的区域，其在平面中的位置没有约束；其误差实测值为针对被测要素采用最小区域法拟合生成的同心圆区域的二圆半径差。

4）坐标测量方法：测量被测圆锥面、拟合操作后导出中心线→确定评定平面→采用空间点（法向）测量方法测量横截面圆上若干点（点集）→将测点投影到评定平面上→调用测量软件"圆度"评定功能：输入公差值并评定圆度误差。该类测量操作的其他注意事项同上例。

4.3.1.4　圆柱度（公差符号"⌀"）

圆柱度的误差测量和评定相对比较简单，图 4.18 描述了圆柱度误差测量要求、圆柱度公差带和一种传统测量方法等。

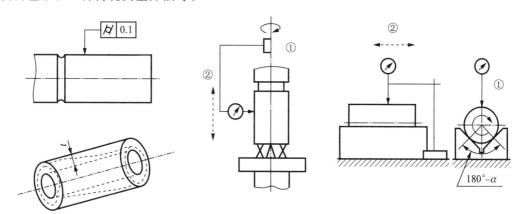

图 4.18　圆柱度的测量评定案例

圆柱度误差测量案例：圆柱面圆柱度测量和评定。

1）评定对象：被测圆柱面（实测点群）。

2）评定基准：无，即对公差带没有基准约束。

3）公差带：由二个半径差为公差值的同心圆柱面所形成的区域。其误差实测值为针对被测要素采用最小区域法拟合生成的同心圆柱面区域的二圆柱半径差。

4）坐标测量方法：在被测圆柱轮廓面上测量若干点（点集）→调用测量软件"圆柱度"评定功能，输入公差值并评定圆柱度误差。

在圆柱度的测量评定过程中，需要注意测点提取的方式、密度和分布。

4.3.1.5 （不涉及基准）线轮廓度"⌒"

所谓不涉及基准就是在该类公差标注中未标注基准和基准体系（见图4.19公差标注）。

线轮廓度是平面问题，图4.19描述了一线轮廓度测量评定案例、公差带和一种传统测量方法等。

不涉及基准的线轮廓度误差测量案例：不涉及基准的线轮廓度测量和评定。

1）评定对象：在评定平面上，从被测曲面（轮廓面）上提取的被测曲线（实测点群）。

2）评定基准：公差带在评定平面中，但无方位基准约束。

3）公差带：根据公差带标注的情况，在评定平面上，由理论模型被测曲线内外等距曲线所形成的区域，其二等距曲线的距离为公差值。在未标注公差带具体分布的情况下，公差带对称分布，其误差实测值为针对被测要素采用最小区域法拟合生成的等距曲线组成区域的二边界距离。如标注了公差带分布情况，如图4.19a）（ASME标准）中不对称公差带标注，则在工件体外的公差上限曲线与理论正确模型的距离为0.02，而总公差带为0.05，此时的误差值应对应上下公差值分别描述了。

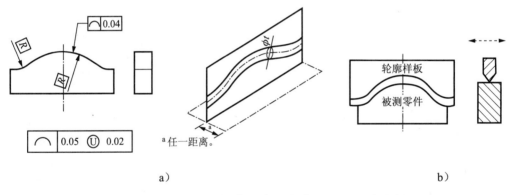

图4.19　（不涉及基准）线轮廓度的测量评定案例

4）坐标测量方法：确定评定平面→在被测轮廓面的（曲）线素上测量若干点（尽可能接近评定截面，并关闭测量软件的针头半径修正补偿功能，只读取探针针头中心点坐标）→测点与理论模型做最佳拟合，建立评定基准→调用测量软件"线轮廓度"评定功能、输入公差值并评定线轮廓度误差。

这里需要注意的是，由于被测曲线是未知的，考虑到测量时探针针头的干涉现象所以测量采点时读取的是探针针头中心数据，此时如进行轮廓度评定，则其公差带的理论模型应考虑到探针针头半径的修正，即为原理论曲线向工件体外等距移出一个半径距离值的理论曲线，其公差带也随之以该等距的理论曲线为基础生成。

本案例中并未明确标示出所提取的曲线所在位置，因此应该在实际测量过程中予以规范，并规定测点密度和分布。

在传统测量中，该类误差一般采用样板比对的方式进行测量［如图4.19b）所示］。

4.3.1.6　（不涉及基准）面轮廓度"⌒"

该类面轮廓度的测量相对比较简单，下图描述了一（不涉及基准）面轮廓度测量评定要求、公差带和传统测量方法。

不涉及基准的面轮廓度误差测量案例：不涉及基准的面轮廓度测量和评定。

1）评定对象：被测曲面（实测点群）。

2）评定基准：不涉及评定基准。

3）公差带：根据公差带标注的情况，由理论模型被测曲面内外等距曲面所形成的区域，其二等距曲面的距离为公差值。在未标注公差带对称分布的情况下，公差带对称分布，如果标注了公差带分布情况，其误差实测值为针对被测要素采用最小区域法拟合生成的等距曲面组成区域的二边界距离。如图 4.20a）（ASME 标准）不对称公差带，则在工件体外的公差上限曲面与理论正确模型的距离为 0.02，而总公差带为 0.05。

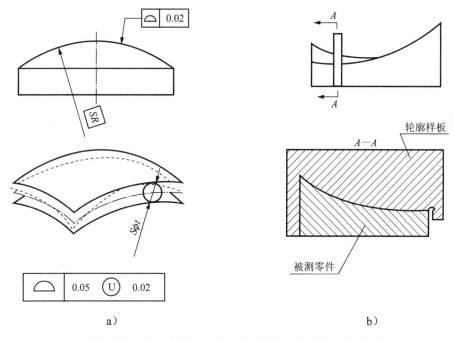

a)　　　　　　　　　　　　　　b)

图 4.20　（不涉及基准）面轮廓度的测量评定案例

4）坐标测量方法：在被测曲面轮廓面上测量若干点（关闭测量软件的针头半径修正补偿功能，只读取探针针头中心点坐标）→实测点群与理论曲面进行最佳拟合，建立评定基准→调用测量软件"面轮廓度"评定功能、输入公差值并评定面轮廓度误差。

这里需要注意的是，由于被测曲面是未知的，所以测量采点时读取的是探针针头中心数据，此时如进行轮廓度评定，则其公差带的理论模型应考虑到探针针头半径，即为原理论曲面向工件体外等距移出一个半径距离值的理论曲面，其公差带也随之以该等距的理论曲线为基础生成。

测量评定中需注意测点的提取方式、密度和分布等。

4.3.2 仅与公称要素相互方向相关的几何误差测量评定

这类误差主要涉及几何要素之间的相互空间角度关系问题，其测量计算的步骤同样是明确基准几何要素、公差带定位及几何公差设计中的评定要求等。这方面的几何公差包括：倾斜度、平行度和垂直度等。下面同样结合传统测量方法来介绍这些几何误差的坐标测量方法。

在下面的几何误差测量评定中，理论上都应该是对被测要素的实际情况，但由于被测几何要素的形状误差对评定结果的影响不大，因此被测对象在后续的描述中将变通为拟合后的被测要素。

4.3.2.1 倾斜度（公差符号"∠"）

倾斜度的测量和评定涉及线对线、线对面、面对线和面对面等几种情况，同时还会涉及最大实体要求，下面通过相关案例分别介绍具体的坐标测量方法。

(1) 倾斜度测量评定案例1：线对线倾斜度

图 4.21 描述了一种线对线倾斜度的测量评定要求、公差带和一种传统测量方法。

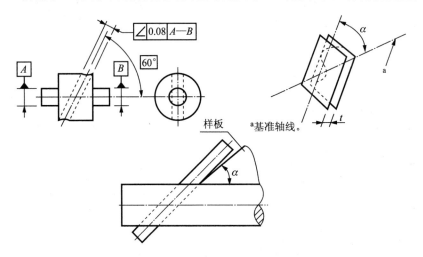

图 4.21 线对线倾斜度坐标测量评定案例

1）评定对象：被测量圆柱面测量拟合后导出的中心线（段）。

2）评定基准：由基准圆柱面 A 和 B 分别测量、拟合导出的中心线，同组拟合的公共基准中心线 A—B。该基准与理论正确尺寸一起约束了公差带与基准轴线的空间夹角。

3）公差带：与公共基准线 A—B 成 60°角的二个平行平面限定的区域，平行平面的距离为公差标注值。其误差实测值为针对被测要素采用最小区域法拟合生成的二平行平面区域的二边界距离。

4）坐标测量方法：测量 A、B 二个圆柱面，分别拟合并导出中心线 A 和 B→同组拟合 A 和 B 得到评定基准中心线 A—B→测量被测量评定圆柱面（孔）、拟合操作后导出中心线→调用测量软件"倾斜度"评定功能、指定测量评定基准 A—B、被评定中心线（段）、输入公差值、设置评定对象的长度后进行倾斜度误差评定。

由于本案例是线对线的误差评定，并未标注出评定平面，因此在实际评定计算时，其存在一个将公差带和被测要素在基准线方向的约束下进行最佳拟合（best fit）计算的过程。

所谓的 best fit 计算，就是一种拟合方法，它使理论值和实测值以某种判据尽可能贴合。最常用的拟合方法就是最小二乘法。

图 4.21 还描述了一种传统测量方法，即用标准的角度样板（或角度尺），通过透光法比对测量倾斜度。

（2）倾斜度测量评定案例 2：线对面的倾斜度

图 4.22 描述了一种线对面倾斜度的测量评定要求、公差带和一种传统测量方法。

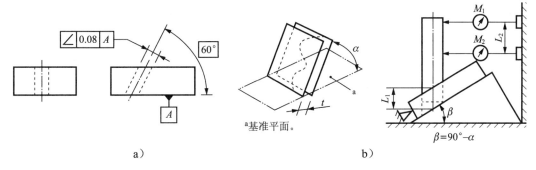

图 4.22　线对面倾斜度坐标测量评定案例

1）评定对象：被测量圆柱面测量拟合后导出的中心线（段）。

2）评定基准：基准面 A。该基准与理论正确尺寸一起约束了公差带与基准的空间夹角。

3）公差带：与基准面 A 成 60°角的二个平行平面限定的区域，平行平面的距离为公差标注值。其误差实测值为针对被测要素采用最小区域法拟合生成的二平行平面区域的二边界距离。

4）坐标测量方法：测量 A 面确定评定基准 A→测量被评定圆柱面（孔）、拟合操作后导出中心线（段）→调用测量软件"倾斜度"评定功能、指定评定基准 A、被评定中心线（段）、输入公差值、评定对象长度后进行倾斜度误差评定。

图 4.22b）还表示了一种通过实物标准器及千分表搭建成的倾斜度传统测量装置。

（3）倾斜度测量评定案例 3：涉及基准体系的线对面倾斜度

图 4.23 描述了一种线对面，且涉及基准体系的倾斜度测量评定要求、公差带和一种传统测量方法。

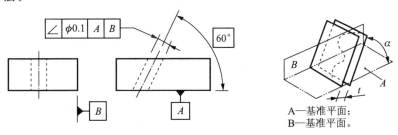

图 4.23　涉及基准体系的线对面倾斜度坐标测量评定案例

1）评定对象：被测量圆柱面测量拟合后导出的中心线（段）。

2）评定基准：第一基准面 A，约束了公差带与基准 A 的空间夹角。基准面 B 约束了公差带在 A 平面上的方向，即垂直于 B 面。

3）公差带：由与基准面 A 成 $60°$ 角，并垂直于 B 的二个平行平面限定的区域，平行平面的距离为公差标注值。其误差实测值为针对被测要素采用最小区域法拟合生成的二平行平面区域的二边界距离。

4）坐标测量方法：测量 A 平面→测量 B 平面→测量被评定圆柱面（孔）、拟合操作后导出中心线（段）→调用测量软件的"倾斜度"评定功能、指定第一基准 A、第二基准 B、被评定中心线（段）、输入公差值、评定对象长度后进行倾斜度误差评定。

该案例在传统测量时，如采用角度尺，则需对角度尺进行方向定位处理，即使其平行 B 平面。

（4）倾斜度测量评定案例 4：面对线的倾斜度

图 4.24 描述了一种面对线的倾斜度测量评定要求、公差带和一种传统测量方法。

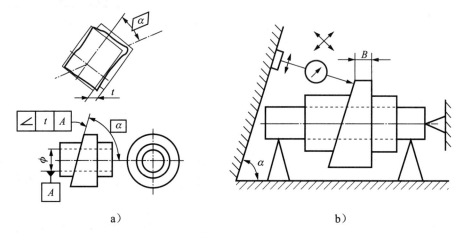

a)　　　　　　　　　　　　　　b)

图 4.24　面对线倾斜度坐标测量评定案例

1）评定对象：被测量平面。

2）评定基准：测量圆柱面 A 并拟合导出基准中心线 A。该基准与理论正确角度一起约束了公差带与 A 基准轴的角度关系。

3）公差带：由二个与组合线 A 成 α 角的平行平面限定的区域，平行平面的距离为公差标注值。其误差实测值为针对被测要素采用最小区域法拟合生成的二平行平面区域的二边界距离。

4）坐标测量方法：测量圆柱面 A 并拟合导出评定基准中心线 A→测量并拟合被评定平面→调用测量软件"倾斜度"评定功能、指定评定基准 A、输入公差值、评定对象长度后进行倾斜度误差评定。

在本案例中，图样中工件绕基准轴的方向并未约束，坐标测量软件能方便地通过内部的拟合计算后进行误差评定。但在图 4.24b）的传统测量中，测量过程就会有一个工件绕基准轴进行测量位置最佳匹配的过程。这一点在传统测量时需要注意。

此外，在传统测量中，其基准轴线的模拟要注意，芯轴与基准孔之间应该是贴合的。

（5）倾斜度测量评定案例 5：面对面的倾斜度

图 4.25 描述了一种面对面的倾斜度测量评定要求、公差带和一种传统测量方法。

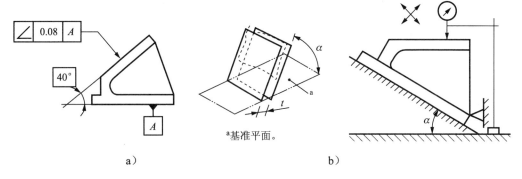

图 4.25　倾斜度的坐标测量评定案例

1）评定对象：被测量平面。

2）评定基准：基准平面 A，该基准与理论正确尺寸一起约束了公差带与 A 基准的角度。

3）公差带：由二个与基准面 A 成 40°角的平行平面限定的区域，平行平面的距离为公差标注值。其误差实测值为针对被测要素采用最小区域法拟合生成的二平行平面区域的二边界距离。

4）坐标测量方法：测量基准平面 A→测量被评定面→调用测量软件"倾斜度"评定功能、指定评定基准（面 A）、被测平面、输入公差值、设置评定对象长度后进行倾斜度误差评定。

图 4.25b）描述了这个案例的一种传统测量方法，借用了平板基准、角度标准器及表具。

4.3.2.2　平行度（公差符号"//"）

平行度是倾斜度的一种特例，其基本操作与倾斜度相似。下面通过相关案例来说明平行度的坐标测量和评定。

（1）平行度测量评定案例 1：面对面的平行度

图 4.26 描述了一种面对面的平行度测量评定要求、公差带和几种传统测量方法。

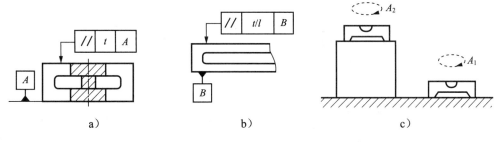

图 4.26　面对面平行度坐标测量评定案例

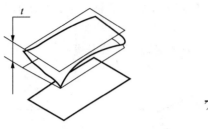 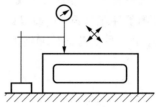

d)

续图 4.26

1）评定对象：被测量平面。

2）评定基准：基准平面 A，该基准仅约束了公差带与 A 基准的平行关系。

3）公差带：由二个与基准面 A 平行的平行平面限定的区域，平行平面的距离为公差标注值。其误差实测值为针对被测要素采用最小区域法拟合生成的二平行平面区域的二边界距离。

4）坐标测量方法：测量基准平面 A→测量被评定平面→调用测量软件"平行度"评定功能、指定基准平面积 A、被测平面、输入公差值、设置评定对象长度后进行平行度误差评定。

在图 4.26b）的标注出现了"t/l"，即其测量评定涉及评定对象的长度，评定时须注意评定对象长度的输入值。

在图 4.26 中还描述了几种传统测量方法，其中用水平仪测量时要注意测量基准台的水平以及测量时水平仪能涉及的长度。另一种打表的方式是最简单的一种测量方法。

（2）平行度测量评定案例 2：线对面平行度

图 4.27 描述了一种线对面的平行度测量评定要求、公差带和几种传统测量方法。

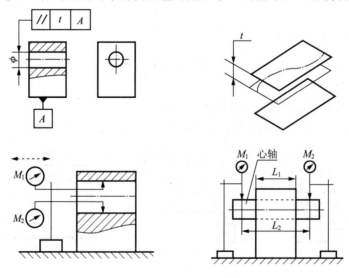

图 4.27 线对面平行度坐标测量评定案例

1）评定对象：测量被测圆柱面并导出中心线（段）；

2）评定基准：基准平面 A，该基准仅约束了公差带与 A 基准的平行关系；

3）公差带：由二个与基准面 A 平行的平行平面限定的区域，平行平面的距离为公差标注值。其误差实测值为针对被测要素采用最小区域法拟合生成的二平行平面区域的二边界距离；

4）坐标测量方法：测量基准平面 A→测量被评定圆柱面并导出中心线（段）→调用测量软件"平行度"评定功能、定义基准平面 A、被测中心线、输入公差值、设置评定对象长度后进行平行度误差评定。

由于传统测量无法直接测得中心线，因此在传统测量时一般采用变通的方法，即中心线模拟的方法，这里需要注意测量方法不确定度的影响，包括孔轮廓面的形状误差的影响。

（3）平行度测量评定案例 3：涉及基准体系的线对面平行度

图 4.28 描述了一种线对面，且涉及基准体系的平行度测量评定要求、公差带。

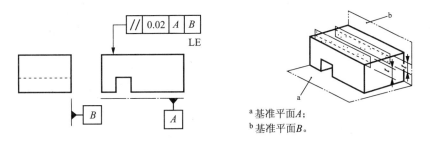

图 4.28　涉及基准体系的平行度坐标测量评定案例

1）评定对象：在被测平面中，与基准 B 平行方向提取的任意素线。

2）评定基准：第一基准为平面 A（公共基准），该基准约束了公差带与 A 基准的平行关系。第二基准为平面 B，约束了被测要素的提取方向及误差评定平面。

3）公差带：由 2 个与基准面 A 平行的平行平面限定的区域，平行平面的距离为公差标注值。其误差实测值为针对被测要素采用最小区域法拟合生成的二平行平面区域的二边界距离。

4）坐标测量方法：测量同组的二个 A 面后同组平面拟合基准面 A→测量 B 面→确定评定平面（截面位置）→在被评定面上测量线素（尽可能在评定平面附近测量）→将测量数据投影在评定平面上→直线拟合操作→调用测量软件"平行度"评定功能，指定第一基准 A、被测直线、输入公差值、设置评定长度后进行平行度公差评定。

该案例的传统测量方法有表具方法，只是其测量时，要求表具的测量接触线平行于 B 面。

（4）平行度测量评定案例 4：平行面区域形公差带的面对线的平行度

图 4.29 描述了一种面对线的平行度测量评定要求、公差带和一种传统测量方法。

1）评定对象：被测平面。

2）评定基准：基准圆柱孔的导出中心线 C，该基准仅约束了公差带与 C 基准的平行关系。

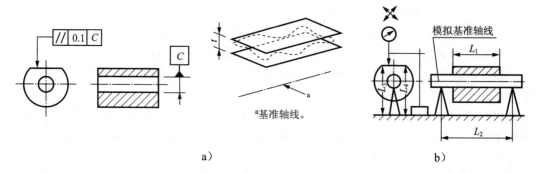

图 4.29　平行面区域形公差带的面对线平行度坐标测量评定案例

3) 公差带：由 2 个与基准线 C 平行的平行平面限定的区域，平行平面的距离为公差标注值。其误差实测值为针对被测要素采用最小区域法拟合生成的二平行平面区域的二边界距离。

4) 坐标测量方法：测量圆柱面 C（孔）、拟合操作后导出基准中心轴线 C→测量被评定平面→调用测量软件"平行度"评定功能，指定基准线 C、被测平面、输入公差值、设置评定长度后进行平行度误差评定。

在本案例中，工件绕基准轴的方向并未确定，坐标测量软件能方便地通过 best fit 算法进行定位和评定，但在图 4.29b) 的传统测量中，测量过程就会有一个工件绕基准轴进行测量位置最佳匹配的定位过程。这一点在传统测量时需要注意。

（5）**平行度测量评定案例** 5：平行区域形公差带的线对线平行度

图 4.30 描述了一种线对线的平行度测量评定要求、公差带和一种传统测量方法。

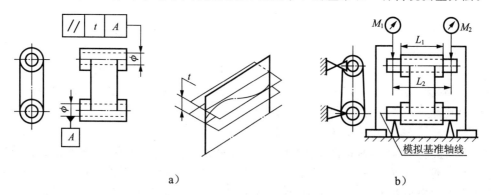

图 4.30　平行面区域形公差带的线对线平行度坐标测量评定案例

1) 评定对象：被测圆柱面拟合导出的中心线（段）。

2) 评定基准：基准圆柱孔的导出中心线 A，该基准仅约束了公差带与 A 基准的平行关系。

3) 公差带：由二个与基准线 A 平行的平行平面限定的区域，平行平面的距离为公差标注值。其误差实测值为针对被测要素采用最小区域法拟合生成的二平行平面区域的二边界距离。

4）坐标测量方法：测量圆柱面 A（孔）、拟合操作后导出基准中心轴线 A→测量被评定圆柱面并拟合导出中心线（段）→调用测量软件"平行度"评定功能，定义基准线 A、被测圆柱面中心线、输入公差值、设置评定长度后进行平行度误差评定。

在本案例中，由于公差带仅基准中心线约束了转动中心，因此在评定时，需对公差带和被测中心线做 best fit 计算定位再进行评定。

图 4.30b）的传统测量方法是一种变通。从图中可以看到，由于其借用了二孔作为公差评定方向，实际上与图样上的标注不符，这一点在与坐标测量结果比对时需注意。

（6）平行度测量评定案例 6：平行面区域形公差带的线对线平行度

图 4.31 描述了一种线对线的平行度测量评定要求、公差带和一种传统测量方法。

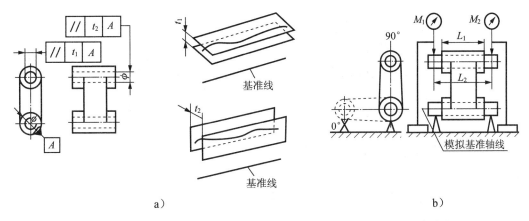

a）　　　　　　　　　　　　　　　　b）

图 4.31　平行面区域形公差带的线对线平行度坐标测量评定案例

该案例与案例 5 在测量操作方面是一样的，只是公差带是一个截面为矩形的空间，其公差带的各面都平行于基准线 A，图示中垂直方向上面对面的二个平面距离为公差值 t_2，水平方向上面对面的二个平面距离为 t_1。其实测值分别对应公差标注方向上，针对被测要素采用最小区域法拟合生成的二平行平面区域的二边界距离。

同样由于该案例中仅提供了基准轴线，指定了公差带在空间的回转中心线，因此在评定时，测量软件会分别将公差带与被测要素进行 best fit 计算定位，然后分别评定这二个平行度。

而图 4.31b）中的传统测量方法同样仅是一种变通方法。因为其实际借用了被测孔作为测量评定基准，并不符合图样要求，这一点需引起注意。

（7）平行度测量评定案例 7：圆柱形公差带的线对线平行度

图 4.32 描述了一种线对线的平行度测量评定要求、公差带和一种传统测量方法。

该案例与案例 5 也相似，只是公差带为一平行于基准线 A 的一个圆柱形区域，直径为公差标注值。基准只约束了公差带在空间的方向。在评定时同样需要对公差带和被测中心线进行 best fit 计算定位后再进行评定。

图 4.32b）表示的本案例传统测量方法仍然是一种变通方法，借用了被测孔作为评定基准，这一点需要注意。

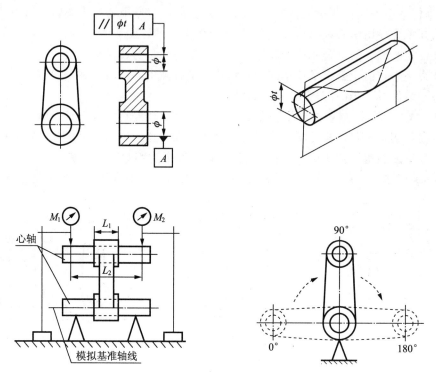

图 4.32　圆柱形区域公差带的平行度坐标测量评定案例

（8）平行度测量评定案例 8：圆柱形公差带的线对线平行度

图 4.33 描述了一种线对线的平行度测量评定要求、公差带和几种传统测量方法。

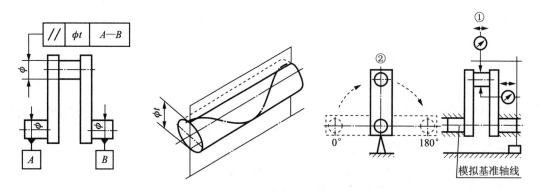

图 4.33　圆柱形公差带的线对线平行度坐标测量评定案例

　　本案例与上一个案例类似，只是其基准是一个公共基准 $A—B$，其他测量操作与注意事项等，与案例 7 类似。

（9）平行度测量评定案例 9：被测要素和基准都带最大实体要求的平行度

图 4.34 描述了一种线对线，并带有最大实体要求的平行度测量评定要求、公差带和一种传统测量方法。

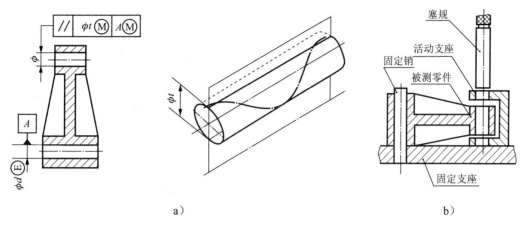

图 4.34　被测要素和基准都带有最大实体要求的平行度坐标测量评定案例

本案例与案例 7 的测量方法一样,只是评定时需考虑到最大实体要求。由于最大实体要求涉及基准,以及被测特征的实际尺寸影响,也就是说原来是通过中心线建立基准,而有了最大实体要求,其基准有可能是浮动的,这给公差带的确定和评定计算带来了难度。不过在坐标测量中,测量软件能方便地进行相应的计算评定,操作时只要根据图样要求,指定基准 A、被测要素、输入基准孔和被测孔公差值、平行度误差值、对有实体要求的基准和要素进行指定,即可进行平行度评定计算。

图 4.34b)描述了采用综合量规进行测量的案例。由于有了最大实体要求,其测量就完全模拟了实际装配情况,此时,基准定位销和塞规的尺寸都是下公差尺寸,同时,塞规测量装置是可以在平行基准轴的方向上(平面上)移动的。

如果该案例的平行度没有最大实体要求,则定位销应具有自定心功能,而测量时应先模拟出被测中心线后再进行。

(10)　平行度测量评定案例 10:涉及基准体系的平行度

图 4.35 描述了一种线对线,并涉及基准体系的平行度测量评定要求、公差带。

1) 评定对象:被测圆柱面拟合导出的中心线(段)。

2) 评定基准:第一基准为基准圆柱面 A 的中心轴线,第二基准 B 面用来确定公差带在 A 基准面上的方向,即分别平行或垂直于 B 平面。

3) 公差带:公差带的截面为矩形,由四个与基准线 A 平行,又与基准平面 B 平行和垂直的二二平行平面限定的区域,平行平面的距离分别为公差标注值,矩形的方向由公差箭头标注方向确定。其误差实测值为针对被测要素采用最小区域法拟合生成的二平行平面区域的二边界距离。

4) 坐标测量方法:测量基准圆柱面 A 并拟合导出后得到基准中心线 A→测量基准平面 B,→测量被评定圆柱面(孔)并拟合导出后得到中心线→调用坐标测量软件"平行度"评定功能,分别指定第一基准 A、第二基准 B、被评定中心线、输入公差值、设置评定长度后分别进行二个平行度误差的单独评定。

在本案例中,公差带的定位就十分明确,在实际测量中就可以在测量坐标系下进行方便的计算和评定。同时,根据独立原则,上面二个误差的测量和评定实际上并没有关联。

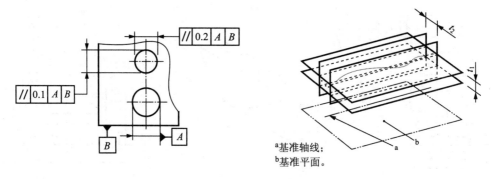

ᵃ基准轴线；
ᵇ基准平面。

图 4.35　涉及基准体系的平行度坐标测量评定案例

4.3.2.3　垂直度（公差符号"⊥"）

垂直度与平行度一样，也是倾斜度的一种特例，下面通过一些实际案例来说明该几何公差的坐标测量评定方法。

（1）垂直度测量评定案例 1：面对面的垂直度

图 4.36 描述了一种面对面的垂直度测量评定要求、公差带和一种传统测量方法。

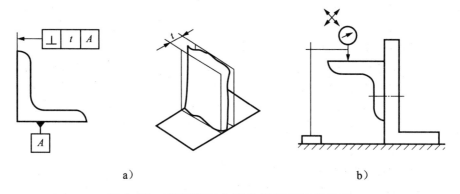

a)　　　　　　　　　　　　　　　　b)

图 4.36　面对面垂直度坐标测量评定案例

1）评定对象：被测量平面。

2）评定基准：基准平面 A，其约束了公差带，使与基准面 A 垂直。

3）公差带：公差带为二个相互平行且垂直于 A 面的平面限定的区域，平行平面的距离为公差标注值。其误差实测值为针对被测要素采用最小区域法拟合生成的二平行平面区域的二边界距离。

4）坐标测量方法：测量基准平面 A→测量被评定面→调用测量软件"垂直度"评定功能、指定基准面 A、被测平面、输入公差值、设置评定对象长度后进行垂直度误差评定。

在图 4.36b）的传统测量中，借用了平台基准和直角标准器，并通过表具将其转化为平行度的测量。

（2）垂直度测量评定案例 2：面对线的垂直度

图 4.37 描述了一种面对线垂直度测量评定要求、公差带和一种传统测量方法。

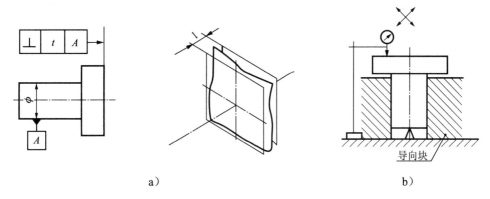

图 4.37　面对线垂直度坐标测量评定案例

1）评定对象：被测量平面。

2）评定基准：基准圆柱面的导出中心线 A。

3）公差带：公差带为二个相互平行且垂直于 A 线的平面限定的区域，平行平面的距离为公差标注值。其误差实测值为针对被测要素采用最小区域法拟合生成的二平行平面区域的二边界距离。

4）坐标测量方法：测量基准圆柱面 A 并拟合导出基准中心线 A→测量被评定面→调用测量软件"垂直度"评定功能，指定基准中心线 A、被测平面、输入公差值、设置评定对象长度后进行垂直度误差评定。

图 4.37b）描述了采用传统测量方法测量本案例垂直度和一种方法，其中必须通过夹具与基准圆柱的完全贴合来模拟基准中心线，并通过相关夹具，借助平台和表具，将其转化为平行度测量。

（3）垂直度测量评定案例 3：线对面的垂直度

图 4.38 描述了一种线对面垂直度测量评定要求、公差带和几种传统测量方法。

1）评定对象：被评定圆柱面的拟合导出中心线（段）。

2）评定基准：基准面 A，其约束了公差带与 A 平面的垂直关系。

3）公差带：为一垂直于 A 面圆柱形区域，圆柱的直径值为公差标注值。其误差实测值为针对被测要素采用最小区域法拟合生成的圆柱直径值。

4）坐标测量方法：测量基准面 A→测量被评定圆柱面并拟合导出中心线→调用测量软件"垂直度"评定功能，指定基准面 A、被评定中心线、输入公差值、设置评定对象长度后进行垂直度误差评定。

图 4.38b）描述了一种利用平板、直角尺和表面限定的传统测量系统，其中还包括了实际测量长度 L_2 和评定长度 L_1 的转化。

由于是圆柱形公差带，其测量至少涉及 90°的二个方向，上图最右面还表示了一个工件安装转台的辅助作用。

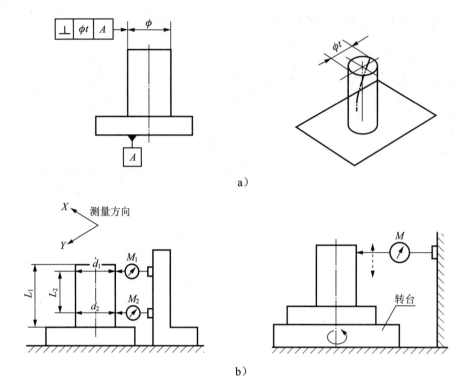

a)

b)

图 4.38　线对面垂直度坐标测量评定案例

（4）垂直度测量评定案例 4：线对线的垂直度

图 4.39 描述了一种线对线垂直度测量评定要求、公差带和一种传统测量方法。

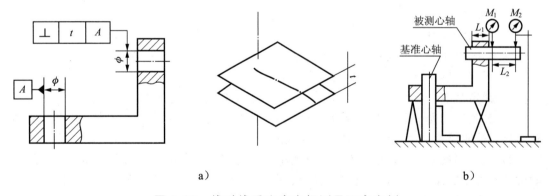

a)　　　　　　　　　　　　　　b)

图 4.39　线对线垂直度坐标测量评定案例

1）评定对象：被评定圆柱面的拟合导出中心线（段）。

2）评定基准：基准圆柱面的中心线 A。其约束了公差带与 A 平面的垂直关系。

3）公差带：由二垂直于 A 面的平行平面限定的区域，平行平面的距离为公差标注值。其误差实测值为针对被测要素采用最小区域法拟合生成的二平行平面距离值。

4）坐标测量方法：测量基准圆柱面并拟合导出中心线 A→测量被评定圆柱面并拟合

导出中心线→调用测量软件"垂直度"评定功能,指定基准中心线 A、被评定中心线、输入公差值、设置评定对象长度后进行垂直度误差评定。

图 4.39b)针对本案例描述了一种传统方法,其借用平板基准、芯轴和表具转化为平行度进行测量,其中必须注意要通过可调节芯棒来完全贴切基准圆柱面和被测圆柱面,以正确模拟基准和被测要素。同时需注意实测长度和评定长度的关系。

（5）**垂直度测量评定案例** 5：涉及基准体系的线对面垂直度

图 4.40 描述了一种线对面,并涉及基准体系的垂直度测量评定要求、公差带。

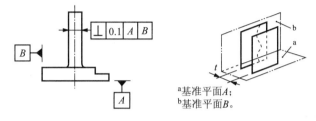

图 4.40　涉及基准体系的线对面垂直度坐标测量评定案例

1）评定对象：测量被评定圆柱面并拟合导出中心线（段）。

2）评定基准：第一基准面 A,其约束了公差带与 A 平面的垂直关系；第二基准面 B 则约束公差带边界面的方向,即平行于 B 面。

注：在美国 ASME 标准中,这类公差带对基准既有垂直又有平行关系的平行度或垂直度,一般会用倾斜度来标注的。

3）公差带：由二垂直于 A 面、又平行于 B 面的平行平面限定的区域,平行平面的距离为公差标注值。其误差实测值为针对被测要素采用最小区域法拟合生成的二平行平面距离值。

4）坐标测量方法：测量基准面 A→测量基准面（线）B→测量被评定圆柱面并拟合操作并导出中心线→调用测量软件"垂直度"评定功能,指定第一基准 A、第二基准 B、输入公差值、设置评定长度后进行垂直度误差评定。

（6）**垂直度测量评定案例** 6：涉及最大实体要素的线对面垂直度

图 4.41 描述了一种线对面,并涉及最大实体要求的垂直度测量评定要求、公差带和一种传统测量方法。

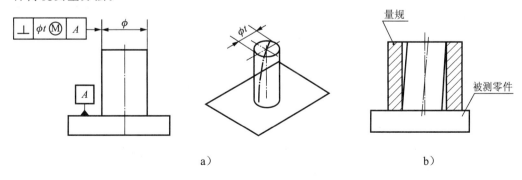

a)　　　　　　　　　　　b)

图 4.41　涉及最大实体要求的线对面垂直度坐标测量评定案例

案例 6 除了在进行垂直度误差评定时，需选择最大实体要求、输入被测圆柱直径误差等选项外，其他操作与本节案例 3 相同。

在图 4.41b) 描述了该案例的一种传统测量方法，如果不注有最大实体要求，则被测要素的评定是针对其圆柱中心线的，应该首先模拟出其中心线，或像前面案例一样借助轮廓面素线的测量。

但在标注有最大实体要求时，传统测量时一般都采用检具（综合量规）的方法进行，此时量具孔的尺寸为被测轮廓的最大允许尺寸（上公差值）加上垂直度误差。这是一种模拟工件装配的测量方法。

(7) 垂直度测量评定案例 7：基准和被测要素都涉及最大实体要求的垂直度

图 4.42 描述了一种面对面，且基准和被测要素都涉及最大实体要求的垂直度测量评定要求、公差带和一种传统测量方法。

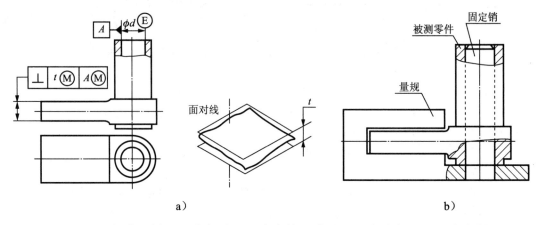

图 4.42　基准和被测要素都涉及最大实体要求的垂直度坐标测量评定案例

1) 评定对象：工件二被测平行平面的中心面，并标注有最大实体要求，即需考虑二平行平面实际距离的影响。

2) 评定基准：基准圆柱孔 A，由于标注有最大实体要素，因此需考虑其实际直径大小对基准定位的影响。

3) 公差带：如果未注有最大实体要求，则由二垂直于基准 A 的平行平面限定的区域，平行平面的距离为公差标注值。其误差实测值为针对被测要素采用最小区域法拟合生成的二平行平面距离值；但本案例中基准和被测工件都标注了最大实体要求，因此其公差带将根据基准孔和被测二平行平面的大小，有所浮动。

4) 坐标测量方法：测量基准圆柱面 A→测量与被评定中心面相关的二平面并拟合导出中心面→调用测量软件"垂直度"评定功能，指定基准圆柱 A、被评定中心面、输入基准圆柱 A 和被测二平行平面的公差值、选择最大实体要求选项、设置评定长度后进行垂直度误差评定。

图 4.42b) 描述了该案例的一种传统测量方法，即模拟工件实际使用情况，采用检具（综合量规）进行测量。事实上，当标注有最大实体要求，对于这类中心线（面）类的基准和评定，无论定位和被测对象，实际上已转化为对轮廓面的操作了。在该案例中，如果

未标注最大实体要求，则都需要对中心线（面）进行模拟后再进行测量，但当标注了最大实体要求后，就是理论轮廓对实际轮廓的比较了，这种情况下，采用检具（综合量规）方式是比较有效的。图中综合量规测量方法中可以清楚地看到，其中基准孔的定位销，因为有最大实体要求，需考虑实际尺寸的影响，因此为基准孔公差下限。量规的测量宽度为二平行平面尺寸公差的上限。从检具中基准和检测部分尺寸设置来看，这就是一副通止规。

此外，还应该注意，由于公差标注除基准孔 A 并没有涉及其他基准，因此图中的被测工件在测量时，其孔端面不应与检具接触。

4.3.3　与公称要素及位置相关的几何误差测量与评定

该类几何公差主要涉及被测要素在基准/基准体系下约束下的位置误差，其主要包括：同心度/同轴度，位置度、涉及基准的线轮廓度和涉及基准的面轮廓度等，对这些误差的测量和评定都需要在相应的基准/基准体系下进行，当然，测量评定的前提是其基准/基准体系必须在图样上明确的标注。

4.3.3.1　同心度（公差符号"◎"）

同心度误差测量是同轴度误差的一个特例，是一个平面问题。图 4.43 描述了一个同心度误差测量评定要求、公差带案例和一种传统测量方法示意。

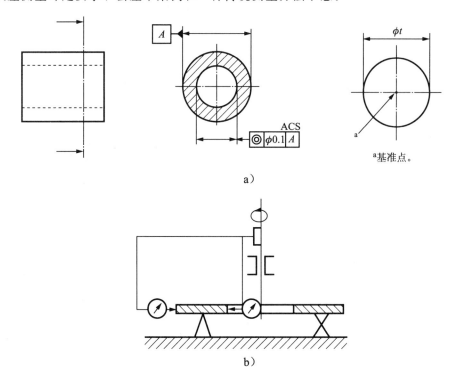

图 4.43　同心度的坐标测量评定案例

1）评定对象：在评定平面上的被测截面圆中心提取要素（圆心）。

2）评定基准：在评定平面上的基准截面圆中心提取要素（圆心），该基准只约束了评定的基准原点，并未约束其误差评定方向。

3）公差带：以基准中心点为圆心的一个圆形区域，其直径为公差值；其误差实测值为针对被测要素在公差带中心位置不变情况下采用最小区域法拟合生成的圆直径。

4）坐标测量方法：测量基准圆柱面、导出中心线，并通过横截面确定测量评定平面→在评定平面上，测量基准圆并导出中心基准点→在测量评定平面上测量最测横截圆，拟合导出被测圆心点→调用测量软件"同心度"评定功能、指定基准圆心点和被评定圆心点、输入公差值并进行同心度误差评定。

在本案例，应注意根据图样要素，确定评定平面所在的位置（图中 ACS 表示任一截面），并在后续的测量规范中加以规定。

由于实际工件中并不存在圆心点这类要素，因此在传统测量时，首先需要对其进行模拟操作后才能开展测量工作。图 4.43b）则表示了一种变通的测量方法，这类方法使用时，需注意基准和被测要素轮廓误差造成的影响。

4.3.3.2 同轴度（公差符号"◎"）

同轴度误差的测量和评定涉及多种情况和图样标注，下面简单列举了部分案例来说明该误差的测量和评定方法：

(1) 同轴度测量评定案例 1：涉及公共基准的同轴度

图 4.44 描述了涉及公共基准的同轴度测量评定要求、公差带和一种传统测量方法。

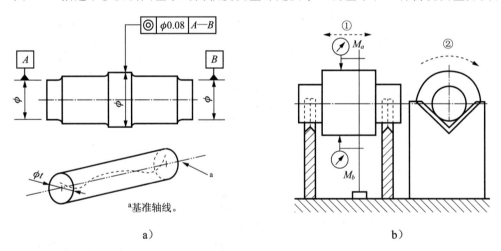

图 4.44　涉及公共基准的同轴度坐标测量评定案例

1）评定对象：被测圆柱面测量拟合后的导出中心线（段）。

2）评定基准：由两基准圆柱面导出中心线同组拟合生成的基准线，其仅约束了公差带在空间的方向和中心位置。

3）公差带：以基准线为中心轴的一个圆柱形区域，其直径为公差值；其误差实测值为针对被测要素在公差带中心位置不变情况下采用最小区域法拟合生成的圆柱直径。

4）坐标测量方法：分别测量基准圆柱面 A 和 B 并导出中心线、同组拟合得到公共基准线 A—B→测量被测圆柱面并导出中心线→调用测量软件"同轴度"评定功能、指定评定基准 A—B、被测圆柱中心线、输入公差值，设置评定对象长度后进行同轴度误差计算评定。

有些简单的坐标测量软件没有同组拟合功能，可以通过在基准圆柱 A 和 B 上多个截面圆并导出各圆心点，经直线拟合后形成评定基准 A—B。这是一种变通的方法，应注意其带来的误差。

图 4.44b) 描述了一种传统测量方法，其采用一组等高的 V 形块来模拟基准线，这里需要注意基准圆柱直径差及形状误差带来的误差。同时，被测要素中心线测量时也需要考虑被测圆柱形状的影响。

（2）**同轴度测量评定案例** 2：仅涉及单一基准的同轴度

图 4.45 描述了仅涉及单一基准的同轴度测量评定要求、公差带和一种传统测量方法。

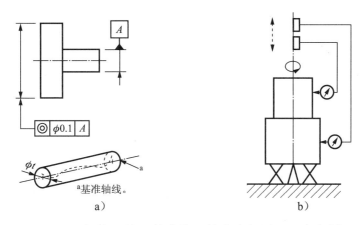

图 4.45　仅涉及单一基准的同轴度坐标测量评定案例

1）评定对象：被测圆柱面测量拟合后的导出中心线（段）。

2）评定基准：基准圆柱面测量拟合后导出的中心线 A，其仅约束了公差带在空间的方向和中心位置。

3）公差带：以基准线为中心轴的一个圆柱形区域，其直径为公差值；其误差实测值为针对被测要素采用最小区域法拟合生成的圆柱直径。

4）坐标测量方法：测量圆柱面 A，拟合并导出基准中心线 A→测量被测圆柱面并导出中心线→调用测量软件"同轴度"评定功能、指定评定基准 A、被测圆柱中心线、输入公差值，设置评定对象长度后进行同轴度误差计算评定。

图 4.45b) 描述了该案例的一种传统测量方法，它采用圆度仪作为测量工具，但其测量时需注意多截面的测量和综合计算评定，同时注意安装方位对测量结果的影响。

（3）**同轴度测量评定案例** 3：涉及短小基准的同轴度

图 4.46 描述了一单基准的同轴度测量评定要求、公差带和一种传统测量方法。

1）评定对象：被测圆柱面测量拟合后的导出中心线（段）。

2）评定基准：基准圆柱面测量拟合后导出的中心线 A，其仅约束了公差带在空间的方向和中心位置。

3）公差带：以基准线为中心轴的一个圆柱形区域，其直径为公差值；其误差实测值为针对被测要素在公差带中心位置不变情况下采用最小区域法拟合生成的圆柱直径。

4）坐标测量方法：测量圆柱面 A，拟合并导出基准中心线 A→测量被测圆柱面并导出中心线→调用测量软件"同轴度"评定功能、指定评定基准 A、被测圆柱中心线、输入公差值，设置评定对象长度后进行同轴度误差计算评定。

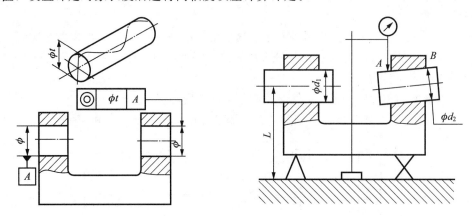

图 4.46　涉及短小基准的同轴度坐标测量评定案例

在这样的图样标注中，其实际坐标测量却存在着相当大的问题。究其原因是短圆柱定位功能、工件被测几何要素、坐标测量系统的测量精度和测量软件的计算精度等因素造成的，而且无法消除。图 4.47 描述了测量误差的来源。这类问题实质上属短小基准问题，也是长径比问题。因为基准要素太短，很小的测量误差，在远端就会造成误差的放大，其现象表现为测量结果的不稳定。

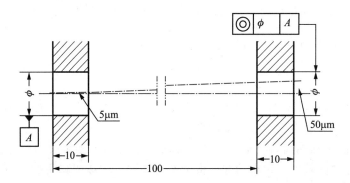

图 4.47　短基准同轴度的坐标测量误差来源分析

这类问题实际上是图样上的标注方法造成的，或者说就是设计造成的，因为设计对基准约束自由度问题考虑不周，也没有考虑到检测时会发生的情况。因此，设计应根据实际的功能需求，合理地标注公差要求。应将二孔标注为公共基准，然后分别对二孔标注同轴度公差要求。

图 4.48 描述了该类同轴度公差的一种标注方法及其采用检具的传统测量方法，其坐标测量方法与本节案例 1 中相似，只是在最后评定时需要选择最大实体要求的选项，输入基准圆柱和被测圆柱的公差值后进行评定。

而在传统测量中，由于图样中涉及最大实体要求，则量规的直径为孔的下公差再减去同轴度公差。

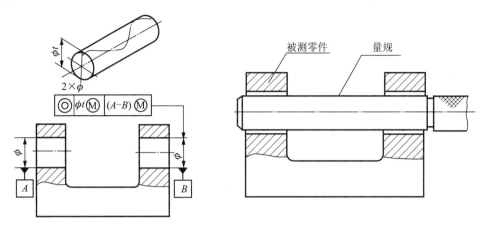

图 4.48　采用综合量规的同轴度测量评定案例

通过这一案例，更能体会到坐标测量人员充分了解传统测量方法、设计功能要求和坐标测量系统功能、精度等方面信息的重要性。

（4）同轴度测量评定案例 4：涉及基准体系的同轴度

图 4.49 描述了标有基准体系的同轴度测量评定要求、公差带和一种传统测量方法。

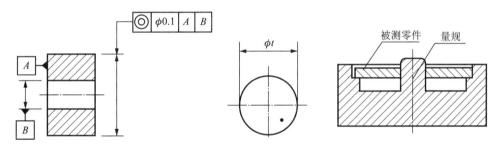

图 4.49　涉及基准体系的同轴度坐标测量评定案例

1）评定对象：被测圆柱面测量拟合后的导出中心线（段）。

2）评定基准：第一基准为平面 A，它约束了公差带的空间方向，即垂直于平面 A。第二基准为圆柱 B 的导出中心线，其圆柱 B 是在 A 的约束下拟合的（得到的圆柱一定垂直于平面 A），该基准约束了公差带的轴心位置。

3）公差带：基准中心线 B 为中心一个圆柱形区域，其直径为公差值；其误差实测值为针对被测要素在公差带中心位置不变情况下采用最小区域法拟合生成的圆柱直径。

4）坐标测量方法：测量基准平面 A→测量基准圆柱面 B，在 A 面约束下拟合并导出基准中心线 B→测量被测量评定圆柱面并导出中心线（段）→调用测量软件"同轴度"评定功能，指定基准 B、被测要素，输入公差值，设置评定对象长度后进行同轴度误差评定。

图 4.49 还描述了该案例的一种传统测量方法，它采用的是检具（综合功能量规），由于图样的公差标注中未涉及最大实体，因此其基准要素的定位装置应由有定心功能，被测

中心线要素也需要由定心结构来模拟得到。而图中的定位和测量装置都没有定心结构，这是在圆柱中心线基准要素和被测圆柱都标注有最大实体要求下的测量方法，与图 4.49 的同轴度公差符号标注的内容不符，这一点要注意。如果有最大实体要求的标注，则基准圆柱的定位柱直径为 B 孔的下公差值再减去 B 孔对 A 面的垂直度公差。而测量套筒的直径为被测圆柱的上公差值加上同轴度公差值。

4.3.3.3 对称度（公差符号"＝"）

对称度误差的测量和评定是几何误差测量中比较容易出问题的方面，究其原因在于对中心面的理解、具体操作和测量方法。下面通过几个案例来说明相关问题。

(1) 对称度测量评定案例 1：涉及对称面基准的面对称度

图 4.50 描述了涉及单一基准对称度测量评定要求、公差带和几种传统测量方法。

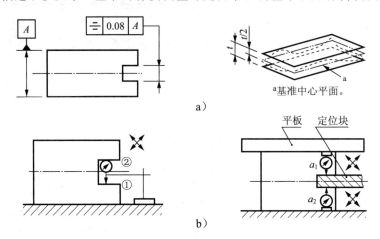

图 4.50　涉及对称面基准的面对称度坐标测量评定案例

1）评定对象：被测量槽二侧面同组导出的中心面。

2）评定基准：二个与基准相关平面的导出中心面 A（基准），其约束了公差带的方向和中心（面）位置。

3）公差带：以二个平行于基准中心面 A，且对称分布的平面限定的区域，二平面的距离为公差值；其误差实测值为针对被测要素在公差带中心位置不变情况下采用最小区域法拟合生成的二边界平面的距离。

4）坐标测量方法：测量工件上涉及基准的二个平面，并同组拟合后导出基准中心面 A→测量与被测对象相关的二个平面，并同组拟合后导出被评定中心面→调用测量软件"对称度"评定功能、指定基准中心面 A、被测中心面、输入公差值、设置评定对象长度后进行对称度误差评定。

在实际测量中往往会采用一些变通的方法进行测量，如在键槽测量时由于槽的深度较浅而将其作为平面问题考虑，中心线通过对称点的测量计算和点群的拟合生成。这种方法只适用于工件相关形面几何误差不大的情况下，即相关的二平面平行度误差可以忽略时，这一点在实际使用中要引起注意，特别是变通后对测量结果不确定度的影响。

图 4.50b）描述了该案例的一种传统测量方法，其同样是一种变通方法，特别是公差

标注中未涉及最大实体，因此如不能很好地模拟基准中心面和被测中心面时，就必须注意与这些相关的面的平行度误差造成的影响。

（2）对称度测量评定案例 2：涉及共同基准的对称度

图 4.51 描述了涉及公共基准的对称度测量评定要求、公差带和几种传统测量方法。

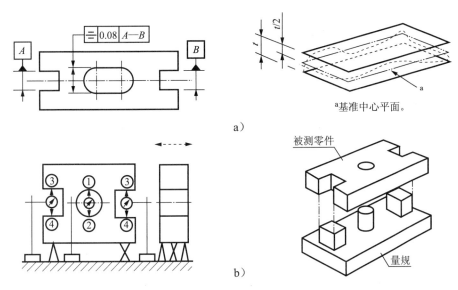

a 基准中心平面。

a）

被测零件

量规

b）

图 4.51　涉及公共基准的对称度坐标测量评定案例

1）评定对象：对被测量槽二侧面测量并同组拟合后导出的中心面。

2）评定基准：二组由二个涉及基准的平面同组拟合导出的中心面 A 和 B，再同组拟合生成的公共基准面 $A—B$，其约束了公差带的方向和中心（面）位置。

3）公差带：以二个平行于公共基准中心面 $A—B$，且对称分布的平面限定的区域，二平面的距离为公差值；其误差实测值为针对被测要素在公差带中心位置不变情况下采用最小区域法拟合生成的二边界平面的距离。

4）坐标测量方法：分别测量涉及基准 A 和 B 的二组平行平面，并分别同组拟合导出中心面 A 和 B，将 A 和 B 同组拟合成公共基准面 $A—B$→测量与被测要素相关的二个平面，同组拟合并导出被测中心面→调用测量软件"对称度"评定功能、指定基准面 $A—B$、被测中心面、输入公差值、设置评定对象长度后进行对称度误差评定。

图 4.51b）描述了该案例的一种检具（综合量规）测量方法，实际上它与左边对称度公差标注的要求是不同的。其主要的情况和区别有：

①当案例中公差标注不涉及最大实体要求Ⓜ时，综合量规的定位和塞规都应具备定心结构，分别用于正确模拟出基准和被测要素中心面；

②当案例中公差标注中仅被测要素涉及最大实体要求Ⓜ时，则综合量规的定位基准须有自定心功能，而测量塞规尺寸应为被测槽宽的下公差值再加减去对称度公差值；

③当案例中公差标注中被测要素和基准要素皆涉及最大实体要求Ⓜ时，则综合功能量规的基准定位装置和塞规都应为考虑尺寸的影响，此时定位装置的尺寸为基准槽的下公差

减去涉及二槽之间几何关系的公差，而测量塞规尺寸应为被测槽宽的下公差值再加减去对称度公差值。

涉及最大实体要求Ⓜ的误差评定，由于公差带的浮动，其计算一般都比较复杂，一般都采用软件所提供的功能进行相应的评定，即在评定时根据测量软件的功能和图样公差标注的要求选择相应的选项，以完成涉及最大实体要求Ⓜ的对称度误差评定。

以上几种情况在坐标测量结果与综合功能量规测量结果比对时应引起注意。

（3）**对称度测量评定案例**3：键槽的对称度

图4.52描述了涉及圆柱中心线基准的对称度测量评定要求、公差带和几种传统测量方法。

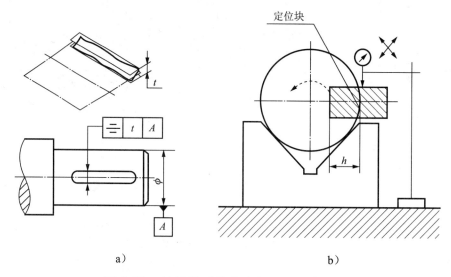

图4.52　键槽的对称度坐标测量评定案例

1）评定对象：与基准相关的槽二侧面的中心面。

2）评定基准：基准圆柱面拟合导出的中心线A，其约束了公差带的空间回转中心线方向和位置，即公差带中心通过中心线（基准）。

3）公差带：以二个平行于基准中心线A，且对称分布的平面限定的区域，二平面的距离为公差值；其误差实测值为针对被测要素在公差带中心位置不变情况下采用最小区域法拟合生成的二边界平面的距离。

4）坐标测量方法：测量基准圆柱并导出基准中心线A→测量与被测要素相关的二个平面，同组拟合并导出被测中心面→调用测量软件"对称度"评定功能、指定基准中心线A、被测量评定中心面、输入公差值、设置评定对象长度后进行对称度误差评定。

由于这是面对线几何误差的测量和评定，公差带只在基准轴线的方向和位置上有约束，而在绕基准轴线方向的回转并没有约束，因此在不使用测量软件提供的对称度评定功能下进行测量评定时，应注意公差带绕基准轴回转方向上的定位问题。理论上应该通过best fit拟合计算并定位后进行评定。

图4.52b）表示了该案例的一种传统测量方法，同样由于工件绕基准轴方向上的定位

问题，在实际测量操作时需要对工件进行相应的调整和定位后才能进行测量与评定。这与上面所描述的 best fit 拟合过程是相似的。

4.3.3.4　位置度（公差符号"⊕"）

位置度误差的测量和评定是几何误差测量中比较难的部分，其主要原因在于：

1）不仅涉及基准和基准体系，有时也会涉及一些仅标注被测几何要素组位置度，而不涉及其他基准的标法，此时需要被测要素来进行评定基准的建立（自为基准）；

2）时常会涉及最大实体要求，因此在与传统测量方法，特别是检具（综合量规）测量方法进行测量结果比对时，需要特别注意图样的标注内容；

3）位置度的评定不仅涉及孔位（中心要素），还越来越广泛地应用在其他几何特征上。

下面以相关的案例来说明位置度误差的坐标测量和评定方法。

(1) 位置度测量评定案例 1：空间点位置度

图 4.53 描述了一种点要素位置度误差的测量评定要求、公差带和一种传统测量方法。

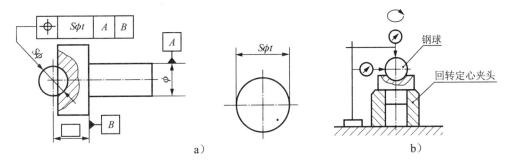

图 4.53　空间点位置度坐标测量评定案例

1）评定对象：被测球面的导出球心。

2）评定基准：第一基准为圆柱面的导出中心线 A，它约束公差带空间的方向和中心位置。第二基准为 B 平面，其在 A 基准的约束下拟合生成，它与理论正确尺寸一起约束了公差带在轴向上的位置。

3）公差带：以由基准中心线 A、平面基准 B 和理论正确尺寸确定的空间点位为中心的球形区域；其误差实测值为针对被测要素在公差带中心位置不变情况下采用最小区域法拟合生成的球的半径值。

4）坐标测量方法：测量并拟合基准圆柱面 A → 测量并拟合平面 B，在基准 A 的约束下拟合生成基准 B → 测量内球面并拟合导出球心 → 调用坐标测量软件"位置度"评定相关功能，指定第一基准 A、第二基准 B，输入理论正确尺寸、被评定球心、输入公差值后进行位置度误差评定。

从此案例中可以看到，在位置度公差中，用来约束公差带位置和方向的，不仅包括公差代号后面标注的基准/基准体系，还包括了理论正确尺寸和尺寸指引线箭头的标注方向。

在位置度测量评定中，有时为了方便，也会采用通过坐标系的建立方法来进行。

此外，对于采用基于 CAD 模型进行测量评定方式时，只要将 $A/B/C$ 基准与 CAD 模型进行相应的匹配定位即可进行相关评定。

图4.53b）还描述了该案例的一种传统测量方法，由于传统测量中无法获取被测球心，因此实际上是用一个球在模拟球心的位置，这时就会受到球轮廓面误差的影响，这一点在数据比对时需要注意。

（2）**位置度测量评定案例2：三基面基准体系下空间点位置度**

图4.54描述了一种点要素位置度的测量评定要求、公差带。

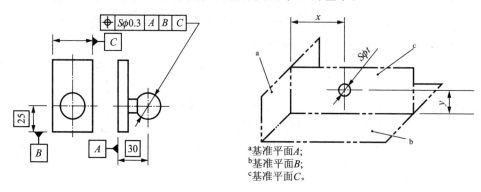

a 基准平面A；
b 基准平面B；
c 基准平面C。

图4.54　三基面基准体系下空间点位置度坐标测量评定案例

1）评定对象：被测量外球面的拟合导出球心。

2）评定基准：第一基准A平面，并与理论正确尺寸 30 约束了公差带中心点一个方向上的位置，第二基准B平面，并与理论正确尺寸 25 约束了公差带中心点第二个方向上的位置，与C相关的二平行平面导出的中心面为第三基准C，其将公差带中心约束在该平面中。A、B和C组建成了一个三基面的基准体系。

3）公差带：以由基准中心线A、平面基准B和理论正确尺寸确定的空间点位为中心的球形区域；其误差实测值为针对被测要素在公差带中心位置不变情况下采用最小区域法拟合生成的球的半径值。

4）坐标测量方法：测量并拟合基准平面A→测量并拟合基准平面B→测量与C相关的二侧面并拟合导出中心面C→测量球面并拟合导出球心→调用测量软件"位置度"评定功能，指定第一基准A、第二基准B和第三基准C及理论距离、被评定球心、输入公差值后进行位置度误差评定。

（3）**位置度测量评定案例3：三基面基准体系下线位置度**

图4.55描述了一种中心线要素位置度的测量评定要求、公差带。

1）评定对象：测量被评定圆柱面并拟合导出中心线。

2）评定基准：第一基准C平面，约束了公差带的方向，第二基准B平面，并与理论正确尺寸 68 约束了公差带中心线在一个方向上的位置，第三基准A平面，并与理论正确尺寸 100 约束了公差中心在另一个方向上的位置。C、A和B组建成了一个三基面的基准体系。

3）公差带：与基准面C垂直，并以基准面A、基准面B和理论正确尺寸确定线为中心线的圆柱形区域；其误差实测值为针对被测要素在公差带中心位置不变情况下采用最小区域法拟合生成的圆柱直径值。

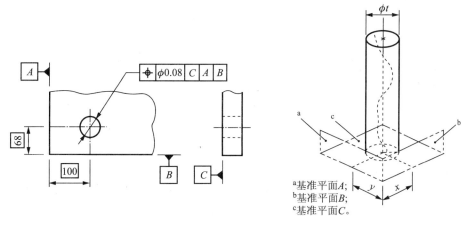

图 4.55　三基面基准体系下线的位置度坐标测量评定案例

4）坐标测量方法：测量并拟合基准平面 C→测量 A 面并在 C 约束下拟合基准平面 A →测量 B 面并在 C 和 A 的约束下拟合平面 B→测量被测圆柱并拟合导出中心线→调用测量软件"位置度"评定功能，指定第一基准 C、第二基准 A，第三基准 B 及理论距离、被测量评定中心线、输入公差值后进行位置度误差评定。

这里需要特别注意的是被评定对象应该是中心线，而不是平面上的圆心点。一般可以通过圆柱上下二横截面圆测量及圆心的导出来简化测量评定过程。

（4）**位置度测量评定案例** 4：三基面基准体系下矩形公差带位置度

图 4.56 描述了一种中心线要素位置度的测量评定要求、公差带：

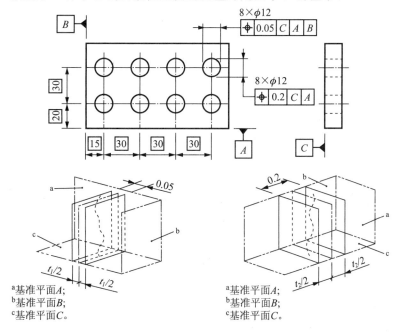

图 4.56　三基面基准体系下矩形公差带的位置度坐标测量评定案例

1) 评定对象：一组被测圆柱面拟合导出的中心线。

2) 评定基准：第一基准 C 平面，约束了 8 个孔公差带与 C 平面的垂直、第二基准 A 平面和第三基准面 B，以及相应的理论正确尺寸约束了 8 个孔公差带中心线位置。C、A 和 B 组建成了一个三基面的基准体系。

3) 公差带：与基准面 C 垂直，并以基准面 A、基准面 B 和理论正确尺寸确定线为中心线的二组平行平面组成的区域，二平面都以中心线为中心对称分布。其中公差值 0.2 的公差带垂直于 A 基准面，公差值 0.05 的公差带平行于 B 基准；其各自的误差实测值为针对被测要素各公差带在其中心位置不变情况下采用最小区域法拟合生成的二平行且对称平面距离。

4) 坐标测量方法：测量并拟合基准平面 C→测量 A 面并在 C 约束下拟合基准平面 A →测量 B 面并在 C 和 A 的约束下拟合平面 B→分别测量测量被测圆柱并拟合导出中心线 →调用测量软件"位置度"评定功能，指定第一基准 C、第二基准 A，第三基准 B 及理论距离、被测量评定中心线、输入公差值后进行位置度误差评定。

(5) 位置度测量评定案例 5：圆周孔系位置度

图 4.57 描述了一种中心线要素并涉及评定基准自定位的位置度测量评定要求、公差带。

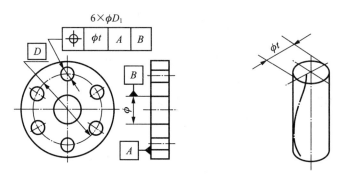

图 4.57　圆周孔系位置度坐标测量评定案例

1) 评定对象：一组被评圆柱面的拟合导出中心线。

2) 评定基准：第一基准 A 平面，约束了 6 个孔公差带与 A 平面的垂直、第二基准 B 中心线以及相应的理论正确尺寸 6 个孔公差带中心线位置。在这个案例中，绕 B 轴的回转自由度并没有基准约束，但作为位置度误差评定，必须会涉及全约束问题，这里可以理解为未注基准，在未注基准的情况下，实际上是由工件中六个被测孔与理论模型上的相应孔进行最佳拟合定位，以确定绕 B 轴上回转方向的约束。这个过程类似于检具测量，在 A 和 B 基准约束下，转动工件，使其套入检具检验插销的动作。

3) 公差带：与基准面 A 垂直，以中心线 B 为回转中心，以 6 个被测孔导出中心线与 6 个具有理论正确尺寸的孔在基准 A 和 B 约束下进行最佳拟合所确定的平面上方向为中心约束的 6 个圆柱形公差带，其直径为公差值。其各自的误差实测值为针对被测要素各公差带在其中心位置不变情况下采用最小区域法拟合生成的圆柱直径。

4) 坐标测量方法：测量 A 平面→测量 B 圆柱面，并在 A 平面的约束下拟合导出中心线 B（基准）→测量各被测圆柱面（孔）并拟合导出各中心线→将六条被评定中心线与这组孔中心线的理论（中心线）模型进行 Best fit 操作运算，并建立平面评定基准→调用测量软件的"位置度"评定功能，指定第一基准 A、第二基准确 B、第三基准（best fit 计算后的平面基准）、输入各方向上的公差值和孔位的理论值后进行位置度计算误差评定。

本案例中的关键点在于平面上评定基准的建立。由于图样中未明确平面上的评定基准，且这些孔又为同组要素，也就是说在空间基准 A 和基准点 B 的约束下，这一孔组相对于（孔组）理论模型需要做最佳匹配操作，这同时也是一次基准的确定过程。这里所用的 best fit 算法就是用来完成这类匹配操作的，此时，工件与理论模型进行了方位上的最佳拟合（定位），由于理论模型上带有基准（坐系），因此，这样的拟合定位操作，同时也就是基准的建立过程。

（6）位置度测量评定案例 6：矩形阵列孔系位置度

图 4.58 描述了一种图样上未标注评定基准的矩阵阵列中心线要素位置度测量评定要求、公差带。本案例中没有标注任何评定基准信息，也就是说仅需评定这组孔中各自相互之间的误差。其操作过程如下：

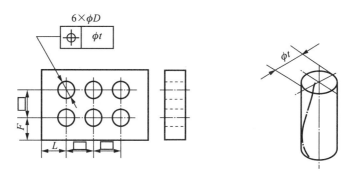

图 4.58 位置度的坐标测量评定案例

1）评定对象：一组被测圆柱面的拟合导出中心线。

2）评定基准：由于公差代号中未涉及基准，但公差带定位和误差评定都需要有基准或基准体系。在本例中，实际上仅涉及被测六孔中心位置问题，由于是同组要素，因此由其自身同组与理论模型（六个具有理论正确位置的孔）进行空间方位的最佳拟合（best fit）计算，来完成完全约束公差带方位的评定基准构建。

3）公差带：由六个被测孔和理论模型在方位上最佳拟合后所生成的基准体系约束的 6 个圆柱形公差带，其直径为公差值。其各自的误差实测值为针对被测要素各公差带在其中心位置不变情况下采用最小区域法拟合生成的圆柱直径。

4）坐标测量方法：测量各被测圆柱面（孔）并拟合导出各中心线→将六条被测中心线同组与其理论模型进行 best fit，并建立评定基准→调用测量软件"位置度"评定功能，指定评定基准（best fit 计算后的评定基准）、被测要素、输入各方向上的公差值和孔位的理论值后进行位置度计算误差评定。

要素和理论模型在空间方位上的最佳拟合操作，实际上是一种空间定位过程，同时，由于理论模型始终与坐标系（基准）关联在一起，因此这个过程同时也是一个基准的建立过程，即定位完毕后，理论模型上关联的坐标系就是所建立的基准/基准体系。

(7) 位置度测量评定案例 7：涉及基准的多槽中心面位置度

图 4.59 描述了一组中心面要素并涉及评定基准自定位的位置度测量评定要求、公差带。

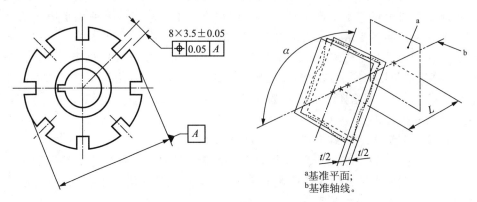

图 4.59 涉及基准的多槽中心面的位置度坐标测量评定案例

1）评定对象：各槽二侧面的导出中心面。

2）评定基准：第一基准为 A 圆柱导出中心线，其约束了公差带的方向。在本例中，公差标注中未涉及绕基准 A 的定位基准，因此由其各被测中心面同组与理论模型（八个具有理论正确位置的中心面），在基准 A 的约束下，进行平面上方向的最佳拟合（best fit）计算，来完成同向（平面）基准的构建。

3）公差带：由八个被测中心面和理论模型，在 A 基准约束下进行方向上最佳拟合后所生成的基准体系约束下，以理论中心面为中心，二侧平行对称分布的二个面所组成的 8 个平行区域，其二平面的距离为公差值。其各自的误差实测值为针对被测要素各公差带在其中心位置不变情况下采用最小区域法拟合生成的对称分布平行平面距离。

4）坐标测量方法：测量圆柱面 A 并拟合导出中心线 A→测量各被测槽二侧平面并导出中心面→将各被测槽导出中心面同组和理论模型在 A 基准约束下做进行最佳拟合（best fit）计算，以确定在 A 方向下的平面评定基准→调用测量软件"位置度"评定功能，指定第一评定基准 A、平面基准（best fit 后得到的平面基准）、各被测中心面、输入公差值、各槽中心面的理论位置和评定长度后进行位置度计算与误差评定。

(8) 位置度测量评定案例 8：平面上涉及基准的线位置度

图 4.60 描述了一组中心线要素并涉及基准体系的位置度测量评定要求、公差带。

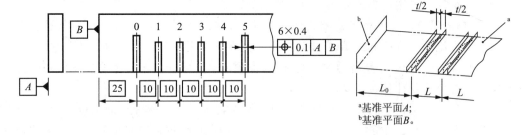

图 4.60 平面上涉及基准的线位置度测量评定案例

1）评定对象：各刻度线二侧面导出的中心线。

2）评定基准：这是一个平面问题，第一基准为 A 平面，其约束了公差带，使其垂直于 A。第二基准为 B 平面，它约束了公差带在平面上的方向，而各理论正确尺寸则约束了公差带到基准 B 的位置。

3）公差带：在 A 平面上，由 B 基准和理论正确尺寸确定了公差带的中心（线），公差带为以中心线为中心的二平行线，其距离为公差值。其各自的误差实测值为针对被测要素各公差带在其中心位置不变情况下采用最小区域法拟合生成的对称分布平行线距离。

4）坐标测量方法：测量 A 基准面→测量基准 B 面（线）→测量各被测量评定刻度的二侧面并分别拟合导出中心线→调用测量软件"位置度"评定功能：指定第一基准面 A、第二基准面 B、被测量评定中心线、输入公差值、理论值和评定长度后进行位置度误差评定。

注意：由于该案例是测量评定平面上的几何要素，因此其测量系统当为影像测量仪等平面类坐标测量系统，或配备了平面影像测头的三坐标测量系统。

（9）**位置度测量评定案例** 9：面位置度

图 4.61 描述了一个平面要素的位置度测量评定要求、公差带和传统测量方法。

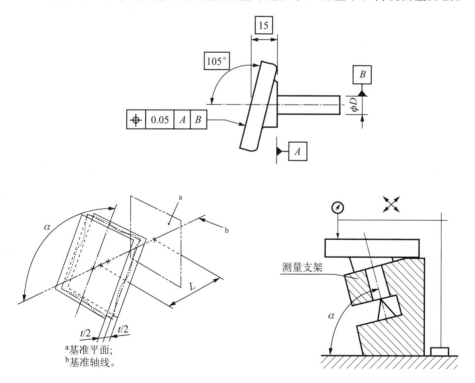

图 4.61　面位置度的坐标测量评定案例

1）评定对象：被测量评定平面。

2）评定基准：第一基准为平面 A，其约束了基准体系的空间方向，同时与理论正确尺寸 $\boxed{15}$ 一起约束了空间一个方向上公差带中心平面的位置。第二基准为圆柱 B 中心线，其在 A 的约束下拟合导出生成，它约束了空间另二个方向上的公差带中心平面位置。理论正确尺寸 105° 则约束了公差带中心平面在基准体系中的方向。在这个案例中，还有绕 B 中心轴的自由度未被约束，这将通过被测平面与理论模型在 B 中心轴约束下的最佳拟合后定位并实现。

3）公差带：第一基准 A 平面、第二基准 B 中心轴线、被测平面与理论模型在 B 中心轴约束下拟合定位后的同向定位基准，以及理论正确尺寸（角度和尺寸）确定了公差带中心平面，公差带为以该中心平面为中心，二对称并平行的平面限定的区域，其平行平面的距离为公差值。其各自的误差实测值为针对被测要素各公差带在其中心位置不变情况下采用最小区域法拟合生成的对称分布平行面距离。

4）坐标测量方法：测量基准平面 A→测量基准圆柱面 B，并在基准 A 的约束下拟合并导出基准中心线 B→测量被测平面→将被测平面和理论模型在 B 中心轴的约束下进行最佳拟合，并生成 A 平面上的周向定位基准→调用测量软件"位置度"评定功能，指定第一基准 A，第二基准 B 及周向定位基准、被测平面、输入公差值、被评定几何要素位置的理论值和评定的长度后进行位置度计算和误差评定。

图 4.61b）描述了该案例的一种传统的综合量规测量方法，其中被测工件的 A 基准面首先紧贴检具定位面，然后通过检具上的自定心机构（图中未画出），定位工件上的圆柱面 B，以确保中心线的正确模拟，在实测中，需要转动工件，以使被测平面的误差读数最小，这种转动工件的过程，实质上就是在确定周向的基准。

(10) 位置度测量评定案例 10：涉及被测要素最大实体要求的位置度

图 4.62 描述了一个涉及被测要素最大实体要求的孔位置度测量评定要求、公差带和一种传统测量方法。

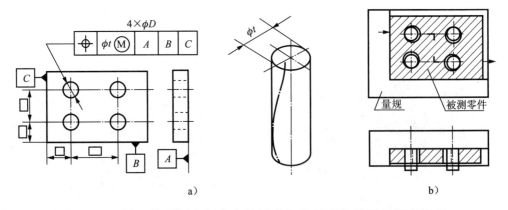

图 4.62 涉及被测要素最大实体要求的位置度坐标测量评定案例

1）评定对象：一组涉及最大实体要求的圆柱中心线，一般可以这样认为，当涉及最大实体要求后，其原来是对圆孔中心线的误差评定，由于需考虑孔径的影响，实质上已转化为对圆孔轮廓面的误差评定。

2）评定基准：由第一基准面 A、它约束了公差带的方向，第二基准面 B 和第三基准面 C 组成的基准体系，它们与理论正确尺寸一起约束了公差带中心线的位置。

3）公差带：垂直于第一基准 A 平面，并以第二基准面 B、第三基准面 C 及理论正确尺寸所确定的中心线为中心的四个圆柱形区域，公差带圆柱直径为公差值。其各自的误差实测值为针对被测要素各公差带在其中心位置不变情况下采用最小区域法拟合生成的圆柱直径。

4）坐标测量方法：测量基准平面 A、基准平面（线）B 和 C→测量各被测圆柱面并导出中心线→调用测量软件"位置度"评定功能，指定第一基准 A，第二基准 B 和第三基准 C（三基面）并构建基准体系、指定各被测圆柱面中心线、输入公差值、被评定几何要素位置的理论值和评定的长度、并选择被测要素的最大实体要求选项后进行位置度计算和误差评定。

图 4.62b）描述了该案例的检具测量方法。由于涉及被测要素的最大实体要求，检具的塞规的直径尺寸应为各孔公差的下限再减去公差值。

4.3.3.5　（涉及基准）线轮廓度"⌒"

前面已讨论过不涉及基准线轮廓的测量评定方法，其中的区别只在于公差带的定位，即评定基准的构建等。下面通过相关案例来说明：

（涉及基准）线轮廓度坐标测量评定案例：涉及不完整基准的线轮廓度

图 4.63 描述了一种涉及不完整基准约束的线轮廓度测量评定要求、公差带和一种（传统）测量方法。

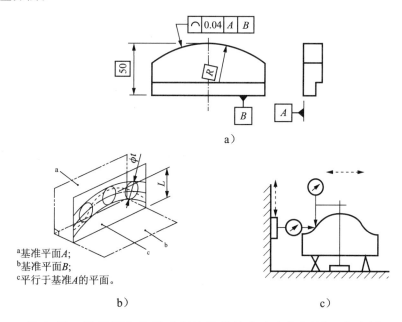

图 4.63　涉及不完整基准标注的线轮廓度坐标测量评定案例

1）评定对象：被测曲面（轮廓面）上的任一条素线，实测中将离散为一群点。

2）评定基准：第一基准面 A 约束了公差带的空间方向，第二基准面 B 约束了公差带中心曲面（线）在 A 平面中的方向，而理论正确尺寸则约束了公差带中心曲面（线）在上下方向上的位置。在该案例的标注中，还有一个沿水平移动方向上的自由度没有被约束，它将由被测要素与理论模型在基准 A、基准 B 和理论正确尺寸的约束下进行最佳位置拟合来实现定位。

3）公差带：垂直于第一基准 A 平面，以第二基准面 B 及理论正确尺寸 $\boxed{50}$，以及被测要素与理论模型在 A 和 B 基准和约束下进行最佳位置拟合后得到的基准所确定的公差带中心曲面（线）为中心，二侧等距分布的二曲面所限定的区域，二曲面的等距距离为公差值。其误差实测值为针对被测要素各公差带在其中心位置不变情况下采用最小区域法拟合生成的二等距曲面等距距离值。

4）坐标测量方法：测量基准面 A→测量基准面（线）B 面→确定测量评定平面（工件在图视纵深方向的位置，图中未注明）→在被测轮廓面线素上进行曲线离散点测量（尽可能在评定平面附近测量，并只取探针针头中心点）→将测点投影到评定平面上→在 A 基准面、B 基准线及理论正确尺寸的约束下对测点群与 CAD 模型（或理论曲线）进行最佳拟合（best fit）计算（即只能在 A 面方向及 B 方向的约束下对工件作虚拟的空间水平移动变换），确定评定基准体系→调用测量软件"线轮廓度"评定功能，指定基准体系、被测点群、输入公差值、选择探针修正补偿选项，进行线轮廓度误差评定。

图 4.63c）也是一种坐标测量的方法。

4.3.3.6 （涉及基准）面轮廓度 "⌒"

涉及基准的面轮廓度测量评定方法与上面的涉及基准线轮廓度测量评定方法类似，下面通过相关案例来说明。

（涉及基准）面轮廓度坐标测量评定案例：涉及不完整基准标注的面轮廓度

图 4.64 描述了一种涉及不完整基准约束的线轮廓度测量评定要求、公差带和一种（传统）测量方法。

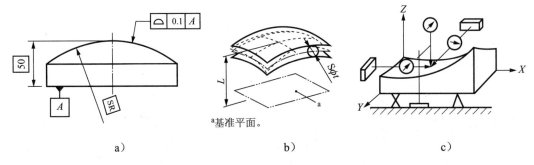

图 4.64　涉及不完整基准标注的面轮廓度坐标测量评定案例

1）评定对象：被测空间曲面，实际操作中将离散为一群测点。

2）评定基准：第一基准面 A 约束了公差带的空间方向，理论正确尺寸 $\boxed{50}$ 则约束了公差带中心曲面在上下方向上的位置。在该案例的标注中，水平方向上的移动和转动等自由度没有被约束，它将由被测要素与理论模型在基准 A 和理论正确尺寸的约束下进行最佳位置拟合来实现。

3）公差带：由第一基准 A 平面和理论正确尺寸 $\boxed{50}$，以及被测要素与理论模型在基准

A 和理论正确尺寸约束下进行最佳位置拟合后得到的基准所确定的公差带中心曲面为中心，二侧等距分布的二曲面所限定的区域，二曲面的等距距离为公差值。其误差实测值为针对被测要素各公差带在其中心位置不变情况下采用最小区域法拟合生成的二等距曲面等距距离值。

4）坐标测量方法：测量基准面 A→在被测轮廓面上进行曲面离散点测量（只取探针针头中心点）→在 A 基准面及理论正确尺寸的约束下对测点群与 CAD 模型（或理论曲面）进行最佳拟合（best fit）计算（即只能在 A 面上进行移动和转动的变换操作），确定评定基准体系→调用测量软件"面轮廓度"评定功能，指定基准体系、被测点群、输入公差值、选择探针修正补偿选项，进行线轮廓度误差评定。

图 4.64c）所表示的是传统测量方法中的一种坐标测量的方法。

注意：在线和面轮廓度误差的测量中，不涉及基准时（即公差代号中未标注基准），则测量评定的基准将由测点群与其理论模型做空间无约束的最佳拟合来得到，此时的测点为探针针尖中心点。当涉及完整基准时，则可以通过测量评定基准的建立，并将 CAD 模型与工件匹配后，进行空间点测量来开展评定工作，其实测误差值就是最大偏差乘以 2。

4.3.4　跳动误差测量与评定

从严格意义上讲跳动不是独立的几何公差，是一种综合误差的体现。但它却是传统测量中针对旋转面的一种很实用且有效的方法。

跳动公差的基准一般是回转面（如圆柱、圆锥等）中心线，而传统测量时基准一般使用回转轴顶针孔、V 形块等进行支撑定位，此时二顶尖限定的回转精度及被借用作为基准的几何特征自身的各种误差等就会被带入测量结果。

在几何坐标测量中，评定基准是通过对基准要素轮廓面的测量拟合与导出的中心要素来建立的，因此理论上其不存在这方面的误差。但由于基准建立与测量方法等方面的不同，坐标测量与传统测量在测量结果方面会有一定的差异。这个问题需要引起注意。

对比传统测量方法及跳动误差的特点，跳动测量一般需要采集较多的点，这里建议在可能的情况下采用扫描方法采集尽可能多的点。下面通过相关案例来介绍测量、计算与评定的方法案例。

4.3.4.1　径向圆跳动（公差符号"↗"）

(1) 径向圆跳动坐标测量评定案例 1：涉及公共基准的径向圆跳动

图 4.65 描述了一种径向圆跳动测量评定要求、公差带和一种传统测量方法。

1）评定对象：在某横截面中一个圆柱面上的提取线，横截面方向受基准轴 A—B 约束。

2）评定基准：由基准圆柱面 A 和 B 拟合导出中心线同组的公共基准线 A—B，约束了评定平面的方向及公差带在评定平面中的中心位置。

3）公差带：在评定平面中，以 A—B 公共轴线为中心的二个同心圆限定的区域，同心圆的半径差为公差值。其误差实测值为针对被测要素采用最小区域法拟合生成的二同心圆半径差值。

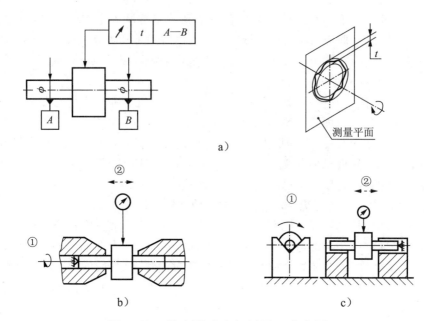

图 4.65　径向跳动坐标测量评定案例

4) 坐标测量方法：测量基准圆柱面 A 和 B 并分别拟合导出中心线 A 和 B，将二条中心线 A 和 B 拟合生成公共基准线 $A—B$→确定评定平面（确定垂直于基准 A 的测量横截面位置，图中未注出）→尽可能在跳动测量评定平面附近进行测量采点→将测量结果投影到评定平面上→调用测量软件"径向圆跳动"评定功能，指定评定基准 $A—B$、输入公差值并评定径向圆跳动误差。

径向圆跳动误差测量评定实质上是一个平面问题，平面方向由公共基准线 $A—B$ 约束，即垂直于 $A—B$ 基准线。

由于该公差标注要求涉及整个被测轮廓面，因此取多少个评定平面进行测量和评定，将根据工件的体量和精度要求确定。

在实际测量时，也可以通过计算各实测点到基准轴线 $A—B$ 的距离最大波动值来得到。

图 4.65b) 和 4.65c) 描述了二种径向圆跳动的传统测量方法，其核心问题在于基准的模拟，包括用二个同心的圆孔装置来模拟公共基准 $A—B$，此时该基准孔必须具有可调节直径结构，用于确保二边的基准轴与夹具定位孔紧密贴合，以模拟中心线。图 4.65c) 中是用二个等高的 V 形块来模拟公共基准，这里要注意基准圆柱的直径尺寸和形状误差的影响。

表具的放置应该使测量方向垂直于公共基准轴 $A—B$。同时在测量过程中，应在基准轴方向上移动，以在各截面上进行测量评定。表具读数变动量即为误差值。

(2) **径向圆跳动坐标测量评定案例 2：涉及基准体系的径向圆跳动**

图 4.66 描述了一种涉及基准体系的径向跳动测量评定要求、公差带。

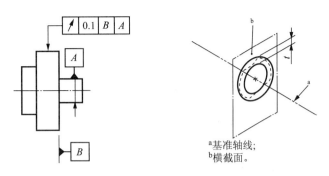

ᵃ基准轴线；
ᵇ横截面。

图 4.66　涉及基准体系的径向圆跳动坐标测量评定案例

1）评定对象：在某横截面中一个圆柱面上的提取线，横截面方向受基准面 B 约束。

2）评定基准：第一基准 B 约束了公差带所在的平面，第二基准 A 在第一基准 B 约束下进行基准圆 A 的拟合导出中心线，其约束了生成公差带的中心点位置。

3）公差带：在由基准 B 定向的评定平面中，以 A 轴线为中心的二个同心圆限定的区域，同心圆的半径差为公差值。其误差实测值为针对被测要素采用最小区域法拟合生成的二同心圆半径差值。

4）坐标测量方法：测量 B 面得到评定基准 B（空间基准方向）→测量圆柱面 A 并在基准 B 的约束下拟合导出基准中心线 A→确定评定平面（平行于 B 基准的横截面位置，图中未注示）→尽可能在跳动测量评定平面附近进行测量采点→将测量结果投影到评定平面上→调用测量软件"径向圆跳动"评定功能，指定第一基准 B，第二基准 A、测点信息，输入公差值并评定径向跳动误差。

涉及基准体系的径向圆跳动误差测量评定同样是一个平面问题，平面方向由第一基准 B 约束，即平行于 B 基准。

在实际测量时，也可以通过计算各实测点到基准轴线 A 的距离最大波动值来得到。

4.3.4.2　轴向圆跳动（公差符号"↗"）

轴向圆跳动坐标测量评定案例：轴向圆跳动

图 4.67 描述了一轴向圆跳动测量评定要求、公差带和几种传统测量方法。

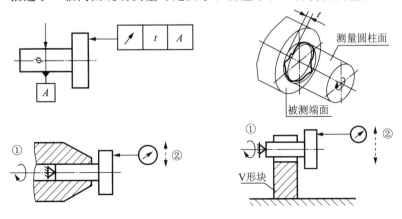

图 4.67　轴向圆跳动的坐标测量评定案例

1）评定对象：在被测平面上，由某个圆柱截面得到圆形提取线，该圆柱截面的中心线为基准 A。

2）评定基准：基准圆柱面 A 的拟合导出中心线 A，其约束了公差带生成的方向、中心点，以及被测要素提取的圆柱截面方向。

3）公差带：在一个以基准中心线 A 为中心的圆柱面上，并由与基准 A 垂直的二平行平面限定的区域，二平行平面的距离为公差值。其误差实测值为针对被测要素采用最小区域法拟合生成的二平行平面距离值。

4）坐标测量方法：测量基准圆柱面 A 并拟合导出基准中心线 A→以 A 基准轴线为中心确定评定圆柱半径（图中未明确标示）→在 A 轴方向上以评定圆柱为约束对被测平面进行多点测量→调用测量软件"轴向圆跳动"评定功能，指定基准 A、被测点、输入公差值并评定轴向跳动误差。

由于该圆跳动公差应包括整个被测面上任一同心圆提取要素，因此，具体测多少条，需根据工件的体量和精度要求确定。

在建完评定基准后，也可以通过计算测点在基准轴向方向上位置变化量来直接得到轴向圆跳动的误差值。

图 4.67 还描述了本案例的二种传统测量方法，其核心仍是基准中心线的模拟，其中如用圆孔方法，则该孔应有定心装置，以确保工装与基准圆柱面的贴合，从而确保基准中心线的正确模拟。另一种方法则是采用了 V 形块来模拟中心线基准，这要注意基准圆柱形状误差的影响。

测量表具的读数方向应与基准中心线方法一致。测量时应取多个同心圆位置，以满足公差标注中对整个面轴向圆跳动误差的测量要求。测量时表具的读数变动量就是误差值。

无论是径向圆跳动还是轴向圆跳动，其测量方向同样受到基准的约束，而与被测轮廓面的方向没有直接关系。在一般情况下，被测轮廓面形状和（角度）方向方面的误差，对跳动的测量误差影响并不大，而在工件中，这部分的影响应该在被测轮廓面轮廓误差方面给以约束，这在斜向圆跳动，即圆锥面等斜向圆跳动时特别需要注意，如需控制锥角的角度误差等。

4.3.4.3　斜向圆跳动（公差符号"↗"）

斜向圆跳动针对的是非圆柱的回转轮廓面。由于被测轮廓面涉及曲面特性，因此对于接触式测量而言需要注意探针针头的干涉和针头半径的修正补偿问题，也正是由于该原因，因此在坐标测量与传统测量进行测量结果比对时，应注意双方探针针尖的半径和测量方位是否相同等条件。下面通过相关案例来说明这些问题。

（1）**斜向圆跳动坐标测量评定案例 1**：回转曲面斜向圆跳动

图 4.68 描述了一斜向跳动测量评定要求、公差带和一种传统测量方向。

1）评定对象：在被回转轮廓面上，由某个圆锥截面截得的圆形提取线，该圆锥截面的中心线为基准 C，中心轴方向上的位置由被提取圆上点及其法向矢量确定。

2）评定基准：基准圆柱面 C 的拟合导出中心线 A，其约束了公差带所在圆锥截面的中心线。同时，被测点（提取线）的位置和法向约束了圆锥截面在基准轴方向上的位置，即公差带在基准轴方向上的位置。

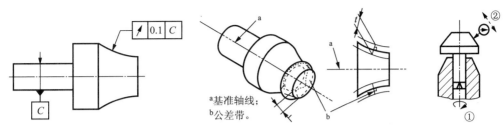

图 4.68　回转曲面斜向圆跳动坐标测量评定案例

3）公差带：位于圆锥截面上，由二个在其母线方向平行等距圆限定的区域，等距圆的限定母线长度为公差值。其误差实测值为针对被测要素采用最小区域法拟合生成的二平行等距平面在母线方向上的母线长度值。

4）坐标测量方法：测量基准圆柱面 C 并拟合导出基准中心线 C→确定被测量评定圆锥截面（在被测圆上点的法向上）→以测量评定锥为约束，以空间点测量的方法测量提取线上若干点→调用测量软件"斜向圆跳动"评定功能：指定基准 C、被测点、输入公差值并评定斜向圆跳动公差。

在实际测量中，也可以通过计算各测点沿法向到基准轴的距离变化，来直接得到斜向圆跳动误差。

由于该公差标注涉及整个轮廓面，因此提取多少被测线根据工件体量和精度要求确定。

图 4.68 还描述了一种传统测量方法，其中 C 基准中心线的模拟应该使用定心装置，表具的测量方向则应设置在被测点的法向上，这一点在常规测量中是比较难做到的，因此其测量结果会在一定程度上受到影响，应引起注意。误差值为表具的读数最大变化值。

（2）斜向圆跳动坐标测量评定案例 2：定方向的回转曲面斜向圆跳动

图 4.69 描述了一有定向要求的斜向跳动测量评定要求、公差带。

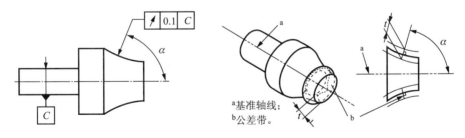

图 4.69　定方向的斜向圆跳动坐标测量评定案例

1）评定对象：在被回转轮廓面上，由某个半锥角为 α 的圆锥截面截得的圆形提取线，该圆锥截面的中心线为基准 C，基准轴方向上的位置则由测量提取线的数量和位置决定。

2）评定基准：基准圆柱面 C 的拟合导出中心线 A，其约束了公差带所在圆锥截面的中心线。

3）公差带：位于半锥角为 α 圆锥截面上，由二个在其母线方向平行等距圆限定的区域，等距圆限定的母线长度为公差值。其误差实测值为针对被测要素采用最小区域法拟合生成的二平行等距平面在圆锥截面母线方向上的母线长度值。

4）坐标测量方法：测量基准圆柱面 C 并拟合导出基准中心线 C→在与基准中心线 C 成 α 角的方向上，以空间点测量的方法测量提取线上若干点（仅获取探针针头中心点）→调用测量软件"斜向圆跳动"评定功能：指定基准 C、被测点、输入公差值并评定斜向圆跳动公差。

在实际测量中，也可以通过计算各测点沿 α 角方向到基准轴的距离变化，来直接得到定向的斜向圆跳动误差。

在这种斜向圆跳动的公差标注中，由于定义的测量方向（α 角）并不一定在被测点的法向上，因此就会造成测量采点时的干涉现象，所以读数时只能采用探针针头中心数据。

由于该公差标注涉及整个轮廓面，因此提取多少被测线根据工件体量和精度要求确定。

在该案例中，也可以采用类似上一个案例的传统测量方向，但其表具的测量方向是在 α 角方向上。此时如果需要进行传统测量和坐标测量数据的比对，则应保证二种测量方法探针直头大小的一致性。

4.3.4.4 径向全跳动（公差符号"⌿"）

径向全跳动与径向跳动的测量方法类似，只是在被测要求提取上有所区别，径向全跳动的提取线是一条圆柱轮廓面上的螺旋线。下面通过相关案例来说明。

径向全跳动坐标测量评定案例：径向全跳动

图 4.70 描述了一径向全跳动测量评定要求、公差带和一传统测量方法。

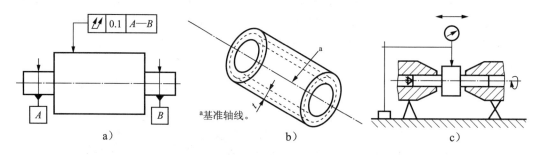

图 4.70　径向全跳动坐标测量评定案例

1）评定对象：被测圆柱面轮廓面上的某条提取螺旋线，测量时对其按离散点提取。

2）评定基准：由基准圆柱面 A 和 B 拟合导出中心线同组的公共基准线 $A—B$，约束了构建公差带的二同心圆柱面中心线。

3）公差带：以 $A—B$ 公共轴线为中心线的二个同心圆柱面限定的区域，同心圆柱面的半径差为公差值。其误差实测值为针对被测要素采用最小区域法拟合生成的二同心圆柱面半径差值。

4）坐标测量方法：测量基准圆柱面 A 和 B 并分别拟合导出中心线 A 和 B，将二条中心线 A 和 B 拟合生成公共基准线 $A—B$→确定圆柱面上被测的提取螺旋线（起始位置、螺距等）→在被测提取线上，按法向测量若干点→调用测量软件"径向全跳动"评定功能，指定评定基准 $A—B$、被测点、输入公差值并评定径向全跳动误差。

在实际测量时，也可以通过计算各实测点到基准轴线 A—B 的距离最大波动值来得到实测误差值。

图 4.70c）描述了一种径向全跳动的传统测量方法，其核心问题在于基准的模拟，在用二个同心的圆孔装置来模拟公共基准 A—B 时，必须具有调节装置，确保二边的基准轴与夹具紧密贴合，以正确并有精度地模拟中心线。

4.3.4.5　轴向全跳动（公差符号"↗↗"）

轴向全跳动与轴向跳动的测量方法类似，只是在被测提取线上有所不同，其为一平面上的螺旋线，并采用离散点方法进行测量与评定。下面通过案例来介绍。

轴向全跳动坐标测量评定案例：轴向全跳动

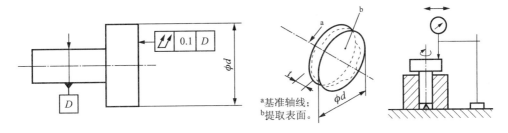

图 4.71　轴向全跳动坐标测量评定案例

1）评定对象：在被测平面上，由某个螺旋截面得到螺旋提取线，该螺旋截面的方向受基准中心线 A 约束，其起点与螺距由测量者确定；

2）评定基准：基准圆柱面 D 的拟合导出中心线 D，其约束了公差带的方向，以及螺旋截面的中心线；

3）公差带：二个相互平行且垂直于基准中心线 D 的平面所限定的区域，其平行平面的距离为公差值。其误差实测值为针对被测要素采用最小区域法拟合生成的二平行平面距离值；

4）坐标测量方法：测量基准圆柱面 D 并拟合导出基准中心线 D→以 D 基准轴线为中心确定评定螺旋面参数（包括起始位置、螺距等）→在 D 轴方向上以评定螺旋面为约束对被测平面进行多点测量→调用测量软件"轴向全跳动"评定功能，指定基准 A、被测点、输入公差值并评定轴向跳动误差。

图 4.71 还描述了该案例的一种传统测量方法，其核心仍是基准中心性 D 的模拟，应采用具有定心功能的夹具来正确模拟基准中心线。

在几何误差的测量中，有关被测要素的提取方法（类型、位置、方向等）、数量、离散点的数量等，都应在测量规范中加以规定，因为它们的不同将导致测量结果的复现与再现等问题。

同时，如需要与传统测量方法进行测量数据比对时，应注意二者在测量方法、被测要素提取、测点分布以及评定方法等方面的影响。因为上述的这些参数会影响到测量结果的比对。

在与综合量规进行测量结果比对时，应注意基准要素和被测要素的模拟，最大实体要求在测量过程方法中的体现和应用等问题。

第 5 章

坐标测量系统与结构特点

坐标测量系统的机械结构复杂而多样，主要由测量范围、测量精度和应用对象决定，同时受到经济性、使用便捷性和安全性的影响。但是无论哪一种结构，其组成部件及其基本功能都是相似的，并成为坐标测量系统的基本模块。本章主要以广泛应用的桥式坐标测量系统为例说明其机械机构特点，同时兼顾其他类型的结构形式。

5.1 测量系统的功能需求

从前面对坐标测量技术原理的描述来看，如何准确提取被测物体表面轮廓点的坐标值是坐标测量操作的关键。这项工作将主要由测量系统中的两个部分来完成（如图 5.1 所示）。

（1）坐标测量系统主体（机身）（见图 5.1 中①）

主要承担以下的功能：

1）组成高精度测量空间（二维或三维）的运动轴系，其中轴系的动静刚性、系统精度的重复性、以及后续长期应用过程的精度保持性是其关键所在。桥式机中的轴系定义如图 5.1 所示。一般 X 轴用来表示横向移动轴、Y 轴用来表示前后移动轴、Z 轴用来表示为上下移动轴。坐标系的原点由测量机开机回原点时建立。

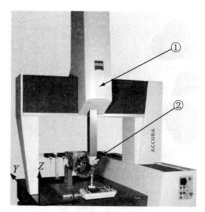

2）在数字一般控制系统的控制下，能实现空间多轴的高精度联动，其动态性能主要包括：动态精度、运动速度、加速度等动态性能。

3）能装载相应的探测系统。

图 5.1 坐标测量系统本体

4）能支承和固定被测工件、工件装夹装置等。

5）能支承和固定其他相关附件，如探针库等。

6）能为整个测量系统提供稳定可靠的支撑。

（2）探测系统（见图 5.1 中②）

其主要功能是对轮廓面提取点的传感与探测。有关这部分内容将在后续章节介绍。

坐标测量机本体与探测系统一起，组成了坐标测量系中的机械部分。

5.2 测量系统的类别

坐标测量系统的分类有多种，了解这些分类方法，对于坐标测量系统的选型与应用是有益的。为了简化这方面的叙述，表5.1对几种常用的分类方法进行了汇总，并简单说明了各种分类结果的使用场合。

表 5.1　坐标测量系统的分类及应用特点

分类方法		结构与应用特点	备注
按测量精度分	生产型	一般配置在车间等工作场合，用于工件精度要求不高的场合，常见的有划线机、水平悬臂式测量机等，还有部分配有宽温度范围补偿的测量机	单轴最大测量不确定度约为 $1\times10^{-4}L$；空间最大测量不确定度约为（$2\sim3$）$\times10^{-4}L$ 一般的分类法是测量不确定度$>3\mu m$
	实验室型	用于有一定温度控制能力的工作场合，能满足较高精度要求工件的测量	单轴最大测量不确定度约为 $1\times10^{-5}L$；空间最大测量不确定度约为（$2\sim3$）$\times10^{-5}L$ 一般的分类法是测量不确定度 $1\mu m\sim3\mu m$
	计量型	用于有严格温度与环境控制的工作场合，能承担高精度工件的测量与检具的检定工作	单轴最大测量不确定度约为 $1\times10^{-6}L$；空间最大测量不确定度约为（$2\sim3$）$\times10^{-6}L$ 一般的分类法是测量不确定度$<1\mu m$
按操作方式分	手动测量	测点信息靠人工定位采集，测量精度较低	常见的有划线机、关节臂、激光跟踪仪等
	自动测量	能在测量软件控制下自动完成一般的自动测量	一般受限于所配置测头与控制系统功能
	自动空间测量	能在测量软件控制下完成沿空间法矢的自动测量	而与测头功能配合，有的还有扫描功能
按测量范围分	小型测量系统	X 轴方向的工作行程：$<500mm$	常应用于小型工件测量
	中型测量系统	X 轴方向的工作行程：（$500\sim2000$）mm	最常见的坐标测量系统，能适用多数工件
	大型测量系统	X 轴方向的工作行程：$>2000mm$	除大型桥式坐标测量系统外，还有激光跟踪仪等
按测点方法分	接触式测量	通过与工件轮廓面接触来获取测点三维数据	主要取决于测头功能，是最常见的形式
	二维非接触测量	采用非接触方式，获取二维平面上测点数据	常见的有二维影像测量系统
	三维非接触测量	不与工件轮廓面接触就能获取测点三维数据	主要取决于测头功能，如三维激光测头等

注：表中的 L 为测量空间长度。

　　各种分类方法都有其特定的适用范围和局限。实际上对坐标测量系统的选型而言，主要考虑的内容包括：被测工件形状、被测工件大小、测量精度要求、工作效率、测量工作适应要求、测量软件的评定功能、测量系统的扩展能力、测量系统与整个制造系统的集成能力、坐标测量系统对环境的要求等诸多方面。

5.3 测量系统的布局特点

坐标测量系统的不同布局不仅用来构造空间坐标体系中的运动轴系,同时也体现了系统动静态精度和实际使用方便性等功能需求。

一般情况下,要完成空间三维测量,至少需要有三个独立的轴线。实际上不管测量系统拥有几个运动轴,一般都能通过数学计算,描述出测量系统的工作点(探测工具上的点)在三维空间的唯一位置信息。参考 GB/T 16857(ISO/10360)《产品几何技术规范(GPS) 坐标测量机的验收检测和复检检测》系列标准,表 5.2 罗列了多种坐标测量系统的总体结构布局及其特点。

表 5.2 坐标测量系统的总体结构布局及特点

布局名称	机构简图	应用案例	系统特点
固定台面悬臂式			三轴正交形式。由于是悬臂结构,台面开放性好,但系统刚性较差,一般用于小型测量系统
移动桥式			三轴正交形式。台面承载性好,开放性好。由于桥架移动,因此系统刚性比固定桥架式稍低。用于中小型测量机,是目前最常见的形式
龙门式	原理示意图　示例		三轴正交形式。一般用于大型坐标测量系统。这类结构与同尺寸的移动桥式相比时,移动部分刚性好。但由于对精度和稳定性要求高,因此对地基及支撑柱的要求也较高。同时工件装载也较方便

续表 5.2

布局名称	机构简图	应用案例	系统特点
L 桥式	原理示意图　示例		三轴正交形式。一边的支架为高架式，系统刚性介于移动桥式和龙门式之间。常用于大中型测量系统
固定桥式（台面移动）			三轴正交形式。由于桥架不移动，因此系统刚性好，但其结构总体上比较复杂。一般用于高精度测量系统
移动工作台悬臂式	原理示意图　示例		三轴正交形式。悬架结构，系统刚性相对较差。但由于其开放性非常好，因此在小型、车间型测量系统中还有应用
水平悬臂式		Prima R1	三轴正交形式。悬臂结构，系统开放性非常好，但系统刚性较差。主要应用于大型测量系统，典型的应用是白车身的测量
平面关节型（SCARA）			具有垂直方向移动和平面二回转轴结构。系统开放性非常好，定位使用方便，但总体上属动悬臂结构，系统刚性较差，主用于小型和车间型测量系统

续表 5.2

布局名称	机构简图	应用案例	系统特点
中置驱动桥式	原理示意图　示例		三轴正交形式。但在桥架移动驱动中采用了中置形式，因此系统移动刚性比一般的单边驱动桥架式测量系统高。精度也相对较高
空间多关节式		Gamma　Delta　Omega　Ipsiton　Beta　Alpha	空间多关节形式，为了空间定位方便，一般的关节会多于六个。结构简单，但系统刚性差。一般用于手动操作的移动测量系统
球坐标式			配置三个相交的轴线，其中二个为正交的回转轴，另一个为采用非接触式的激光测距轴线，从而构成一个相对测点的球坐标体系。主要用于大型工件的移动测量。典型应用为激光跟踪仪
二维移动平台式			在测量平面上配置了二个正交的轴线。常用于影像测量仪。如配备 CNC 控制系统，则能做二维自动测量。Z 轴一般能手动调节并自动调焦

综合分析上面描述的各种结构，可以看到测量系统的本体结构在总体上决定了测量系统的刚性和精度状态。

5.4 主要部件结构

5.4.1 本体结构

除了坐标测量系统的总体布局外，在结构方面影响系统精度的因素还有许多，图 5.2 中表示了其中一些主要的结构：

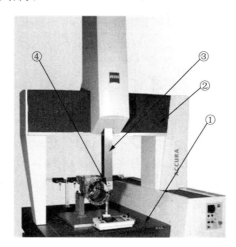

图 5.2 坐标测量系统本体主要结构

(1) 基础（台面）/导轨（见图 5.2 中①）

这一部分是整个坐标测量系统的基础，也是测量系统纵向移动轴线的支承和导向部分。在高精度的测量系统中，这部分多使用优质花岗岩（弹性模量接近铸铁），因为花岗岩加工方便，稳定性好（包括热稳定性和抗变形能力）。而在一些台面较大，或精度较低的坐标测量系统中，这部分也有使用铸铁的。

(2) 桥架/横梁/导轨（见图 5.2 中②）

桥架是测量机的移动主体（Y 轴），横梁一方面是桥架的中间联接部分，同时也是测量机横向移动轴（X 轴）的导轨。由于其跨度大，因此其刚性、重量、精度、热稳定性等都会直接影响到测量机的精度。

在测量机中，机器的重量和移动速度始终是一对矛盾。在高精度的测量系统中，这部分一般也是用优质花岗岩，在这种情况下，机器的刚性与本身的精度能得到保证，但带来的问题是就是重量，并直接影响了测量机的测量运行速度，同时对地基及后续的服务也提出了相应的要求。

为了减轻桥架重量，在一些精度稍低或车间型的测量系统中，特别是一些要求高速测量的测量系统中，会采用高强度铝合金材料，铝合金一方面比重轻，另一方面由于导热性非常好，因此整体对热变形带来的响应均匀，配以计算机补偿技术，同样能减少热变形带来的影响。

此外，使用铝合金等材料，由于其具有结构成型的方便性，还可以通过对其内部中孔结构的设计来进一步协调重量和刚性的关系。图 5.3 表示了某种横梁的内部结构。

图 5.3　米字筋板的中空横梁结构

为了进一步减轻桥架重量，提高桥架刚性，伴随着材料技术的发展，工业陶瓷也逐步被应用于横梁和导轨。下面从三坐标材料科学的发展阶段：花岗岩、铝合金和陶瓷角度出发，针对影响三坐标测量机精度的主要因素：弯曲变形、扭曲变形、热膨胀等，对这几种相关材料物理特性及应用特点进行一个对比（见表 5.3）。

表 5.3　不同横梁和导轨材料对比

材料	比较项	应用特点
花岗岩		因为花岗岩的加工工艺约束，其横截面一般为实心结构，当其自重过大时，也会引起横梁的弯曲变形
	20℃　　　25℃	花岗岩有良好的热稳定性，温度对它的影响很小（热膨胀小），很小的热胀冷缩系数，有利于保证温度稳定性
	20℃　　　21℃	花岗岩导热很慢，内部存在温度梯度，这是材料扭曲变形的主要原因，因此会带来横梁和滑枕的热扭曲变形
铝合金		因为铝合金的加工工艺性好，横截面可做成空心结构，其自身重量就较小，刚性也较好，抗弯/抗扭模量大，横梁不易产生变曲变形
	20℃　　　25℃	铝合金热膨胀系数大，温度对它的影响很大（热膨胀大），不利于保证温度稳定性
	20℃　　　21℃	铝合金导热很快，内部存在的温度梯度较小，因此很少会带来横梁和滑枕的热扭曲变形

续表 5.3

材料	比较项	应用特点
陶瓷	(中空结构示意图)	陶瓷材料可以像铝合金一样加工成中空结构，主体重量轻，其带来的横梁弯曲变形小
	20℃　　　25℃	陶瓷同时具有花岗岩的热稳定性，热膨胀系数小
	20℃　　　21℃	现代陶瓷材料表面可镀铝合金，这保证了良好的导热率，有效地减小了横梁内的温度梯度，减小了横梁和滑枕扭曲变形
小结	1960 年～1970 年	三坐标测量机的横梁和主轴广泛采用花岗岩材料
	1970 年～1992 年	三坐标测量机的横梁和主轴广泛采用铝合金材料
	1992 年以后	技术领先的三坐标生产厂家开始采用高科技陶瓷材料
	2000 年以后	碳纤维材料逐渐开始在高精度和精密型三坐标测机中得到应用

从上面的分析来看，陶瓷铝合金相对密度小、导热性好，对热变形的响应均匀，在热稳定性方面比传统材料有更大的优越性，如果解决铝合金表面硬度问题，就是桥架的理想材料。

除了所应用的材料，为了使测量机达到更高的精度和精度稳定性，还在其他方面采取了各种各样的措施与方法，其中最主要目的就是提高机器的温度稳定性，使机器对于外界温度的变化引起影响尽可能达到最小。目前，减小坐标测量系统对于温度变化敏感性的方法主要有以下几种：

1）削减内部各种热源干扰：即尽量减少电机的使用，或使用其他的驱动与传动形式；

2）对因为温度造成的偏差加以修正：通过多个高精度温度传感器的配置，实现对测量机关键部件温度状况的监控，并在此基础上，进行空间误差的修正和补偿；

3）采用不同设计原理或选用不同材料使机器对热干扰不敏感：特别从材料选用和合理搭配上保证机器结构方面温度恒定，使温度梯度最小化。

4）采用外加冷却手段保证机器温度：通过专门设计配置的内部温度控制调节系统来保证机器结构的温度恒定。

此外，热流对不同横梁截面形状的变形也会产生影响，图 5.4 描述了这方面的试验和比较结果。

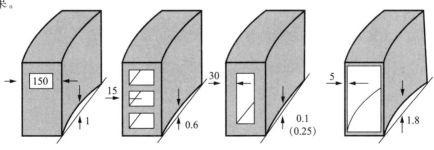

图 5.4　在一定的热流时，不同导轨的弯曲变形量

	花岗岩	陶瓷（Wilbanks AD 96）	铝合金		钢
			实心	空心结构	
导热率 λ	1	10	40	40	20
横截面 ℓ/L	1	0.2	1	0.4	0.067
横截面热图及温度梯度 ΔT	1	0.5	0.025	0.0625	0.75
热膨胀系数 α	1	1.2	4.0	4.0	2.4
弯曲变形量 B	100%	60%	<10%	25%	180%

续图 5.4

（3）**测量轴滑枕**（见图 5.1 中③）

这部分是整个测量系统轴系的末端，其端部安装检测系统。其材料应用方法与横梁相似。

（4）**探测系统**（见图 5.1 中④）

探测系统往往是一个独立的系统，这部分内容将在后续章节介绍。

5.4.2 位置传感系统

坐标测量机是一个典型的计算机数字控制装备，其中包括数字控制的伺服电机、机械传动装置、检测反馈单元（包括位置与速度环）等。由于位置精度要求非常高，因此在坐标测量机中，其位置检测器件一般都使用光栅。而在一般精度的坐标测量机中，也有用粘贴型的铜光栅。近年来已出现对热不敏感的材料制成的光栅应用在高精度的坐标测量机中。

目前，坐标测量机光栅尺的材料主要有玻璃、钢和陶瓷玻璃。其中玻璃的热膨胀系数大致是 $(5\sim10)\times10^{-6}$（1/K）（取决于具体的玻璃型号）。因此，在配备玻璃光栅尺的测量机上，光栅尺上都附有温度传感器，以便对光栅尺进行热膨胀的线性修正。

但这种修正也是很有局限性的，因为玻璃的热膨胀系数是很难确定到小于 0.5×10^{-6}（1/K）。再加上测量光栅尺温度的精度及光栅尺不均匀的温度分布，即使用现有最好的测量仪器，测出的温度偏差仍可达 0.5K。

钢的光栅尺比玻璃材料光栅的导热性能好，所以温度分布得较为均匀。但即使采用钢光栅尺，当要求高精度时，仍需要配置温度传感器。这是由于其三个轴向的温度可能不一致。这里，温度测量的不确定度还会有 0.1K。同时钢的热膨胀系数的不确度约为 0.5×10^{-6}（1/K）。

如果采用陶瓷玻璃作光栅尺，就可以避免在使用玻璃或钢光栅尺时出现的热膨胀系数的不确定度。陶瓷玻璃的热膨胀系数为（0 ± 0.05）$\times 10^{-6}$（1/K），并具有无法比拟的抗时效特性。当温度从 20℃ 上升到 30℃，500mm 长的陶瓷玻璃光栅尺最多增长 $0.25\mu m$；而同样的情况下，钢会增长 $68\mu m$。

在使用陶瓷玻璃材料时，要注意的是安装方法。由于安装光栅尺的表面会因温度变化而改变长度，所以可以使用一种特殊的安装方法把陶瓷玻璃光栅尺安装在导轨上。图 5.5 描述了这种方法，即在安装时，光栅尺只有一头固定在导轨上，其他部分则采用"浮动支承"。采用这种结构，可以保证在光栅尺的载体长度有变化时，光栅尺也不会受到外力而变形。

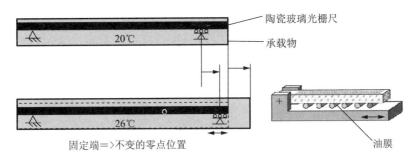

图 5.5　安装陶瓷玻璃光栅尺的原理

由于光栅是高精度位置传置器，因此热膨胀特性对于测量精度至关重要。

由于各种材料不同的热膨胀特性，因此 GB/T 19765—2005（ISO 1：2002，IDT）《产品几何量技术规范（GPS）　产品几何量技术规范和检验的标准参考温度》中规定了产品几何量技术规范和检验的标准参考温度为 20℃。

然而在实际工作场合，特别是脱离了严格控制温度的实验室环境，温度的影响就不可避免，即使很短暂的温度波动，也会造成工件和传感系统的温度差异。而不同材料之间的热膨胀性对测量结果的影响也就不可避免。因此如何通过必要的修正补偿来达到所需的精度，是光栅测量技术的核心问题。而对于高精度的坐标测量机而言，要保证精度的应该涉及所有的轴线。

有关材料热膨胀特性的影响问题，下面通过德国卡尔蔡司的一个实验来说明：

这是一个对块规热膨胀特性的实验，厂商标称的膨胀系数 11.5×10^{-6}（1/K），然而，实测结果这二组块规的热膨胀系数分别是：

第一组：$\alpha =$（$10.1 \sim 12.3$）$\times 10^{-6}$（1/K）

第二组：$\alpha =$（$10.3 \sim 12.9$）$\times 10^{-6}$（1/K）

从上面的数据可以看到，如果直接采用厂商标称的数值，则会造成最高 $1.4\mu m/(m \cdot K)$ 的误差。即当测量温度是 22℃ 时，误差可达 $2.8\mu m/m$。

除了需要对光栅尺标准温度下的精度修正补偿外，由于测量机还必然会在偏离标准温度的情况下工作，因此还必须对其进行相应的修正补偿，补偿的前提是了解光栅尺材料的热膨胀特性。图 5.6 描述了对温度引起的光栅热膨胀误差的修正计算方法与过程。

膨胀修正量 $\Delta \ell$

$\Delta \ell = \ell_0 \cdot \alpha_{m}(T_{m}-20)-\ell_0 \cdot \alpha_{w}(T_{w}-20)$

ℓ_0＝测量长度（mm） T_{m}＝光栅尺的温度

α_{m}＝光栅尺的膨胀系数 T_{w}＝工件的温度

α_{m}＝工作的膨胀系数

膨胀修正量的不确定度 $d(\Delta \ell)$

$$d(\Delta \ell)=\underbrace{|\ell_0 \cdot dT_{m} \cdot \alpha_{m}|}_{A}+\underbrace{|\ell_0 \cdot dT_{w} \cdot \alpha_{w}|}_{B}+$$

$$\underbrace{|\ell_0(T_{m}-20)d\alpha_{m}|}_{C}+\underbrace{|\ell_0(T_{m}-20)d\alpha_{w}|}_{D}$$

dT_{m}＝测量光栅尺温度的不确定度 $d\alpha_{m}$＝光栅尺膨胀系数的不确定度

dT_{w}＝测量工件温度的不确定度 $d\alpha_{w}$＝工作膨胀系数的不确定度

$A=dT_{m}$ 导致的误差部分 $C=d\alpha_{m}$ 导致的误差部分

$B=dT_{m}$ 导致的误差部分 $D=d\alpha_{w}$ 导致的误差部分

图 5.6　温度影响造成的误差计算方法

　　图 5.7 描述了选用不同材料的光栅尺，在 22℃时引起的长度误差值比较。图 5.8 描述了不同材料的光栅在测量工件时的误差情况，图中右侧数据为光栅温度的测量误差和光栅材料热膨胀系统的不确定度。

光栅尺材料	ℓ_0 mm	$T_{m}=T_{w}$ ℃	A μm	B μm	C μm	D μm	$d(\Delta \ell)$ μm
钢	500	21	0.575	0.575	0.250	0.250	1.65
		22	0.575	0.575	0.500	0.500	2.15
		23	0.575	0.575	0.750	0.750	2.65
玻璃	500	21	1.950	0.575	0.250	0.250	3.03
		22	1.950	0.575	0.500	0.500	3.53
		23	1.950	0.575	0.750	0.750	4.03
ZEROUR	500	21	0.000	0.575	0.025	0.250	0.85
		22	0.000	0.575	0.050	0.500	1.13
		23	0.000	0.575	0.075	0.750	1.40

注：测量温度是 22℃时，选用不同光栅尺测量钢工件的引起的长度误差 $d(\Delta \ell)$。

图 5.7　不同材料光栅尺的误差比较

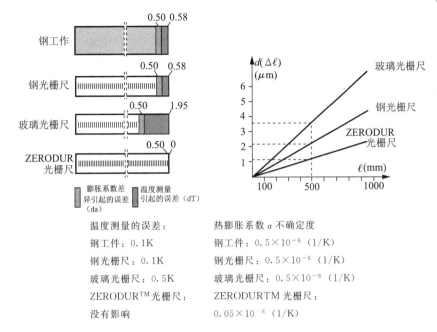

温度测量的误差：　　　　　　　热膨胀系数 α 不确定度

钢工件：0.1K　　　　　　　　　钢工件：0.5×10^{-6}（1/K）

钢光栅尺：0.1K　　　　　　　　钢光栅尺：0.5×10^{-6}（1/K）

玻璃光栅尺：0.5K　　　　　　　玻璃光栅尺：0.5×10^{-6}（1/K）

ZERODUR™光栅尺：　　　　　　ZERODURTM 光栅尺：

没有影响　　　　　　　　　　　0.05×10^{-6}（1/K）

图 5.8　在 22℃ 时测量钢工件，应用不同的光栅尺材料所得出的不准确度的比较

从图 5.8 中可以明显看到，用陶瓷玻璃材料作为光栅尺的出色表现。这里的不准确度与长度测量的不准确度非常相似，因此这些数据会有正负值。

此外，为了准确测量工件，也应考虑工件的热膨胀特性，即准确了解测量时工件上的温度及工件的热膨胀系数。特别是其热膨胀系数，因为就是标准的 AlMgSi 合金，其 Si 含量的微量变化就可以导致测出的热膨胀系数有 2×10^{-6}（1/K）的差异，在这种情况下，如果在 25℃ 时测量一件 500mm 长的铝制工件，其误差可达 $5\mu m$ 之多。

5.4.3　测量系统的移动轴线特点

坐标测量系统本体作为一种高精度的仪器，其各轴线的精度直接影响了测量系统的精度。在机械系统中，移动轴线的种类众多，传驱动方式也有多种，这里只简单地介绍坐标测量系统的应用特点和需求。

(1) 导向与支承部件

导轨是运动部件精度的基础，在高精度的坐标测量机中，其精度的保持性更是一项重要的技术指标。影响导轨精度的因素主要包括：材料本身各类特性的长期稳定性，加工工艺过程（特别是粗加工），热处理方法和时效过程，最终的研磨过程等。从某种角度讲，制造具有优良性能和长期稳定性能的导轨，其关键是三坐标测量机制造者的经验。

三坐标测量机的导轨许多时候是与一些主体结构一体化的，如平台、横梁和滑枕等，因此在选择材料时，一般是统筹考虑了主体结构和导轨等因素的。有关材料的选择在前面已做了详细的描述，即综合考虑高刚性、高热稳定性的材料。

为了保证导向精度与运动控制精度，除了要求测量系统的导向机构不仅需要有足够的空间精度（轴线、侧向和偏摆、扭转）、刚性（动态和静态），同时也需要有足够的移动灵

敏性（摩擦阻力尽可能小），因此坐标测量机的移动轴绝大部分采用了气浮轴承作为支承单元，只有少量精度较低的系统仍采用球形的接触式支承单元。图 5.9 为气浮轴承的原理和结构示例。

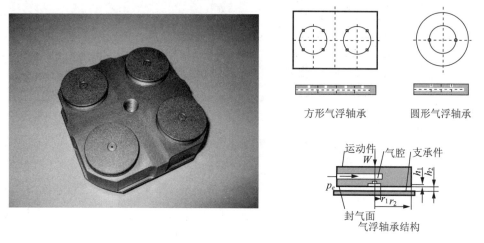

图 5.9　气浮轴承原理与结构

为了能得到足够的导向刚性，气浮轴承配置方位的方位起着关键的作用。图 5.10 描述了一种三坐标测量机各轴线的气浮轴承配置示意，轴线上气浮轴承配置以及其 X 轴导向结构的截面及气浮轴承配置情况。

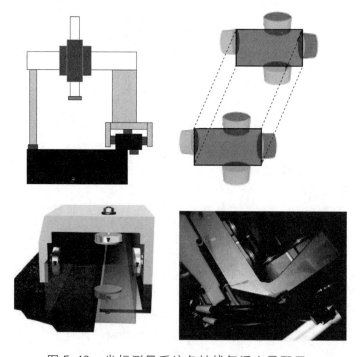

图 5.10　坐标测量系统各轴线气浮支承配置

由于坐标测量系统采用了非接触式的气浮支承结构，因此在日常使用中几乎没有磨损，系统的精度保持性好。

气浮支承结构的使用，对日常的使用维护，特别是气源的清洁度提出了相应的要求。

(2) 传动系统

坐标测量系统中的传动机构，首先考虑的是精度，包括传动中的间隙等问题。关于消除间隙，在结构方面有许多办法，特别是预加载后，基本上能消除相关的间隙。同时由于三坐标测量机的导向系统大多采用了气浮支承，运动所需的推力非常小，因此在高精度的测量系统传动中，更多的是采用预加载的磨擦传动方式，如电机＋磨擦轮＋钢带或圆柱杆等形式。它能有效地解决传动间隙问题。但磨擦传动有一个问题就是运行的速度一般都不快，因此在一些稍低精度的坐标测量系统中，也有用加载后的高精度滚珠丝杆或同步带传动作为传动结构。滚珠丝杆的传动速度高、传动刚性好，但需要考虑的是其长期使用后的磨损问题。同步带结构简单，但其存在的柔性滞后问题，会在一定程度上影响传动的高精度。图 5.11 列出了几种常见的传动形式：摩擦传动、滚珠丝杆和同步带等。

图 5.11 坐标测量系统常见的几种传动形式

(3) 轴线平衡系统

在坐标测量系统的垂直测量轴部分，由于其自身重量的影响，将使其在上下运动时所承受力明显不同，这将影响轴线的控制精度和工作效率，因此高精度的坐标测量系统为垂直轴线配置了平衡装置，平衡装置一般有重锤配重、弹簧和气缸平衡等几种方式。

5.5 坐标测量系统的精度及误差补偿

由于坐标测量系统的精度要求非常高，而影响坐标测量系统精度的因素又非常多，为了保证系统精度，无论从结构还是控制和软件等方面，都采用了许多方法，当结构精度和稳定性有一定保障时，补偿技术就能对其他可预测的影响因素，包括轴系结构系统误差、温度变化等进行必要的补偿，这在相当程度上进一步提高和保障了测量系统的精度。

5.5.1　测量系统的误差组成

测量系统的误差主要来源于环境和测量系统自身的几何误差，环境引起的误差主要包括：

——温度变化引起的变形，包括伸缩、扭曲等；

——外界振动引起的误差等；

——电源及电磁干扰引起的误差等；

——空气质量如灰尘、水气等引起的误差，这些主要影响一些光学的测量系统。此外，空气质量对于采用气浮支承的结构而言，其影响也是不可忽视的。

坐标测量系统自身的几何误差与其结构形式有直接的关系，对于一般直角坐标（3轴）结构形式的测量系统而言，其误差总共包括 21 项（如图 5.12 所示），它们分别是：

——三个轴线上各自的线性误差和二个方向上的偏摆误差，它们被表示为投影到三个理论坐标轴线上的轴向误差，总共 $3 \times 3 = 9$ 个误差。

——三个轴线上各自二个方向上的扭转误差和绕轴的滚转误差，并被表示为绕三个坐标理论轴线的回转误差，总共 $3 \times 3 = 9$ 个误差。

——三轴线的相互垂直误差，即构架误差，并被表示为投影到三个理论坐标平面上的垂直度误差。总共 3 个误差。

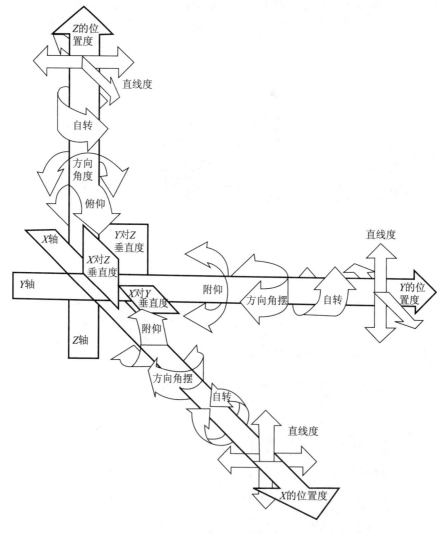

图 5.12　坐标测量机的几何误差

此外，由于坐标测量机需要在动态情况下开展测量工作，因此还包括了各个误差相关的动态误差，这就使得坐标测量机的误差分析与补偿变得非常复杂，因此，误差修正补偿技术是衡量坐标测量系统性能的一个重要指标。

5.5.2 测量系统的几何误差修正补偿

从上面的误差分析来看，坐标测量系的误差包括各轴线自身结构方面的误差和空间轴线架构方面的误差。就单轴线而言，只要在传动过程中没有间隙，且具有足够的移动重复精度，就能够通过一定的检测方法测得相关的误差，并通过补偿算法将这些轴线的误差修正到一个可接受的范围。

当三个轴线构建成一个空间测量坐标体系时，无论制造如何精确，都不可能使三个运动轴线绝对垂直。因此，其三轴之间相互的方向精度，一般有垂直精度问题也必须得到有效的修正补偿。

如果三个轴线所构成的空间体系是稳定的，那么只要能测得其误差值，就可以在相应的算法和计算机软件补偿技术的配合下，通过对三个轴线相应的测量及补偿，就能得到理论的正交测量空间。

对上述 21 项坐标测量机几何误差的测量，一般采用激光干涉仪及相关附件系统来完成，包括各类镜子、球杆仪，以及高精度电子水平仪等。图 5.13 为某型激光干涉仪示意。由于其测量方法和补偿方法非常专业，这里不再展开叙述。

图 5.13 激光干涉仪

5.5.3 测量系统的动静态弯曲修正补偿

在坐标测量机的实际应用过程中，除上述有关三个轴线以及空间关系的 21 项基本误差的集合精度修正补偿外，要进一步提高测量精度，还需考虑到探测量时的探测反作用力对测量系统及结构的细微影响，包括测量机运动过程中由于速度、加速度的大小、方向变化时导致的结构变形等问题。有关这方面误差的修正补偿技术涉及测量机的动静态特性。

(1) 静态弯曲变形修正 (S-CAA)

静态弯曲变形修正 (S-CAA：Static Computer Aided Accuracy) 是通过测量计算 Z 轴滑枕在不同高度，使用不同测力测量实物标准器时的变形数据，建立相应的数学模型及形成修正参数，并应用于实际测量工件中，以修正补偿测力造成的影响。如图 5.14 描述了补偿的效果。从某种角度讲，这种补偿不完全是静态的，而是单点测量时的补偿。

（2）动态弯曲变形修正（D-CAA）

动态弯曲变形修正（D-CAA：Dynamic Computer Aided Accuracy）主要考虑了测量机运动时对测量精度造成的影响。这种修正补偿一般应用于扫描测量过程中。

通过用不同的运行速度及运动轨迹，对实物标准器进行连续扫描测量，根据测量结果构建相应的数学模型，得到修正参数，以补偿扫描测量时因结构变形带来的偏差（图 5.15）。

由于在高端的测头系统中有测力控制功能，因此扫描测量时弯曲变形的量极小，这就需要大量的精密测试及复杂的数学模型，因此目前这项技术主要应用于部分高端的坐标测量机中，如德国卡尔蔡司的部分高端坐标测量机中。

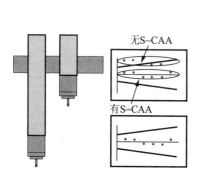

图 5.14　静态 CAA 修正

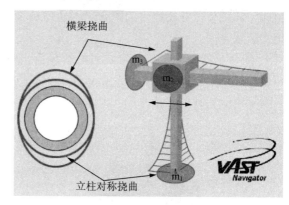

图 5.15　动态 CAA 修正

5.5.4　工作温度环境与温度补偿

在高精度的测量仪器与测量工作中，温度的影响是不容易视的。温度引起的变形包括线性的膨胀以及结构上的一些扭曲。为了有效地防止由于温度造成的变形问题，测量机的使用对环境温度是有相当高要求的，供应商根据各自测量机的结构和精度状态，都会提出相应的要求，其主要包括以下几个方面：

（1）测量工作的环境温度范围

GB/T 19765—2005《产品几何量技术规范（GPS）产品几何技术规范和检验的标准参考温度》中规定标准参考温度为 20℃，也就是说偏离了这个标准参考温度，其正确的测量结果都应该是进行修正补偿后的。

在实际应用中，测量机供应商会给出一个工作范围要求，对于计量级的测量机而言，其温度的范围一般为 20℃±1℃，对于一般精度的测量机则为 20℃±2℃，而对于一些车间型的测量机，其工作环境的温度范围可达到 16℃～30℃，最大可达到 8℃～40℃。

同时，测量机工作场地的温度变化梯度和空间温度分布梯度也会影响测量结果，而且这些因素引起的误差很难得到有效的修正补偿，应该引起重视。这方面的要求一般包括：

测量环境每小时温度变化量、每天的温度变化量、工作环境各方向上的温度分布梯度等。

这里还要注意的是被测工件的等温问题，如有时间，应尽可能对工件作等温处理，等温时间视工件的热状况和热容量而定。这是因为工件，特别是大工件的冷却速度，其内外冷却程度并不容易获取，这会影响仅用点温方法测量工件当前温度进行补偿的精度。

（2）测量工作对测量机和工件的要求

温度对测量结果的影响主要通过两个部分引起：即测量机和被测工件。

生产高精度或超高精度三坐标测量机的厂商在进行三坐标测量机的组装时，调试及验收测试现场的温度控制都非常严格。光栅尺及测量导轨的精修、测量机的精密调整及各项修正参数的确定都是在最理想的温度下进行的。这样严格要求的目的在于确保那些易受温度影响的检测仪器，比如双频激光干涉仪、块规等计量特性的稳定性和可靠性。此外，三坐标测量机的几何参数，特别是导轨的直线度，各轴线之间的垂直度以及检测时使用的实物标准器热膨胀系数等，也都只有在保持一定温度和时间才能确定。

被测工件的实际温度是影响测量结果的另一个重要因素，这里需要特别注意的是被测工件的等温问题。如有充分的时间，则应尽可能对工件进行等温处理，等温所需时间视工件的热状况和热容量而定。

在实际测量时，有时因时间关系，往往会在工件未完全等温的情况进行测量，此时一般通过点温计测量被测工件的实际温度，并通过算法进行补偿，来修正测量结果。但对于一些大型工件而言，由于点温计并不能完全掌握被测工件整体的温度公布情况，特别是内部的温度情况，因此温度补偿功能可能起不到应有的作用，这一点应引起足够的重视。

（3）测量过程的温度修正补偿

由于温度对测量结果的影响涉及被测工件和坐标测量机。因此在温度修正补偿中必须准确获取这二者的温度状态。目前中高精度的坐标测量系统都配置了相应的温度实时检测与修正补偿系统。图 5.16 为一种坐标测量机的温度补偿系统示意，它在台面（导轨）、横梁、滑枕、测头、各轴的光栅尺以及被测工件等方面都配置了温度传感器，通过对这些部分的温度实时监控和相关补偿算法来实现对测量结果的温度修正补偿。

坐标测量机的温度修正补偿功能一方面在一定程度上修正了由温度变化造成的影响，提高测量精度。另一方面也扩大了测量机的应用范围，特别是车间与工作现场的应用。

5.6　测量精度保障的其他环境要求

影响测量机测量精度的因素还包括湿度、振动、灰尘、气源及电源等方面。

一般情况下，湿度对坐标测量机的影响主要集中在机械部分的运动和导向装置方面，以及非接触式测头方面。因此用户需注意供应商提出的湿度工作范围。事实上，湿度对某些材料的影响同样是非常大的，特别是一些复合材料，对温度并不敏感，但对湿度却异常敏感。因此，在测量时应对材料的各种特性有充分的了解。

灰尘的影响主要集中在机械部分的运动、导向装置、标准球和测针针头等方面，以及非接触式测头方面，应按供应商提出的要求，定期清洁测量机的移动部分及相关附件。

气源质量的影响主要体系在其对气浮支承的影响，因此应按供应商的要求配置气源，

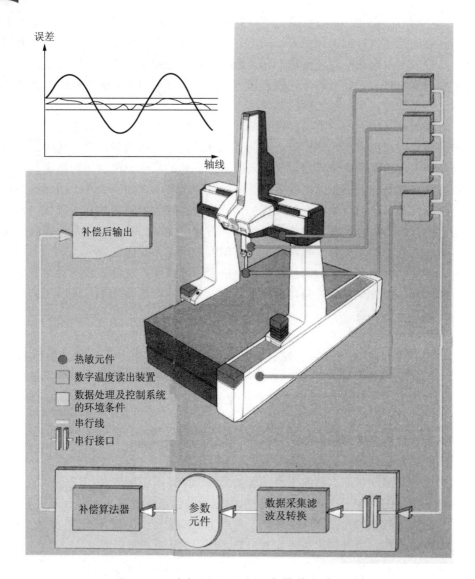

图 5.16　坐标测量系统温度补偿方案示意

其中主要控制气源的温度、湿度、油污、气压、水汽等方面。

电源对测量机的影响主要体现在测量机的控制部分。用户需注意的主要是接地问题。

振动是影响测量系统精度的另一个主要因素，因此必须严格控制。一般供应商都会根据其测量机的精度与使用，提出对地面振动和隔振的要求。用户应根据供应商提出的相关要求，配置合理地基和隔振结构。一般供应商也会提出推荐的地基布局与要求。

图 5.17a) 表示了某种高精度测量系统对安装及地面隔振与布局的要求，图 5.17b) 则描述了一种使用专门设计的隔振结构或单元进行隔振的方法。

a)   b)

图 5.17 坐标测量系统的地基与隔振

第 6 章

坐标测量的探测系统

6.1 探测系统组成与功能

从坐标测量的原理中可以看到，对工件轮廓面上提取点的测量及测点采集是整个测量和误差评定工作的基础。探测系统不仅与移动轴系配合共同承担了坐标测量过程中测点采集任务，更是与测量系统精度相关的一个重要部分。可以说，探测系统是整个测量系统本体部分技术含量最高的部分。探测系统（Probing System）的组成如图 6.1 所示。

6.1.1 测头（Probe Head）

测头（图 6.1 中的①）的主体为探测传感器，一般由独立的控制系统控制，其主要包括测点探测的感知、测点位置传感、测量力的控制、测量过程控制、探针系统平衡、探测辅助（如光学与影像测量中的辅助光照等）与坐标测量系统通信等。

坐标测量机测量与控制软件将配合对测点探测感知（接触与非接触测量），记录测量信息（空间点的坐标值）等。

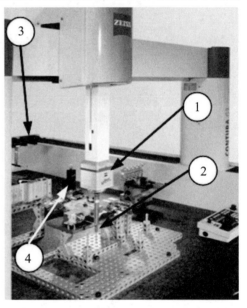

图 6.1 坐标测量系统探测系统

测头基座安装在坐标测量系统的测量移动轴（滑枕）末端，前端与探针系统等探测工具相联接。

6.1.2 探针系统（Stylus System）

（在接触式测量中）与被测工件直接接触的部分（图 6.1 中的②），整个探针系统包括：探针座、接长杆、转接件、探针（组）等。探针系统可以根据相关的测量要求，通过对这些构件的组合与配置，形成各种结构形式，以完成不同的测量任务。

6.1.3 探针库（Rack System）

由于被测工件上几何特征在结构、方位等方面的复杂性，在实际测量工作中不可能由一个探针（系统）完成所有的测量任务。坐标测量机中可以配置类似数控加工中心刀库功能的探针库（图 6.1 中的③），它可以提供探针的存贮和调用功能。

在具有 CNC 功能的自动坐标测量系统中，通过测量控制系统和测头控制系统的配合，来完成探针的自动更换动作。

6.1.4　标准球（Reference Sphere）

标准球（图 6.1 中的④）是由坐标测量系统供应商提供的一个（组）已知直径的高精度球（球面轮廓度误差很小），它用来标定和校准探测系统。

这个装置在平时使用过程中必须注意保护，因为它是测量机精度的依据之一，也是使用很频繁的一个装置，每次新安装和配置的探针，以及日常对正使用探针的校准都会用到该装置。

6.1.5　探测系统性能的主要评价参数

根据各类测量任务的要求以及各类测量系统的原理与特性，对探测系统性能的评价可以从以下几个方面考虑：

（1）测量精度

测量精度是测量工作的根本，这里的精度不仅包括每次测量的绝对精度，还包括测量的重复精度。坐标测量系统探测系统的多次探测结果一般呈正态分布，其重复精度通过多次测量实验并统计分析后得到，图 6.2 描述了不同置信度下测量重复精度的分布。

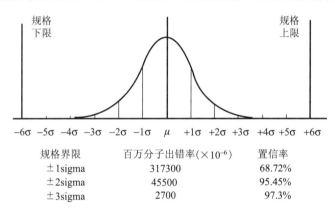

规格界限	百万分子出错率（$\times 10^{-6}$）	置信率
±1sigma	317300	68.72%
±2sigma	45500	95.45%
±3sigma	2700	97.3%

图 6.2　探测系统重复性实验的精度分布

坐标测量机的测量误差主要来源于探测系统和测量轴线，特别是对于接触式测量方式而言，由于测力、测量方向、测量速度等多方面影响因素的存在，探测系统的误差不可忽视。其综合误差主要包括以下两个方面：

1）预行程误差：这是反映从探针接触工件到测头触发过程中的一种综合误差，其涵盖了探针变形（长度、材料）、触测方式（触测力、触测方向）、测头结构等诸多引起测量误差的因素。

2）测量方向误差：反映了探测系统在空间各方向上测量精度的差异，在单轴方向上，这方面误差亦被称作反向误差。

（2）测量精度保持性

作为测量和计量仪器，其测量精度的保持性是至关重要的，这对测量系统、结构布局特点和实际使用方面等都提出了更高的要求。对于探测系统这方面指标的评估而言，不仅包括对机械触发式测头的结构性能，电气性能的漂移等对测量精度的影响同样不能忽略。

（3）探测能力

包括测点的功能，如单点测量、空间点（法向）测量、连续扫描测量等，其中还包括了采点速度等。

（4）测量和传感方位

被测工件的形状和姿态多变造成了坐标测点方位的多变，其对测量方位的影响可以说是全面的，这里不仅包括探针能到达所需测量方位的能力，还包括在各种方位时的测量传感能力。一些探测系统在各种测量方位上，测量结果会有差异。

（5）测量力控制

体现了探测系统对接触测量力的控制能力，它决定了对被测工件的适应能力（如对薄壁工件、塑料工件等一些容易受力变形工件的探测）。

（6）最长探针长度

探测系统能使用的最大探针长度决定了测量机面对被测工件体量与复杂结构的能力。这里的最大长度概念应包括全部测量方位及其测量精度。

（7）最大探针系统重量

这是另一个描述测量机面对被测工件体量与复杂结构能力的重要指标。重量大表示探针系统的探针数量能更大、组合形式能更为复杂，同时也允许探针接长杆更长和探针杆的直径更大，这样就有可能减小测量时探针系统的预变形，并有效地提高探测的精度。

（8）系统扩展能力

主要体现在探针系统方面，如探针的更换系统（探针架等）与功能（自动、手动）、所配置的探针系列及组合性能等。

（9）对环境的适应性

主要体现在对环境温度的适应，此外，在一些采用光学原理进行探测的系统中，对环境光和对被测工件表面的要求也是其适应性的一个重要指标。

（10）自保护能力

在实际测量过程中，测量的误操作在所难免，因此探测系统的自保护能力是一个不得不考虑的重要因素。

上述这些探测系统性能的评价参数也是用户结合被测工件与环境对坐标测量系统采购和选用时必须认真考虑的因素。

6.2　测头类型与性能

坐标测量机的测头类型包括了测头座形式和测头类型两方面的内容，测头是测量系统中测点感知的传感单元。在一些手动测量系统中，可以不使用有接触感知功能的测头，而是直接使用探针，并通过操作者的接触感知，在探针接触定位完毕后通过相关操作，通知测量系统直接记录位置信息，这类测头也称作硬测头。有感知能力的测头则根据其对测点感知的方法，可以分为以下几种类型。

6.2.1　触发式测头（Trigger Probe）

触发式测头是最常见的一种测头，其有多种的触发形式，图 6.3 描述了一种典型的机械（电阻）触发式测头结构，它实际上是一个由机械（电阻）触点式开关控制进行测点采集记录的传感系统，配置有一个高灵敏和具有高重复性精度的机构，主要有以下几部分组成。

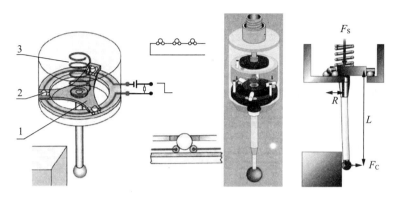

图 6.3　机械（电阻）触发式测头结构示意

（1）测头安装定位板

在该板的某一平面上，沿周向均布三个中心汇交在测头中心线的定位圆柱体，用于使定位板准确地定位与重复定位。同时该定位板也是探针接长杆和探针的安装的基座，一般配置有用于连接的螺纹和拧紧锁紧装置。

（2）定位触点

在测头体某一平面上安装有 3 对接触点，它们分别可以由 2 个球组成，通过与定位圆柱体的接触，起到定位测头安装定位板的作用，同时定位球与定位柱也组成了一组触点，并被串联成在一个电路中，形成一个触发电路［如图 6.4b）所示］。当测头接触工件时，由于测力反作用力的作用，测头安装定位板将有一个翻转的运动，此时 3 个触点中至少会有一个脱离，从而形成触发信号，测量控制系统根据这个信号，记录测点位置信息。

（3）测头力控制器

它一方面确保测头在平时能稳定地定位在定位位置上，同时也提供了测头的触发力阈值。图 6.5 中表示的弹簧为一种最简单的形式。

从触发式测头的工作原理可以看到，触发式测头在每次测量采点后都必须复位，才能进行下一次的测量，因此无法进行连续测量，测量工作的效率较低。同时在触发后，测量系统记录的是测量机当前的位置，有关探测系统引起的误差并不能充分体现，因此这种类型的测头总体测量精度并不算高。

由于机械（电阻）触发式测头触点的三角形布局，它会造成各测量方向上测量触发的差异，下面涉及的资料来源于测头制造商 Renishaw 公司相关的样本，图 6.4 描述了这种差异及其对测量结果的影响（三角形效应），这种影响包括测量触发力、重复定位性能和反向误差等几个方面。

此外，由于采用了触点通断（或阻值变化）方式来触发，因此触点的材料、触点触发性能、触点触发的可靠性、触点性能持久保持性等，都是影响这类测头实际使用的因素。这类测头的典型代表为 Renishaw 公司的 TP20 型测头。

为了弥补机械（电阻）式触发测头的缺点，有些测头采用了力传感器作为触发源，如在测头系统中加装应变片等，触发力达到一定的阈值后触发。由于没有了机械式的触点通断，因此使用寿命也较机械式长。这类测头的应变片一般配置为 4 片，包括三个方向

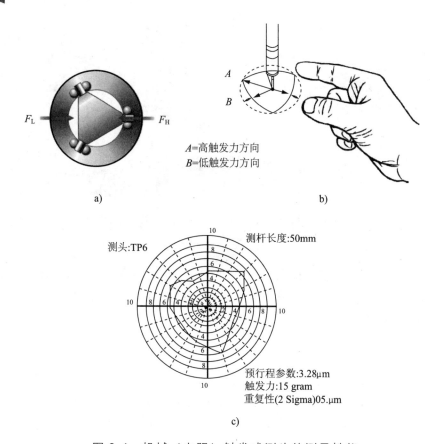

A=高触发力方向
B=低触发力方向

测头:TP6
测杆长度:50mm

预行程参数:3.28μm
触发力:15 gram
重复性(2 Sigma)05.μm

c)

图 6.4　机械（电阻）触发式测头的测量性能

（X、Y、Z）上的传感和温度变形传感，因此具有测量精度高、重复性好、传感灵敏等特点，这类测头常见的有 Renishaw 公司的 TP200 和 IP7M。图 6.5 为该类测点的结构和性能示意。

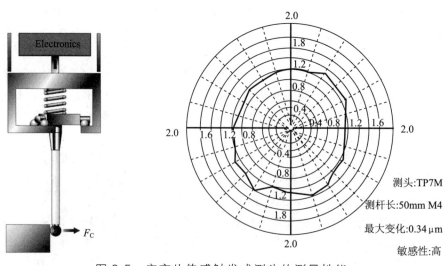

测头:TP7M
测杆长:50mm M4
最大变化:0.34μm
敏感性:高

图 6.5　应变片传感触发式测头的测量性能

此外，为了进一步提高探测感知能力，还有一种将探测感知传感器设置在探针（杆）安装架上的测头，其使用的力传感器为灵敏度更高的压电陶瓷，图 6.6 为该类测头的结构示意。

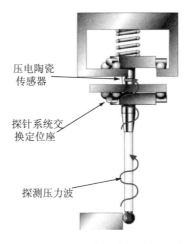

图 6.6　压电陶瓷传感触发式测头示意

　　但由于压电陶瓷的高灵敏性，这类测头在使用时需考虑测量机移动时的平稳性，同时也需要考虑探针系统在移动时惯量的影响，以避免误触发情况的发生。这类测头常见的有 Renishaw 公司的 TP800。

　　触发式测头是最常用的一类测头，图 6.7 为上面介绍的三类触发式测头在单向重复性及二维形状误差方面的比较。图中所有的测量都是在一定的测量速度与测量方位下完成的。该图中不但比较了各种结构与传感原理测头的精度，也反映了不同探针长度对测量精度的影响，图中对二维形状测量误差的测量与评定是按 GB/T 16857 进行的，其具体内容将在后续相关章节中叙述。

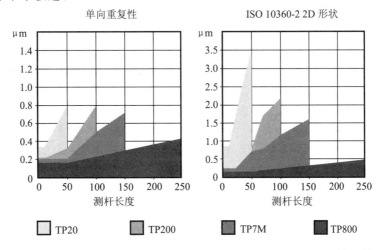

图 6.7　Renishaw 公司触发式测头单向重复性及二维形状误差比较

尽管压电陶瓷（或应变片）传感器的应用较好的解决了机械（电阻）式传感测力大、各向不均匀导致的测量误差等问题，但其灵敏度过高也带来了容易引起误触发问题。为了平衡这一问题，一般会采取了降低传感器触发阈值的办法（如 TP200 为 0.07N）来提高探测触发的可靠性，但这会在一定程度上降低探测精度。

为了能更好地解决这一问题，测头制造商开发出了一种结合两类传感器优点的双触发技术：采用压电陶瓷传感器提供精确的触发信号，同时再通过后续的机械触发信号来确认其有效性，若在规定的条件下未得到机械触发，则先期的压电信号将被作为误触发而自动放弃。采用这种技术，测头结构和探测逻辑控制的复杂性有所增加，但较好的解决了探测触发的可靠性和灵敏性的矛盾，其实际侧力可以达到 0.01N，最大限度地降低了探测误差。图 6.8 为采用这种双触发技术的德国蔡司 ST3 和 RST 等触发测头。

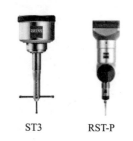

ST3   RST-P

图 6.8   ZEISS 双触发测头

尽管经过各测头制造商多年持续的改进，触发式测头的性能已大幅提高，但前面所描述的各向不均匀的探测误差仍不能从原理上彻底消除。更重要的，每一次探测触发后，测量机必须做一定距离的回退运动，确保测头的准确复位，以准备下一次触发。当需要比较多的测量点时，频繁的回退不仅带来更多的机械运动误差，而且极大地降低了测量工作的整体效率。所以，近年来测量机制造商开始越来越多地使用一种探测重复性更好、同时可以进行连续采点的测头技术——扫描式测头。

6.2.2   扫描测头（Scanning Probe）

扫描测头也称作模拟测头，它对探测的感知是通过对探针的微移动量及测量力的检测来完成的，最常用的高精度线性微位移传感器有微型光栅或差动变压器（LVDT：Linear Variable Differential Transformer）。它们都具有结构简单、灵敏度高、分辨率高、重复性好、可靠性好等特点。

而对于整个坐标测量系统而言，测点（探针针头中心）的坐标值是坐标测量系统上各移动轴的坐标值和测头各方向上微移动量之和。

图 6.9 描述了一种结构形式较简单的扫描测头，其核心为一个能在三个结构方向上进行微移动的机构，三个运动方向上都装有微型光栅及复位装置，用以感知对工件轮廓面的测量接触，通过与轴线控制功能的配合，这类结构的测头能在测量时使探针始终贴合工件轮廓面，从而实现扫描测量。但由于是通过弹簧机构来使探针与工件轮廓面贴合，弹簧力会随着工件轮廓等因素的变化而变化，

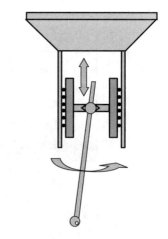

图 6.9   被动扫描测头工作原理示意

因此不能主动控制测量接触点的贴合力与方向，所以这类扫描测头也被称为被动式扫描测头。

图 6.10 描述了一种电子弹簧结构扫描测头的工作原理，它能使探针在工件测量点法矢方向上保持恒定的贴合压力，从而通过有效地分离测量过程和探杆变形等造成的影响，来提高了扫描测量的精度。因此，这也是一种主动扫描的测量方式。

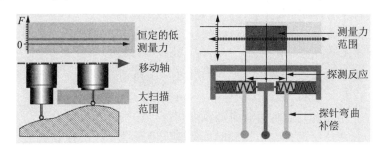

图 6.10　主动扫描测头工作原理示意

图 6.11 为一种典型的主动扫描测头总体结构示意。该系统为三层结构，分别配置了三个坐标轴线方向上的移动副，并分别安装了微位移传感器，这样它就可以分别感知来自三个方向的探测接触。因此，从某种角度讲，它本身就可以说是一个微型的三坐标测量系统。

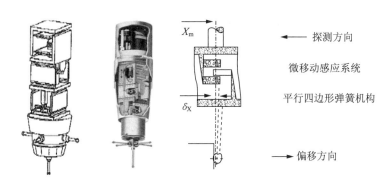

图 6.11　扫描测头工作原理示意

这类测头的精度非常高，结构也非常复杂，其中包括由弹簧板构成的平行四边形微移动结构、精密线性传感器安装结构、各移动方向机械零点与锁定结构、各移动方向运动测力控制机构、Z 轴（垂直）方向探针重量平衡结构（一般使用弹簧）、各移动方向阻尼结构、测头碰撞保护机构和温度补偿结构等。

由于这类扫描测头能得到三个坐标方向上的微位移增量 ΔX、ΔY 和 ΔZ，因此通过计算，不但可以得到测点的位置，还可以方便地得到测点的法向矢量方向。有了这个功能，在坐标测量系统的控制单元、坐标测量与控制软件配合下，就能使探针按一定的测量速度与移动路径，以一定的接触压力，始终与被测工件轮廓面相贴合，并按一定的采样频率采集探针位置信息，从而实现对工件轮廓的扫描测量。而 CAD 辅助技术的应用，更进一步扩大了扫描测量的应用范围，包括特定轨迹扫描等。

随着计算机与控制技术的发展，智能的主动扫描测头为测量工作提供了更多的测量功能与更高的测量精度与速度，德国蔡司的 VAST 探头系列就是其中的代表。VAST 主动扫描探头内置有动态系统，在探针没有接触工件轮廓面之前，测量机会根据所测量点的矢量方向（从 CAD 模型上获得）预判受力方向，探头随之预偏，这样使得测量时的测量接触力保持恒定，当测量力达到设定值时才发生触发并采集测点数据。因此 VAST 主动扫描探头可以使测量力在各方向上保持独立、准确和恒定状态。同时探针探测时的受力弯曲情况可以在探针校准时获得并得到相应的修正和补偿，从而有效地消除了探针弯曲带来的误差。

基于主动式扫描测头结构及相应的控制软件，蔡司还开发了一种 navigator 扫描功能，能在测量软件与坐标测量机相互配合下，实现测量点的高密度扫描和快速扫描，并且还可以根据工件尺寸、精度和评定内容，自动改变扫描点的密度和速度设置。

一般而言，扫描测头的复杂结构同时也使其能够承载更大的探针系统重量与更大的探针偏置长度，这对于测量工作的适应性，特别是对于深长孔的精确测量带来了可能性。在使用长探针时，需考虑对探针探测弯曲和自身挠曲变形的补偿。

扫描测量由于测点信息大，测量速度快，在曲线、曲面的坐标测量中应用广泛，而且随着扫描测量技术的发展，目前在一些常规几何特征的测量，特别是对几何要素形状误差测量与评定时也越来越多得到使用。

但在扫描测量中，由于探针针头与工件处于一种摩擦状况，因此需要注意长期使用中探针针头的磨损及其对测量的影响。

6.2.3 非接触式测头——激光测量测头

接触式测头的测量精度在目前各种测量方法中是最高的，但即使是连续扫描测量，其测量效率也不高，而且在实际测量中，还会面对一些具有柔性或易变形特性的被测工件，这类测量不适合采用接触式方式。而非接触式测量能很好地解决这个问题，其中最常见的就是激光测量方法。

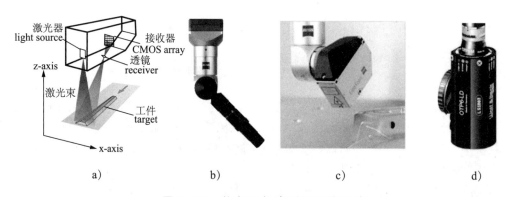

图 6.12 激光三角法测量原理示意

常用的激光测量是三角测距法 [图 6.12a]，它利用激光良好的方向性以及几何光学成像的比例特性。在测量时将一束激光照射到被测工件轮廓面上，在与激光光束成一定角度的位置用光学成像系统检测照射到物体上的光斑，这样就由光电探测接收器——透镜——光束——被测工件——激光器等的连线构成一个三角形。当测头与被测工件的距离变化时，光电传感器阵列检测到的光斑图像位置就会变化，根据这个变化及测头的结构参数，就可以计算出被测工件（点或点群）与测头的距离。三角法测量不仅可用于单点测量 [图 6.12b]，还被设计成具有线测量功能的测头 [图 6.12c]，通过内部光路的控制及同步信息采集，完成激光的逐点（线）投射，因此具有相当高的测量效率，当这类测头与测量机运动的配合时，就能轻松地实现对曲面的扫描测量。

此外还有一种通过检测光斑聚焦点，并根据焦距调整的位移来进行距离检测。[图 6.12d]为一种单点激光测头外形示意。

根据被测物体表面的情况，目前激光测头的最高测量精度可以达到几十纳米。安装在坐标测量系统上，通过对测头的相关标定与校准，就能在测量中，通过相应的计算得到被测点在坐标测量系统中的位置。

由于激光测量属于光学测量方法，因此测量现场的周围光环境、被测工件的表面反射与漫反射等因素都会在相当程度上影响到测量过程与测量结果。有些激光测头在使用时，对于一些反光性能差的工件表面，需要喷涂专用的显形粉，以增强光线反射，辅助完成测量工作。

6.2.4　非接触式测头——影像测头

影像测量是一种将摄像与图像处理技术相结合进行测点获取的测量方法。它主要有两种类型，即二维影像和三维影像测量方法。

(1) 二维影像测量

在几何坐标测量中，有许多被测工件无法使用接触式进行精确测量，或测量非常困难，如簿板工件、微小的电气接插件、印板电路等。这些工件实际上都是具有高精度要求的平面几何特征，二维影像测量是应对这些工件进行坐标测量的有效方法。

二维影像测量常用的是摄像方法，通过对被测工件的平面显微摄像，获取被测工件的平面放大图像，然后在坐标测量软件的帮助下，运用图像识别与处理等方法，获取被测轮廓（线）上的点信息，并在此基础上进行后续的几何要素计算与误差评定。

为了提高摄像的清晰度，一般在摄像时会使用辅助光，这同时也对环境光提出了一定的要求。图 6.13 为二维影像测头、测量软件及在电路板测量中的应用示例。

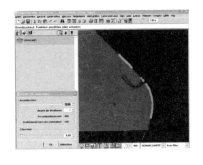

图 6.13　二维影像测量示意

在二维测量中，由于测量范围和高度等方面原因，它仍需要测量轴系的配合，而这类测头也作为探测系统被安装在测量轴（滑枕）的末端上。

（2）三维影像测量

三维影像测量有些是基于双眼视觉测量原理来实现测点获取的。测量时向被测工件投射结构光线［光栅，见图 6.14b)］，然后通过测头系统中二个摄像头的影像测量及测量软件对二幅影像的合成解析，就能得到被测工件轮廓面上点的三维坐标信息。当有控制地移动投射光栅和同步摄像测量时，就能实现对工件轮廓面的扫描测量。图 6.14 描述了该类测量及应用过程。

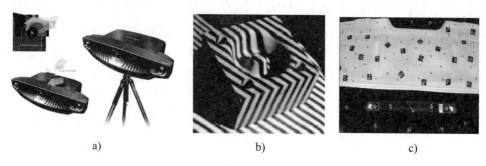

a)   b)   c)

图 6.14　三维影像测量方法示意

由于这类测量一般是一个独立的测量系统，体积不大且使用非常方便，因此可以作为移动测量工具。当测量系统一次定位时，其测量的工作区域是有限的，因此在进行大工件测量时，就需要做转站（多次定位）操作。为了使多次定位测量的测点数据能表示在同一个坐标系中，一般是采用一种靶标系统［图 6.14c)］，即通过对这些靶标（共同点）的测量与（重合）拟合计算，就能将各次定位测量数据在一个坐标系中进行重合。

此外，由于同样是光学测量方法，因此需注意环境光对测量的影响。

6.3　测头座及其应用

6.3.1　测头座的分类

测头座是探测系统中连接测量机移动轴与测头的部分，根据其功能，一般分为固定式和万向式两种结构形式，图 6.15 和图 6.16 为这两种结构形式的示意。

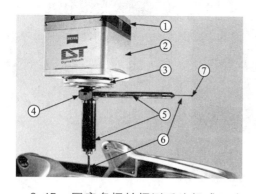

6.15　固定多探针探测系统组成示意

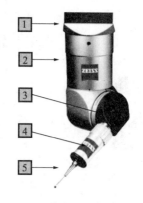

6.16　万向探测系统组成示意

（1）**固定式测头座**

就是测头方向不能变化的形式，图 6.15 为固定式测头座示例，它一般用于高精度描扫测头的安装与连接，与之联接和相关的部分包括：①探测轴（一般为测量机 Z 轴）；②测头（一般为高精度三维扫描测头）；③探针系统座（包括探针系统交换接口）；④探针系统转接模块；⑤探针接长杆；⑥探针；⑦探针针头等。

（2）**万向式测头座**

实际上就是一个具有二个回转自由度的机构，包括了二个方向的可编程回转与定位功能，从而就实现了所安装测头在空间方向上的变化。图 6.16 为万向式测头座示意。该系统中包括以下几个部分：①探测轴（一般为测量机 Z 轴）；②方向测头座；③万向测头；④探头（传感器）；⑤探针系统（与图 6.15 相比，部分细部器件未全部表示）。

6.3.2　万向式测头座

万向式测头系统由于其应用方面的方便性和灵活性等特点，因此使用范围广泛。万向式测量座也有多种方式，分为手动式、自动分度式和联动回转式：

（1）**手动式万向测头座**

这类万向测头座一般用在较低档的坐标测量系统中，其测头座的方位靠人工扳动并拧紧来实现定位，尽管能达到转动范围内的任何方位，但由于是通过人工操作来定位，因此工作效率低，不适合自动化操作。图 6.17 为该类测头座的示例。

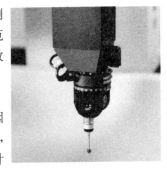

图 6.17　手动万向测头座

（2）**分度式自动万向测头座**

这类测头座拥有二个可通过编程进行分度定位的机构，因此被广泛应用，在使用过程中需要注意的是它存在定位步距角，因此遇到某种特殊角度方位的几何特征时，还是需要通过探针系统配置和工件定位安装等方面的配合，来达到所需的测量方位。图 6.18 为该类测头座的示例。

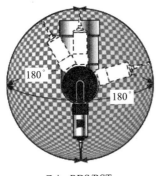

180°　180°

Zeiss RDS/RST

RDS能达到20736空间位置，步距角2.5°，几乎可以达到任何特殊的角度，如25°。

图 6.18　分度式自动万向测头座

（3）**连续回转式自动万向测头座**

连续回转式自动万向测头座实际上也可以看作是测量机为测头配置的第四和第五轴，

而且二个回转方向都是由数字控制，因此理论上能到达其工作范围中的任意角度（最小精度单位的方位）。

此外，在测量控制软件的控制下，这五个轴还能实现联动，这样在扫描测头的配合下，就能进行沿空间路径的扫描。而且由于测头方位上的五轴可编程联动控制，因此其工作过程的灵活性与使用的方便性比固定式测头更好，工作效率也更高。尽管目前这类探测系统的精度相比固定式探测系统而言还较低，但随着精密测量技术的发展，这类探测系统的精度与效率将得到进一步的提高，其应用也会越来越广泛。

图 6.19 为 Renishaw 生产的该类测座（Revo），它实现了在三坐标测量系统上进行高精度、超高速五轴扫描测量。Revo 测头的两轴都采用了球面空气轴承技术，由无刷伺服电机驱动、使用高分辨率编码器作为位置检测传感器。它使用激光光束来精确感应测头探针端部的确切位置，激光光束从安装在 Revo 测座上的测头体内光源处射出，向下穿过一个中空的探针，一直射到探针端部的反射镜上，通过对探针针头偏移的测量，就能在后续测量控制中进行有效的补偿。

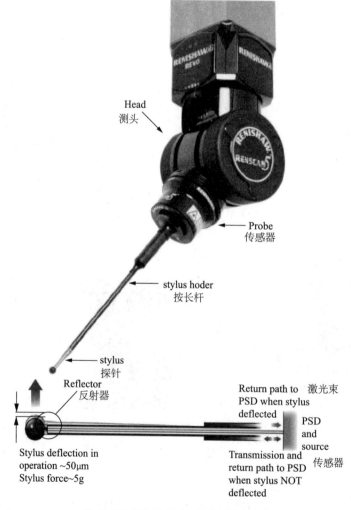

图 6.19　连续回转式自动测头座

154

从上面的描述中可以清楚地看到，测头座的形式与所配置的测头是密切相关的，其主要特点与应用如表 6.1 所示。

表 6.1　两种形式测头座的应用特点比较

比较项目	固定式测头座	万向式测头座
测头配置	多层结构的三维扫描测头	除多层结构的三维扫描测头外的其他测头
探针系统配置	需根据被测几何特征方位进行一一对应的探针配置，实际使用不够方便	具有二个方向的回转定位功能，可方便地适应各种方位的几何特征测量工作，但有些有定位步距角，这又在一定程度上约束了应用范围
探针系统重量	对探针系统重量的承载能力强	对探针系统重量的承载能力弱
探针长度	能装接长探针（包括水平方向）	只能装接不太长的探针，特别是水平方向
探测系统精度	系统刚性好，测量精度高	系统刚性与测量精度相对较低
系统工作效率	探针配置和校准时间较长，测量任务复杂时还需要更换（探针）吸盘。测量固定方位任务时效率较高	探针配置时间较短，但是校准时间长，测量相应特征时要旋转探头，节约了测量时间，测量多方位任务时效率较高
主要适用范围	计量级的坐标测量系统，适用于高精度、深长孔工件，如缸体、缸盖等	适用于一般精度的工件测量和在线测量

6.3.3　测头座与各类测头的组合应用

一般情况下，测头与测头座的配合可以是多样的，但在一般用户中，其根据测量功能进行专门配置的应用则不多。下面简单介绍相关的配置方法和应用特点。

（1）万向式测头座与各类测头的组合应用

由于万向式测头座能方便地调整测头的方位，因此其使用十分方便，表 6.2 为万向式测头座与各种测头组成探测系统的应用示例。

表 6.2　万向式测头座应用示例与特点

测头类形	配置与应用案例	应用特点
触发式测头		能方便地根据被测几何特征的方位调整探针方位。完成测点的采集
扫描测头		能方便地根据被测几何特征的方位调整探针方位。完成对几何特征的空间扫描测量

续表 6.2

测头类形	配置与应用案例	应用特点
单点激光测头		能方便地根据被测几何特征的方位，调整激光测头测量方向，方便小尺寸几何特征的测量并提高测量精度
影像测头		能方便地根据被测几何特征的方位，调整影像测量角度及摄像平面方位，提高测量精度
激光扫描测头		能方便地根据被测几何特征的方位，控制扫描测量路径，提高测量效率

(2) 多测头系统的组合应用

由于各种测头的性能与应用特点不同，在许多实际应用场合，需要将多种测头有效地结合起来使用，才能充分发挥其各自的作用，提高测量工作的效率。图 6.20 为一种组合测头系统，在该系统中集成了一个触发式测头和一个光学影像测头，其中触发式测头用于被测工件整体定位（包括测量坐标系构建），这种定位主要是针对工件中的空间几何特征，而影像测头则专门用于工件中平面几何特征的高精度测量与误差评定工作。

图 6.20 中的影像测头为蔡司公司的远心光学系统（Telecentric），它具有在远近距离变化时，其影像大小不变的特点，实现了影像的零失真。图中比较了常规影像测头［图6.20b)］与远心光学测头［图 6.20c)］的影像效果。

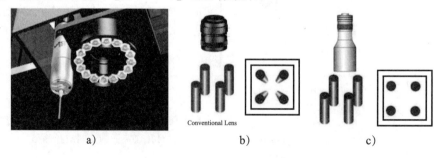

图 6.20　组合式测头系统

此外，德国蔡司还提出的 MASS 系统概念（见图 6.21），在这个系统中组合了三个测头系统，分别用来应对不同的测量任务：

1）回定式探测系统：用于高精度几何特征的测量；

2）回转式探测系统：用于空间方位几何特征的测量；

3）线扫描控测系统：用于复杂轮廓面的测量。

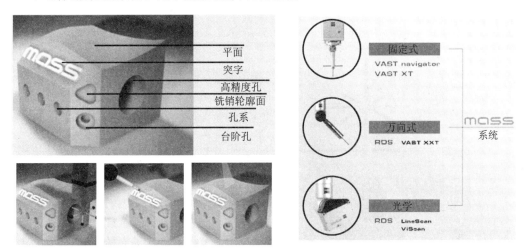

图 6.21　MASS 探测系统

6.4　探针系统及配置

6.4.1　探针针头类型

从坐标测量原理可知，所有的测量计算与误差评定都源于测点，在接触式测量中，测点的获取是通过探针和接触测量而得到的。图 6.22 为探针接触式测量示意。

在测量时，为了保证接触点的唯一性，探针针头一般都采用球体形状，只要被测工件轮廓面与探针针头接触点处的曲率半径大于针头半径，就能保证点接触，此时即使是在对未知形面进行测量，即不能确定针头上哪点发生接触时，其针头中心位置仍是唯一的。在得到该中心点后，就能通过后续的分析计算与针头半径修正来获得被测几何要素。

在实际工件中，由于存在着各类几何特征及其组合，而且它们的尺寸和方位也各不相同，因此需要有各种类型的针头来完成对各种几何特征的测量工作。表 6.3 罗列了常用的一些针头形状及它们的使用场合。

图 6.22　球型探针

表 6.3　各种探针针头型式及应用场合

探针针头名称		针头图例	应用场合
球形针头	单支探针		最常用的探针型式，配置有不同的探针长度、探针直径、针头半径及相关的接长杆，适合于能方便地用针头球体接触被测工件轮廓面并进行测量的场合。通过探针组合或万向测头座配合，及与探针交换系统配合，这类探针能胜任大多数的测量工作
	星形组合		探针组合中最常用的型式，能承担多个方向的测量工作，与万向测头配合，能到达更多的测量方位，测量工作效率高
中空半球针头			针头球体较大的探针，针头一般由陶瓷材料制成中空球状，适合于平面中孔、锥的平面位置（如针头定位在几何特征上后读取 X、Y 值）和比较深的几何特征深度（Z），使用中一般需要一个探针接长杆的配合。大的直径球针头在探测时还可减小被测表轮廓面表面质量的影响，因此也常用于一些粗糙表面的测量等
球盘形针头			这类针头实际上还是球，只是被制成盘状，用于测量一些常规探针无法进入测量的几何特征，如 T 形槽等
圆柱形针头			这类针头的圆柱面与前端面都可以用来测量，主要应用于一些刀口或薄壁工件的测量，圆柱面可用于与探针轴线方向垂直的平面上相关形状边界测量，圆柱前端面可用于与探针轴线方向上的高度测量，如向上的刀口测量等
尖状针头			尖状探针主要用于一些定点测量的场合，如螺纹体等，一些手动测量机和无法实现矢方向测量功能的测量机也常用这类探针测量曲面等，此时一般是锁定二个轴，仅测第三轴数据

6.4.2　探针系统

不管是采用何种类型的测头与测头座，都需要通过配置相应的探针系统来应对不同的测量任务。为了快速、有效、经济、方便地构建探针系统，它们已被模块化地分解成若干单元，并被系列化，同时在连接部分也被标准化了，一般是使用螺纹联接的方式。图 6.23 罗列了探针系统的一些基本单元。

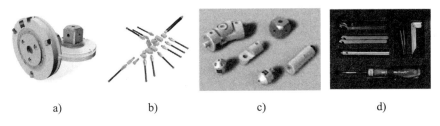

a)　　　　　　b)　　　　　　c)　　　　　　d)

图 6.23　探针系统及其组成

（1）探针系统基础盘

也称为定位吸盘［图 6.23a)］，是整个探针系统安装的基础，也是探针系统与测头或测头座连接的部件，对于自动更换的系统，该吸盘负责探针系统的定位与重复定位，同时也是联接紧固的对象，紧固的方式有电磁吸合和气动压紧等。

（2）探针

探针包括针头、针杆和联接螺纹等部分，国家标准中只规定了探针长度，即从探针针头的中心到探针杆轴肩的距离，然而各探针供应商对探针进行了更详细的术语定义，其常见的探针及其主要参数与术语如图 6.24 所示。

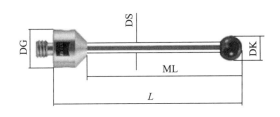

探针长度（GB/T 17851）：从探针针头的中心到探针杆轴肩的距离

DK：探针针头直径

L：探针总长：从探针后固定面到测尖中心的长度

DS：探针杆直径

ML：有效工作长度：从测尖中心到与测量特征发生障碍的探针点的距离

图 6.24　探针的几个主要术语

探针针头一般用人造红宝石球制成，因为在接触式测量中，探针针头的接触刚性与耐磨性对于测量精度是非常重要的。

但对某些材料的测量，则不适宜采用红宝石针头，如对铝材料工件扫描测量时，由于在接触测量时会发生"胶着磨损"现象，因此推荐氮化硅材料针头。而对于铸铁材料工件进行扫描测量，红宝石针头容易产生"磨损"现象，在这种情况下，推荐使用氧化锆材料的针头。

对于一些测量精度要求较低的场合，包括一些硬测头，可以使用钢球作为探针针头。

探针杆与针头的联接一般靠胶水，其常用材料有钢、陶瓷、碳化钨和碳纤维等，主要考虑的测量时的刚性与抗变形能力。同时在探针系统较复杂时，其总体重量也是必须加以综合考虑的一个重要因素。

（3）接长杆

用以加长探针的长度，其主要考虑的是探针的整体刚性与抗变形问题，同时也需兼顾重量问题。其常用材料有不锈钢、陶瓷、碳化钨和碳纤维等。

（4）转接附件

见图 6.23b)，用以探针安装、同时也决定了探针安装方向。它们包括角度调整模块、各类多面联接模块、针杆安装模块、大小联接接口转换模块等附件，材料一般都采用无磁性的不锈钢。

（5）组装工具

见图 6.23d)，探针系统组合时需要有足够的联接刚性与可靠性，同时探针又属精密与易损器件，因此常需要使用专用的工具辅助相关的操作。

6.4.3 探针系统配置与应用

（1）应注意问题

从某种角度讲，探针组合配置是件非常复杂的工作，它涉及诸多方面，特别是几何坐标测量规范方面的问题。其主要考虑以下几个方面：

1）根据测量对象选择合适的探针针头材料、针头半径，在一般情况下，针头半径大有利于测量数据的稳定性，图 6.25 描述这方面的影响。

2）根据被测几何特征的结构特点，选择合适的探针与接长杆长度以及它们的材料，并确定其定位的方位。在不引起测量干涉的情况下，尽可

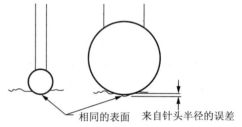

图 6.25 探针针头半径的影响

能缩短针长度，并选择较粗的探针杆和接长杆，这样有利于减少测量过程中的变形。同时注意尽可能选用轻质的材料。

3）在配置星型探针等复杂探针系统时，须注意探针在工作时与其他探针、其他系统间可能的干涉，特别是万向式测头在测量方位变化时可能的干涉。

4）须十分注意长探针的使用，特别是在水平位置时探针自身的挠度变形。

5）探针系统的联接应考虑联接刚性和可靠性，尽可能减少联接环节。

6）在复杂探针系统配置时，需同时考虑探针系统的外形尺寸与被测工件安装方位、坐标测量系统测量空间的互动关系，有时甚至因空间所限而采用手动装卸探针系统。图 6.26描述了探针长度与测量空间的关系。

7）注意探针系统的总体重量，必要时可通过探针库的应用将探针系统分解。对于某些测头而言，探针重量还会在测量机快速移动时引起误触发。

8）综合考虑被测工件的几何特征，尽可能将探针组合在一起，以减少探针交换次数，并提高测量工作效率。

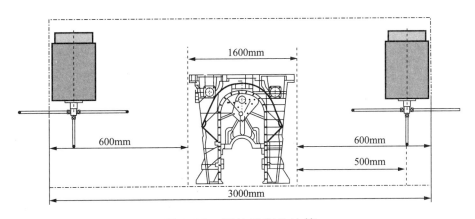

图 6.26　探针长度的估算

(2) 应用实例

图 6.27 罗列了一些探针系统组合及应用实例。

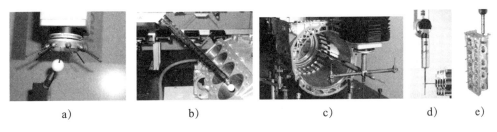

图 6.27　探针组合及应用案例

1）图 6.27a）的测量对象为一圆盘工件（齿轮），使用的是固定测头座和高精度扫描测头。在测量机没有回转轴（第四轴）的情况下，为了能在工件的平面方向内实现全方位测量，在该平面上配置了多个探针（使用了专用附件），如果能在测头轴线方向上再配置了一个探针，那么还能直接用于测量坐标系的建立。当然，如果使用的是万向式测头座，则探针配置就会简单得多。

2）图 6.27b）的测量对象是一个 V 型布局的汽缸体，因此专门配置了与缸孔方位一致的长探针，所选用的探针长度考虑了它们工作时可能的干涉。其探针接长长杆也选用了较粗的直径，以加强探针的刚性。

3）图 6.27c）中配置的是一个具有六个方向探针的探针系统，这是由被测工件的测量要求所决定的，这样组合将提高测量工作的效率。

4）图 6.27d）为万向式测座上配置了星型探针，这将增加整个探测系统的测量方位，也会提高探针系统的工作效率。但这类测座所能配置的探针长度较短。

5）图 6.27e）中为万向式测座上配置了长探针，对于汽缸盖凸轮轴安装孔的测量。这么长的探针在万向式测座上使用时须十分注意，特别是其方位对测量精度的影响。相对而言，固定式测座上使用这类长探针时，其测量精度会更高。

6.5 探针库及应用

由于测量任务的复杂性，一般情况下，靠一支探针不可能完成所有的测量任务，特别是在自动测量的情况下，频繁手动更换探针将影响到测量工作的效率。因此一些 CNC 的自动坐标测量系统上一般都会配置存贮探针的探针库，并支持探针的自动更换。

图 6.28 描述了二种类型的探针库及其安装使用方式。

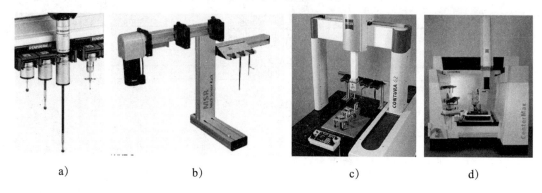

a)   b)   c)   d)

图 6.28　探针库示例

1）图 6.28a）为固定库位式探针库，这类探针库的位置和库位数是固定，因此在长探针和复杂结构探针存贮时须注意干涉问题。

2）图 6.28b）为自由组合式探针库，这类探针库的支架是型材，库的位置可根据探针、被测工件及测量机的情况自由设置，因此使用灵活，但体积相对较大。

3）图 6.28c）的探针库安装在测量机端部，这是一种常见的安装方式。

4）图 6.28d）的探针库安装在测量机的侧面，且为多层结构。

可自行组合的探针库在安装后，须通过测量机的测量进行定位，并通过相应的软件功能对各库位进行逐一设置。

在探针库使用中，探针的自动更换是通过测量程序的编制与执行实现的，因此库位中放置的探针应与测量程序中所定义的探针编号一致，不然在实际使用中会出现问题。

此外为保护探针系统的定位固定机构，探针库的库位上会配置专门的防护罩，在探针自动交换时，该保护罩能在控制系统的控制下开合。

6.6 探测系统的校准

坐标测量系统，包括随机器安装的测头座与测头在出厂前都经过相应的标定与校准，而探针（有的测量系统还包括可更换的测头），则是使用者根据测量的需要而专门配置的，坐标测量系统并不知道配置的情况，因此必须对探针系统进行校准，也就是说必须让坐标测量机知道装了什么样的探针系统。

(1) 探测系统校准原理

从前面所述的几何坐标测量原理中可以看到，当探针针头半径、探针在坐标系中的探测位置已获得时，就能计算出被测几何要素的相关参数。反过来，如果被测几何要素与探测发生时测量机在坐标系中的位置已知时，同时也能计算出探针针头的半径及探针针头中心的位置。

用于探针校准的工具为一个高精度的标准球，该标准球具有极高的球面轮廓度与已知的半径。每台坐标测量系统都会配置至少一个这样的标准球，并在测量软件中预置了该标准球的相关信息。图 6.29 描述了探针系统校准的工作与工具。

图 6.29　探针校准示例

（2）探测系统校准的内容

包括以下几个方面：

1）探针针头的半径：探针针头的半径关系到数字测量中最基本的信息——测点的采集精度，尽管探针针头半径可以方便地用其他测量方法得到，但这里是对整个探测系统中某一探针的校准，包含了许多综合因素。不过，探针针头的纯半径数据将有助于对针头校准结果的验证，通过它还可以方便地了解所使用的探针系统的综合性能与精度状况。

2）探针针头的相对位置：当使用一个探针时，其后续的测量结果都是在一个相应的体系下完成。当需要有多个探针同时工作或需将各自的测量结果关联时，就必须事先知道各针头间的相互位置关系。在多个测头校准时，一般是将其中一个针头球心设置为参考点，其他的探针以此为空间位置参考，并记录它们间的相对的位置信息 (X, Y, Z)。对于使用万向式测头座的探针系统，其探针针头的相对位置同样只记录为 (X, Y, Z)。

在探针系统校准时须注意以下几个方面：

①每个新安装的探针都必须进行校准，包括由自动分度测头座自动进行方向定位的探针。

②同一测量任务中使用的多个探针应尽可能在同一位置的标准球上进行校准。

③应尽可能使用坐标测量系统推荐的测量校准方法，如手动校准，则应注意测量方法，包括测点分布、测量速度与测量方向等。

此外，坐标测量系统一般还会提供一根主探针（Master Probe），其主要用于参考球位置的精确检测，以验证与提高探针校准的精度。

对于一些长探针，有的测量软件还提供了探针变形的修正功能。

第 7 章

控制系统与软件功能

坐标测量软件的功能从某种角度讲是整个测量系统功能体现的主要部分，本章将参考德国 ZEISS 公司的相关测量软件介绍坐标测量软件的功能模块和应用方法。

7.1 坐标测量系统的控制与软件功能模块

7.1.1 坐标测量系统的控制

坐标测量系统是一种数控的测量系统，其控制与应用主要包括了测量机本体控制和测量应用控制二个方面，图 7.1 描述了三坐标测量的主要机电控制系统功能模块与构成图，即硬件部分，其主要功能包括：

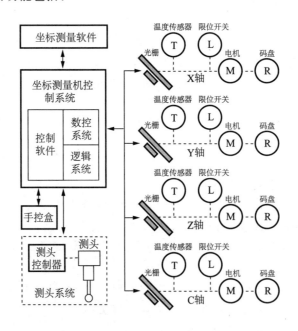

7.1 三坐标测量机控制系统的功能模块示意

（1）轴线运动联动控制模块

各移动轴系的高精度伺服控制，包括位置环、速度环和加速度的控制。一般的测量机只有 X、Y 和 Z 三个轴线，还可以配置第四轴，即回转轴（C 轴），从而可实现 4 轴联动控制。第 4 轴对于回转类工件的测量非常有效。

（2）逻辑控制模块

主要包括：轴线运动的极限行程、运动联锁、气压监控、Z 轴平衡、探针更换、探针库应用等方面的控制与安全控制等。

（3）探测系统控制模块

该模块一般与测头系统一起成为一个独立的系统。其主要功能为测量触发控制，包括测力控制、测量触发、探测微位移传感、温度传感与修正补偿、扫描过程控制等。

（4）测量控制模块

主要指手控操纵盒，用于坐标测量机的手动操作控制功能。

（5）温度补偿模块

通过对各轴线、工件、环境温度的实时测量，实现由温度造成的测量误差的修正和补偿功能。具体的补偿计算将由测量软件来完成。

7.1.2　坐标测量系统的软件功能模块

坐标测量工作是在软件和硬件的配合下完成的。坐标测量机的软件除了要配合测量机控制及测点采集外，还有一个重要的功能，那就是完成尺寸和几何误差的评定。作为一种通用的几何量测量仪器，其软件与接口目前已有相应的规范与标准，即几何尺寸测量数据接口规范 DMIS（Dimensional Measuring Interface Standard），DMIS 原来是美国 ANSI/CAM-I 101 的标准，目前已成为国际标准，即 ISO 22903〔Industrial automation systems and integration-Physical device control-Dimensional Measuring Interface Standard (DMIS)〕，最新版本为 2011。我国转化了该标准，即 GB/T 26498—2011《工业自动化系统与集成 物理设备控制 尺寸测量接口标准（DMIS）》。

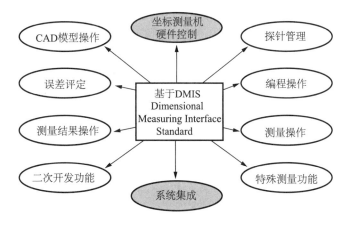

图 7.2　三坐标测量软件功能模块示意

DMIS 语言涵盖了从几何要素定义、测量控制、编程操作、计算评定、数据交互和系统集成等多方面的内容。右图表示了基于 DMIS 规范的测量软件功能模块，其主要包括以下几个部分：

（1）测量系统运动控制

主要是测量机测量动作和运动的控制，包括与测头系统配合的探测过程控制、法向探测控制、扫描过程和控制等。

（2）探针管理

包括探针配置和组合的定义、探针管理、探针校准和标定、探针更换控制、探针库控制等。

（3）编程操作

通过软件操作界面完成，主要包括测量程序管理、测量编程交互、编辑、调试、虚拟运行等。

（4）测量操作

通过软件操作界面与手控盒来完成，主要负责手动测量过程的信息交互与操作控制、测量过程定义与参数设置等。

（5）CAD 模型操作

无论是测量程序编制还是误差评定，作为理论模型的三维 CAD 模型一方面是脱机编程的对象，也是误差评定的名义值来源，更是公差标注的载体。目前基于 CAD 已成为测量软件最基本的功能。针对 CAD 模型的操作主要包括：模型的导入导出、格式转换、显示、尺寸测量等，以及一些几何要素的操作，包括：复制、镜向、移动、显示、提取等。由于三坐标测量系统的功能主要是测量，因此其对模型本身一般不具备编辑功能。

（6）尺寸误差和几何误差评定

在三坐标测量机测点的基础上，根据图样上的公差标注及 CAD 模型，进行各类测量工作，建立评定基准、并进行尺寸误差和几何误差的计算与评定等。这部分工作是坐标测量机的主要功能。

（7）测量结果处理

负责测量结果的显示与输出，主要包括测量结果的文本报告、图形报告、测量统计结果报告的生成与管理等。

（8）特殊形状工件的测量操作

主要应对一些特殊几何特征的测量，如齿轮（直齿、斜齿、伞齿、螺旋伞齿、蜗轮蜗杆等）、凸轮（平面、空间圆柱）、叶片（航空发动机叶片、增压叶片、涡轮叶片等）、螺纹（三角、矩形、石油螺纹等）、压缩机转子等专用的坐标测量模块。这些功能一般都是专门的模块，不属测量系统软件的标准配置，一般需专门购置。

（9）二次开发模块

提供给用户的底层编程功能，用户可以通过高级语言调用这些功能，开发具有特定功能的测量程序模块，如专用的算法、测量模块、输入输出等。

（10）系统集成

主要承担坐标测量系统与上游工作（CAD、脱机编程系统等）和下游工作［如质保系统（如 Q-DAS）、信息存储系统和生产现场等］的各种集成功能。

7.2 坐标测量系统的应用流程

（1）应用流程

从前面章节的介绍可以看到，坐标测量技术及应用涉及一个庞大的技术体系，特别是在实际应用中，还有许多具体的工作和问题需要处理。图 7.3 描述了坐标测量系统的应用流程。其主要包括：

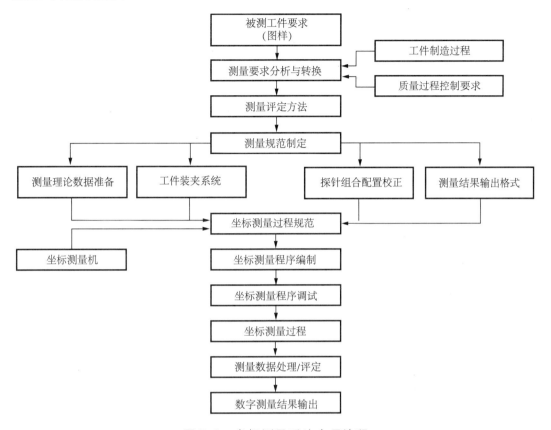

图 7.3　坐标测量系统应用流程

1）根据相关标准和规范，在正确理解工程语言的前提下，完成对工件图样的准确解读，有时候还应从测量角度对图样中不合理的地方提出意见和建议；

2）结合坐标测量技术，将工件图样的相关误差测量和评定要求转化为具体的测量要求与内容；

3）根据工件加工过程中质量过程控制的要求以及相关的加工工艺状况，扩展定义相关的测量要求与内容；

4）根据所明确的测量内容与要求，制定测量的完整操作流程和测量规范，其中主要包括：设计与规划整个测量与评定过程，测量与误差评定的方法，选择合适的测量工具与探测系统，对测量系统进行必要的评估，设计相关的辅助工艺装置，确定数据传输接口与格式等；

5）根据测量评定规范，实施具体的坐标测量过程，编制（自动）测量程序，其中包括测量评定基准的建立，测点的提取、密度与分布，测量评定流程与方法，测量力、速度、测量路径等测量过程参数设置，测量结果输出等，并完成相关的调试工作；

6）评估并确认测量环境、测量条件、工件的正确装夹与测量评定工况等；

7）完成探测系统配置与校准，以及相应的评估；

8）完成自动测量工作的现场调试，必要时还需要对测量系统及整个测量过程的不确定度进行专门的评估；

9）完成实际测量任务并输出符合要求的测量报告与信息，包括相关的格式、评定结果、输出的文件类型等。

对上述应用流程的完整考虑，是坐标测量实施过程中必需的。为了能有效地开展测量评定工作，应根据 ISO 9000 的 PDCA 要求和流程，制定完整的流程规范，并将其形成过程以文本形式显性地表述出来，这一方面是一种有形的规范，同时也能在后续工作中了解规范制订的思路与方法，以便进一步改进、提高和规范。

（2）CALYPSO 软件功能

在三坐标测量过程中，实际上是在测量软件的引导和操作下开展工作的，下面以德国蔡司（ZEISS）的 CALYPSO 软件功能为例介绍测量软件的基本功能。

CALYPSO 测量软件本身基于 WINDOWS-NT 操作系统，是一种面向几何量（尺寸和几何误差）的专业万能（通用）测量软件，其主要功能包括：

1）具有基于 CAD 模型的测量编程和操作平台，能在线（on line）和离线（off line）进行测量与编程操作，以及在虚拟环境下进行测量程序的模拟验证等；

2）对各种被测要素，评定基准，提供了多种测量策略、拟合方法；

3）具有线性尺寸误差（尺寸、距离、半径和角度）、几何误差（直线度、平面度、圆度、圆柱度、平行度、垂直度、倾斜度、同轴度/同心度、对称度、位置度、径向跳动、轴向跳动和全跳动等）的测量和评定功能；

4）配备了多种标准的文件接口，包括 IGES、VDA、DXF 等主流 CAD 模型接口及主流 CAD 模型（UG，CATIA ProE 等）的直读接口，DMIS 和 I＋＋测量程序接口，并能输出各种数字和图形的测量报告，整个软件系统能够方便地实现数据集成；

5）具有二次开发功能，提供用户扩展开发应用程序的接口。

7.3　测量系统的操作准备过程

7.3.1　坐标测量系统的启动

对坐标测量系统的操作是通过一系列操作按钮和操作界面来进行的，这里参考 ZEISS 坐标测量系统和 CALYPSO 测量软件来说明这一过程。图 7.4 描述了坐标测量系统中配置的一些操作对象，其具体操作过程如下：

1）坐标测量机的测量坐标系，其方向是由测量机的轴线方向确定的，而坐标系的零点，则是通过开机后测量机回到一个特定的点（原点，也叫 HOME）来建立的。在电源、气源和机器日常开机维护全部到位的情况下，首先根据测量机"回零"的方式，确认坐标测量机"回零"的路径上无干涉的情况下，启动测量机［见图 7.4b）］，打开测量机驱动控制器，并启动测量软件。

2）启动测量机后，测量机一般是按"Z 轴提升、X 和 Y 轴联动"的顺序，自动返回测量机所设置的零位，并建立起机器坐标系；同时在坐标测量系统的控制计算机上显示软件操作界面［见图 7.4c）］。

3）后续的测量工作，一般都使用手动测量方法，即使是自动测量，其前期的设置也是由手动完成的。测量机的手动操纵装置为操纵（盒）面板［见图7.4c)］，在操纵面板中具有各轴线移动、测量采点、测量速度等方面的控制功能，同时还具有简单的测量计算操作功能。

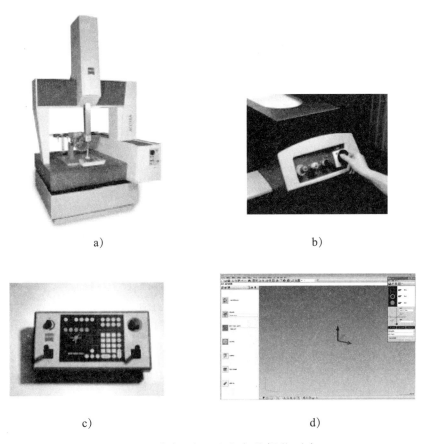

图 7.4　坐标测量系统中的操作对象

尽管各种类型的坐标测量机开机过程可能各有不同，但一般都是遵循先开硬件，再开软件的原则。启动完毕后，坐标测量系统处于初始状态，包括所有的参数及机器坐标系。

7.3.2　探针配置和校准

探测系统是测量采点的主要工具，也是测量工作精度保障的一个重要组成部分。它包括探测传感器（探头）和探针系统两个部分。由于探针系统是根据被测工件实际情况和测量要求，由用户配置和安装的，因此在实际应用和测量前，必须对其进行校准，其主要目的在于：

1) 让测量机控制系统知道所配置的探针系统情况，包括探针数量、方位、探针半径及探针针头球心间的相互位置关系等。

2) 了解所使用探针的精度状况，当探针标准偏差超出某一指定数值时，需及时找出原因并重新校准。如果探针出现磨损，则需及时更换探针，以确保实现测量的更高精度。

图7.5描述了在测量软件中进行探测系统配置的情况及操作界面，在根据测量工作要求配置完探针后，其主要工作就是对各探针进行校准测量。

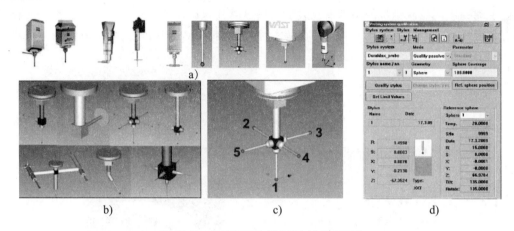

图 7.5　探测系统设置及校准界面

探针校准的具体步骤如下：

1）将实际配置的探针系统和探针情况通过探针管理界面输入到坐标测量软件，这一方面有利于探针的自动标定，也将使后续测量程序运行仿真更为真实。图 7.5d）是各种探针的选项、探针编号方法和相关操作界面。

2）具体的探针校准操作步骤如图 7.6 所示，主要包括：

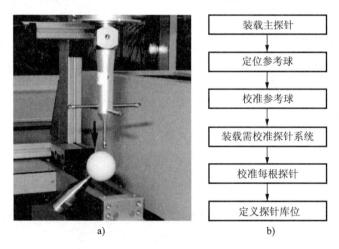

图 7.6　探测系统校准操作步骤

①主探针和参考球的应用：每台测量机都配置有一根主探针（Master Probe）和一个参考球［图 7.6a）中的白色球］，标准球经由测量机供应商精心校准，其几何参数都是已知的，包括直径和球面轮廓。主探针用来探测和校准参考球，特别是确定其在测量机的安装位置，以便后续实际使用工作探针的校准。有时会将主探针球心置零，其他探针都将以此为探针坐标系零点；这里需要注意，主探针一般不用于工件的探测。

②各工作探针的校准：使用每一根工作探针对参考球进行校准，如自动校准，一般需要选择矢量校准模型，在设置相应的校准参数后，即可在探针杆的延长线方向上（大致）

对准标准球球心在球面上探测一点，然后由软件按已编好的宏程序进行自动测量和探针校准。当然也可选择手动校准或 6（5）点校准。相对于自动校准和矢量模式而言，手动测量校准的精度没有自动校准高，所以一般情况下推荐选用矢量校准模式。要注意的是应按探针的编号——对应地校准每一根探针。

③如测量系统配置了探针库，还应按探针库设置要求和测量软件相关操作要求，对探针库中每个探针（系统）的库位进行相应的测量和设置。

3）除了校准后的探针，包括手动或自动装卸更换的探针外，其他新配置和装载的所有探针，在使用前都必须进行校准。即使已校准的探针，也应根据测量规范要求，在使用一段时间后进行必要的再校准。

对于采用万向式探头座的测量系统而言，测头的探针的每一个方位被视为一根探针，因此必须按新探针来进行分别测量校准。

图 7.7 分别描述了探针系统手动装载和在探针库中自动更换的过程。

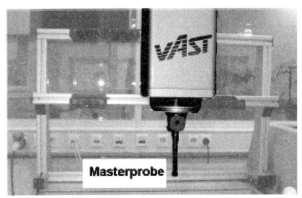

图 7.7　探测系统的手动和自动更换

操作人员在校准时必须注意每根探针校准的结果，一般情况下，探针针尖球面的拟合离散度（标准偏差）应小于坐标测量系统的分辨率，不然会影响到测量的精度，这应引起注意。

7.3.3　CAD 模型及操作

CAD 模型实际上就是被测工件的理论模型，也是测量的名义值。有了 CAD 模型的帮助，可以有效地提高坐标测量工作的效率，其主要体现在以下几个方面：

1）可以非常直观、方便地从 CAD 模型上进行被测几何要素提取、测量计算操作等；

2）借助三维 CAD 平台，能够方便地在虚拟环境下完成自动测量程序的脱机（离线）编制，从而节约在坐标测量机上编程和调试的宝贵时间；

3）能方便地在 CAD 虚拟环境中调试、修改和验证自动测量程序；

4）借助于 CAD 平台及其显示功能，可以方便地生成基于 CAD 显示的、直观的测量报告。

目前大多数坐标测量软件都能接收多种格式 CAD 模型，见表 7.1。

表 7.1　三坐标常有的三维 CAD 模型接口汇总

接口类型	接口名称	接口标准	备注
标准接口	ACIS（SAT \ SAB）	一种三维几何造型组件软件格式	*.sat：文本， *.sab：二进制
	STEP	ISO 10303：产品模型数据交换标准（standard for the exchange of product model data，）	*.stp，*.setp
	IGES（IGS）	ANS 标准：初始化图形交换规范 The Initial Graphics Exchange Specification（IGES）	*.igs，*.iges
	VDAFS（VDA）	DIN 66301：德国的汽车工业联合会标准（VDA：VBRBAND DER AUTOBOMIL INDUSTRIE	*.vda（主要用于曲面的标准格式）
CAD 软件直读接口	CATIA	法国达索公司（Dassault Systems）的 CATIA CAD 模型格式	*.prt 及其他格式
	UG	德国西门子 UG（Siemens UG）的模型格式	*.prt 及其他格式
	PRO E	美国参数技术公司（PTC）的 Pro/Engineer 模型格式	*.prt 及其他格式
	ACAD（DXF）	美国 Autodesk 公司的 ACAD 模型格式	*.dxf，*.dwg
其他	TXT	文本格式	*.txt
	ASC	文本格式	*.asc
测量设备标准接口	DMIS	ISO 22093 工业自动化系统与集成　物理设备控制　尺寸测量接口标准（DMIS）（Industrial automation systems and intigration—Physical device control—Dimensional Measuring Interface Standard（DMIS））	*.dms，*.dmis，*.dms

CAD 模型文件通过测量软件的前置处理模块导入坐标测量软件。图 7.8 为 CAD 模型导入后的（英文）界面显示及对 CAD 模型进行相关操作的工具条。

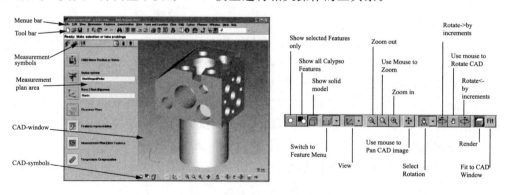

图 7.8　CAD 模型导入及相关操作工具条

注意：一般情况下，在坐标测量系统的测量软件中，导入的模型不能编辑，但能够进行复制、移动、转动、镜像、提取、计算等操作。

此外，对于一些自由曲面，由于各种 CAD 软件在描述和建模方面内核的不同，在导入测量系统时，有可能会出现形面的丢失和精度的损失（变形），这一点必须引起十分的注意，如有必要，对这些形面进行测量时，其测量的名义值可以直接通过测点的输入来实现，而不是通过 CAD 模型的输入来获取。

7.3.4　工件的装夹

如同零件加工时需要定位装夹一样，坐标测量时，工件同样需要装夹与定位。尽管坐标测量机可以通过自身的测量功能来进行被测工件的空间虚拟定位，但在保持被测工件测量工况、批量工件测量及一些测量精度要求较高的场合，为提高测量效率，还是有需要工装夹具要求。图 7.9 给出了工件坐标测量的装夹

图 7.9　工件坐标测量的装夹

坐标测量的工件装夹需要重点考虑以下几个方面：

1）使工件处于合适的测量方位：这需要结合工件形状、测量要求、测量过程、探针配置等具体情况来设计合适的夹具；

2）使工件处于合理的测量工况：通过合适的装夹，确保工件按图样要求得到装夹，即处于图样要求的工况下，这其中包括装夹压力、装夹方向、自由状态或重力方向等要求；

图 7.10　坐标测量专用组合夹具示意

3）使工件具有足够的安装夹持的重复精度：这一点在批量工件测量，特别是采用间接测量建立测量坐标系（测量基准设置在夹具上）时，特别需要关注。

当被测工件较小，同时也没有批量测量要求时，坐标测量时对工件的装夹就不一定要像一些大工件或批量工件测量时制作专门的夹具，而是可以采用一些组合式的夹具来方便地构建，这一方面可以有效地节省成本，也节约了专门制作夹具的成本。图 7.10 描述了坐标测量专用组合夹具及应用示意。

7.4 几何特征的测量和评定操作

在坐标测量系统的实际操作过程中，对几何特征的测量是在测量软件引导和辅助下进行的，图 7.11 表示了这一过程。

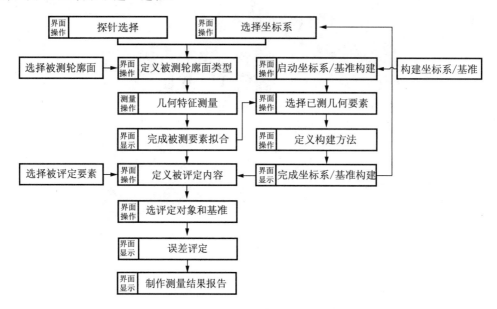

图 7.11　测量软件几何特征计算流程示意

（1）几何特征测量

其操作过程将获得新的被测几何要素：

1）根据工件的安装状态，选择合适的探针或探针组合。

2）选择或构建合适的测量坐标系。

3）通过测量软件界面操作，选择被测特征类型，对于常规几何特征测量而言，可选的内容包括：点（空间点）、2-D/3-D 直线、平面、（截面）圆、圆柱、圆锥、球等，有的软件还会提供（截面）椭圆、圆槽、方槽、圆环等专门的测量功能。

4）根据所制定的测量规范，操纵坐标测量系统进行几何特征上提取测点的测量。在几何特征测量时，各几何特征都有相对应的最少测量拟合点数（同时也是软件最少识别点数），其中：点（1点），2-D 线（2点），面（3点），圆（3点），圆柱（5点），圆锥（6点），球（4点），椭圆（5点），圆槽（5点），方槽（5点），圆环（7点）等。具体的最少测量点数，各种测量软件可能会有各自的规定。

5）在完成针对工件的实际测量操作后，即坐标测量软件在达到规定的测量采集量后，一般会自动进行拟合计算，并在界面上显示被测几何要素的拟合结果，其中拟合误差（S）这一参数表示了要素的拟合精度和测点的实际状况，当这种参数数据过大时，需要进行相应的确认，即确认是测量过程问题还是被测特征本身的问题。

6）所有已测量的结果都会按顺序并被进行相应编号后显示在测量软件的已测几何要素列表中，以供后续应用。

7）针对图样要求，调用测量软件的相关功能，进行误差的评定并输出评定结果。在评定时，许多时候需要专门构建评定基准。

图 7.12 分别描述了几何特征测量选项、测点数定义、拟合参数设置、测量结果列表等过程。这是一个平面特征的测量拟合过程。图 7.12a）描述了被测特征类型的选择、最少测点的设置以及探针的选择；图 7.12b）描述了被测几何要素的拟合生成过程；图 7.12c）为所有被测结果的显示，从中可以选择后续计算评定时的对象；图 7.12d）则描述了误差评定的结果显示与输出。

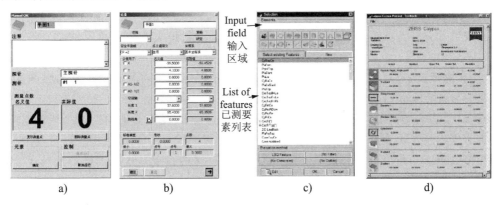

图 7.12　几何特征测量拟合过程示意

（2）几何要素构造计算

几何要素不仅可以通过对几何特征的直接测量拟合得到，也可以通过对已测得的几何要素的相关计算处理，来得到新的几何要素，即构造新的几何要素。其操作过程如下：

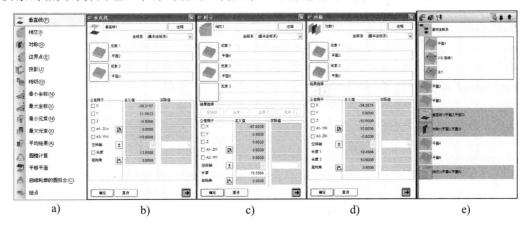

图 7.13　构造元素操作界面示意

1）选择需要的几何操作类型，这类操作包括：垂直线、相交、对称、投影、相切、偏置平面、圆锥计算、极值要素计算等［如图 7.13a）～d）所示］；

2）从已测几何要素列表中选择被处理的几何要素，并做相应的设置；

3）完成设置后，测量软件会自动计算，并显示新生成的几何要素，同时加入已测几何元素列表［如图 7.13e）所示］。

（3）误差评定

误差评定是坐标测量机的主要工作，其中包括了尺寸误差和几何误差的测量与评定等。其主要操作过程如图 7.14 和图 7.15 所示：

1）在测量软件中选择误差评定的类型，如尺寸、距离、几何误差等，几何误差中包括了平面度、直线度、圆度、圆柱度，线轮廓度、面轮廓度、位置度、同心度、同轴度、垂直度、平行度、倾斜度、对称度，径向圆跳动、轴向圆跳动、全跳动等，有的软件，如 Calypso 测量软件还包括了一些更精细的评定，如参考平面度、参考直线度和参考圆度等，具体功能参见相关的软件操作手册；

2）在测量软件的操作显示界面中进行相关设置，包括选择被评定要素、基准要素、理论正确尺寸（位置或要素）、公差设置等，同时也设置最大实体要求及延伸公差带等相关要求；

3）在完成设置后，测量软件会自动计算，显示评定结果，并将结果加入已测量结果列表（要素评定列表）。

图 7.14 为几何误差评定的相关操作界面图示，分别表示了平面度、直线度、圆度、圆柱度、同心度、垂直度、径向圆跳动和位置度的被测量评定要素编号、评定基准设置、评定参数设置、公差值设置和操作过程。其中评定基准的设置是根据图样中公差代号后评定基准的标注及要求而设置的，并从已测或已建立的基准中选取。遇上一些比较复杂的基准体系，其评定基准可能需要在几何误差评定前先专门建立。

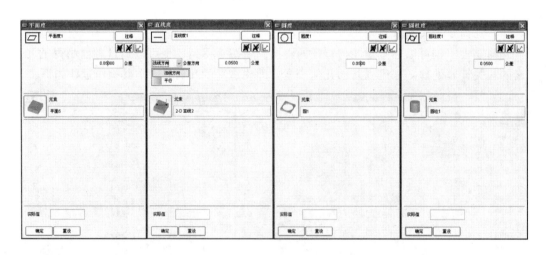

图 7.14　几何误差评定操作界面示意

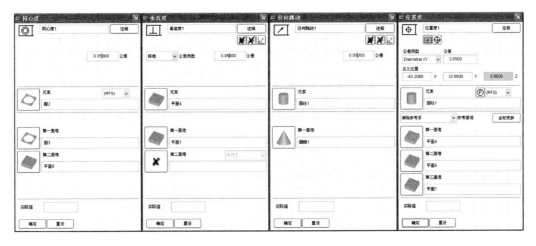

续图 7.14

　　在有些几何误差的评定过程中，由于公差代号标注中，所标注的基准并没有完全约束公差带的方位，在这种情况下，需要用被测要素（组）自为基准，即在评定基准的建立过程中，需要通过被测要素（组）与其理论模型的最佳拟合来完成公差带最后的约束。图 7.15就描述了这样一种操作的案例，即通过 4 个被测孔自身完成公差带在平面中周向的约束定位。

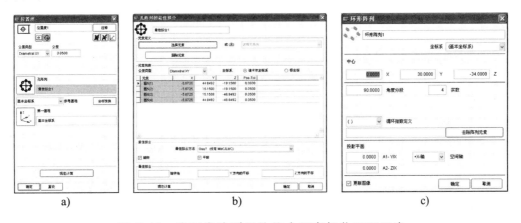

| a) | b) | c) |

图 7.15　位置度阵列最佳拟合评定操作界面示意

　　图 7.15a）为阵列孔系的位置度评定，图 7.15b）为四被测孔与四理论孔进行最佳拟合（best fit）的设置，经过最佳拟合，将建立起孔系周向的定位，即坐标系（评定基准）。

　　（4）测量坐标系/评定基准构建

　　尽管测量坐标系和评定基准是二个概念，但实际建立过程和相关操作在坐标测量软件中却是相似的，甚至是相同的。因此在许多时候，评定基准会借用测量坐标系。图 7.16描述了测量坐标系/评定基准的建立操作过程，其主要包括：

　　1）选择测量坐标系/基准构建功能；

　　2）从已测量要素中选择相关要素，并根据图样标注要求按序设置各基准，包括第一基准、第二基准和第三基准；

3）设置测量坐标系/基准的构建选项，如拟合方法等；

4）完成设置后坐标测量软件会自动计算，显示计算结果，并将新构建的测量坐标系/基准加入测量软件的测量坐标系/基准列表，以供后续调用。

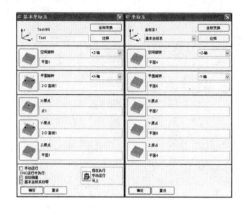

图 7.16　基本坐标系与辅助坐标
系操作界面示意

图 7.17　几何误差评定
结果显示列表

（5）测量结果处理

坐标测量软件除了会记录整个操作过程外，还能根据需要输出多种形式的测量报告，图 7.18 分别描述了文本报告、图形报告和三维图形报告，其生成过程如下：

1）调用测量报告生成模块；

2）选择相关的测量评定结果（见图 7.17），并选择需生成的报告类型，一般是测量软件所提供的，或用户制定的模板；

3）设置误差放大倍数、SPC 统计结果、三维模型显示方式等参数；

4）完成设置后测量软件将自动生成相应的测量结果报告。

 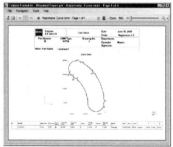 

图 7.18　各种测量报告示意

7.5　坐标测量的编程操作

坐标测量的操作方法分为手动操作和 CNC 自动运行两种模式，其具体使用过程与方法如下，图 7.19 描述了手动测量编程和基于 CAD 模型的测量编程过程：

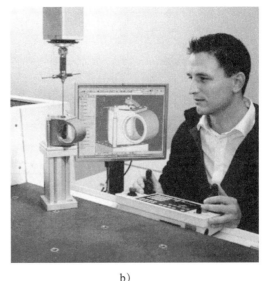

a)　　　　　　　　　　　　　　　b)

图 7.19　坐标测量的手动操作、脱机编程示意

(1) 手动测量模式

在工件测量工作开展的前期，由于工件本身的几何特征的特性和在坐标测量系统上的准确位置都是未知的，因此只能使用手动测量模式。手动测量是通过手控盒来控制测量机，由操作人员直接驱动测量机各轴线，带动测头系统对工件的几何轮廓面进行离散点测量操作。由于是人工操作，其测量结果就会与操作人员的操作技能有直接的关系，这一点需要引起注意。图 7.19a) 描述了采用手动测量模式进行测量工作的示意。

(2) 在线编程

坐标测量系统是一台由计算机控制（CNC）的自动化测量装备，它能像其他数控机械装器一样进行通过所编制的数控程序来驱动测量机，完成自动测量工作。

由于坐标测量系统在测量工件开始阶段一般都会有一个手动测量的过程，因此一般坐标测量软件都提供了一种示教再现方式的在线编程功能，即由测量软件将手动测量过程全部记录下来，然后再通过必要的路径编辑调整后再执行，这样就方便地实现了测量程序的编制及后续程序的自动运行和自动测量。

在这种编程过程中，需要注意的是测量过程中对工件的避让路径。在手动测量时，操作者会根据测量对象的情况进行操作，特别是空行程时的避让一般都会操作得相对比较随意，而恰恰是这种随意，很容易在示教编程时遗漏这种避让路径的记录，这一点必须注意，不然会引起探头、甚至会引起测量机与工件的误碰撞事故。图 7.20 表示了避让路径，即中间点的设置要求和方法。

此外，为了能更有效地提高测量程序编制和运行的效率，坐标测量软件还提供了设置安全平面（区域）的方法，即在该区域外，测量机将以快进速度运行，这一方面增强了测量程序的可编辑性，使修改程序变得更为简易，同时也兼顾了一般测量软件编程过程中的中间点功能，应用起来也简单易懂。

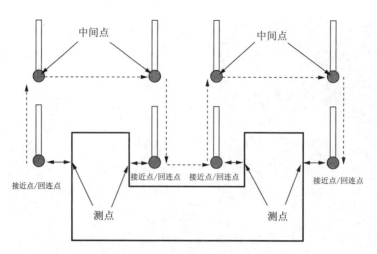

图 7.20　坐标测量编程中的避让路径设置

(3) 使用编程语言的离线编程

这种编程方法类似于采用手工方法编制数控测量编程，使用的程序语言一般是 DMIS 语言。进行离线的程序编制。不过目前有了三维 CAD 模型的辅助，这种纯语言的编程方法已很少使用，但在测量软件和测量机交换使用和转换使用的情况下，由于 DMIS 格式是一种通用的中性格式，因此对这种方法的了解，特别对 DMIS 语言的了解还是必需的。

(4) 基于 CAD 的离线编程

三维 CAD 模型使操作者能借助一个虚拟的三维环境，对虚拟的三维工件进行测量操作和编程。此时从测量机、探头探针系统、被测工件和夹具都是虚拟可视化的，图 7.21 描述了显示在计算机屏幕上的虚拟探测系统和被测工件。

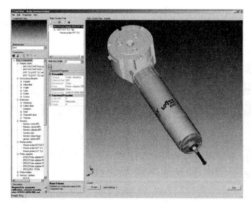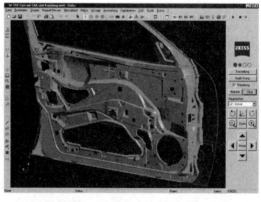

图 7.21　基于 CAD 的坐标测量离线编程

在这样的虚拟环境中，操作者可以象实际操作一样，通过鼠标和界面操作，完成一系列和实际测量操作一样的虚拟测量过程和测量程序编制，并能在虚拟环境中进行测量程序的检验和编辑，特别是对测量碰撞的检验。使用这种方法还有一个好处就是可以脱离坐标测量系统而方便地进行程序编制，这样可以有效地提高坐标测量系统的使用效率。

在所有的自动测量程序编制中，除了测量程序的避让路径设置外，为了保证测量程序的顺利运行，还有许多与测量过程密切相关的参数需要设置，其主要包括：

1）测量力设置：测量力会直接影响测量结果，需要按当时的探针配置情况（大小、方位、测杆直径）、测量过程情况（测量方向、测量速度）和工件情况（材料特性、工件刚度）等因素进行设定。

2）测量速度设置：测量速度也是直接影响测量结果的一个重要因素，它的设置需要根据测量对象、探针系统配置和测量距离来设定。

3）测量接近距离设置：在接触式测量中，为保护高精度的探测系统，同时保持测量工作的效率，一般是先自动（从当前位置）快进到离被测点一定距离的地方，然后再按编程要求沿一定方向进行探测，这个距离就是接近距离。如果该参数设置不恰当，就会在测量时引起误碰撞，也会影响测量工作的效率。

4）测量回退距离设置：在完成测点的测量后，对于接触式测量面言，探针保持着与工件轮廓面的接触是不合适的，因此应该让其退开一个距离，这就是回退距离，其设置值根据工件被测点周边的情况而定。

5）测量搜索距离设置：如果是手动操作，操作者可以直接明了地判断是否测到了工件，但在自动测量时，可能会出现工件的大变形或其他情况，测量机在编程的位置上完全有可能测量不到相应的点，这会造成程序的误停止或误操作。为避免这种情况，确保测量程序顺利运行，就需要定义一个极限的测量搜索距离，当达到这个距离还未测到工件，则测量程序将控制测量机返回并进入下一测点的测量工作。

6）测量中间点设置：中间点主要用来控制测量路径，以防止测量过程中不正常的干涉现象，同时也是提高测量工作效率的一个重要环节。所有的自动测量程序都应十分注意中间点的设置问题。

7）测量安全平面（空间）设置：安全平面（空间）主要是为了提高测量效率面设置的，在该区域外，能确保测量机和探测系统无障碍的快速运行。

图 7.22 描述了与测点有直接关系的一些参数的实际含义。

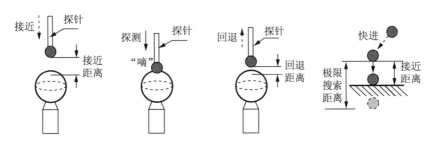

图 7.22　关于测点的参数设置

在坐标测量系统自动测量程序编制完成后，还需要对其进行相应的调试，其过程主要如下：

——检查测量程序，并通过基于三维 CAD 的虚拟平台进行测量过程运行仿真，确保探针的调用、坐标系的调用无误，并无碰撞现象；

——手动测量建立工件测量坐标系或调用已安装工件的测量坐标系②，在测量软件界面中，将其与测量程序中的编程坐标系相关联（具体操作参见所使用的坐标测量系统操作手册）；

——在坐标测量系统上以慢速进行测量试运行，进一步验证测量程序，并进行必要的编辑和修改。

---

② 测量编程是在某一个工件坐标系下编制和运行的，这一工件坐标系一般是根据图样标注或编程的方便性设定的，但也应该是根据后续运行时能准确、方便地设置等要求设定的，因此在测量程序编程时，特别是在机示教编程时，必须注意当时的工件坐标系。特别注意不要直接在机器坐标系下进行编程，因为当工件拆装后会引起重复安装定位的困难。

第 8 章

坐标测量系统的检测与复检

作为高精度的三维尺寸和几何误差测量设备，其自身的测量精度对测量工作而言至关重要，本章主要介绍坐标测量系统性能的检验方法等。

8.1　坐标测量系统检测与复检的相关标准

几何坐标测量系统的性能无疑是整个坐标测量与评定工作中的一个关键部分。国际标准与国家标准对其性能的检测与复检专门出台了相关标准，GB/T 16857（等同采用 ISO 10360）系列标准主标题为：《产品几何技术规范（GPS）　坐标测量系统的验收检测和复检检测》，目前已发布的标准包括：

——GB/T 16857.1—2002/ISO 10360.1：2000《产品几何技术规范（GPS）　坐标测量机的验收检测和复检检测　第 1 部分：词汇》；

——GB/T 16857.2—2006/ISO 10360.2：2001《产品几何技术规范（GPS）　坐标测量机的验收检测和复检检测　第 2 部分：测量尺寸的坐标测量系统》（已在修订中）；

——GB/T 16857.3—2009/ISO 10360.3：2000《产品几何技术规范（GPS）　坐标测量机的验收检测和复检检测　第 3 部分：配置转台轴线作为第四轴的坐标测量系统》；

——GB/T 16857.4—2003/ISO 10360.4：2000《产品几何技术规范（GPS）　坐标测量机的验收检测和复检检测　第 4 部分：在扫描模式下使用的坐标测量系统》；

——GB/T 16857.5—2004/ISO 10360.5：2000《产品几何技术规范（GPS）　坐标测量机的验收检测和复检检测　第 5 部分：使用多探针探测系统的坐标测量系统》（已在修订中）；

——GB/T 16857.6—2006/ISO 10360.6：2001《产品几何技术规范（GPS）　坐标测量机的验收检测和复检检测　第 6 部分：计算高斯拟合要素的误差评估》。

目前这一系列标准的国际标准部分，还有下列的标准，这部分标准的国家际标准制订工作目前正在进行中。

——ISO 10360.7：2005　Geometrical Product Specifications（GPS）— Acceptance and reverification tests for coordinate measuring systems（CMS）—Part 7：CMMs equipped with video probing systems（产品几何技术规范（GPS）　坐标测量机（CMS）的验收检测和复检检测　第 7 部分：配置了影像测头系统的坐标测量系统）；

——ISO 10360.8　Geometrical Product Specifications（GPS）— Acceptance and reverification tests for coordinate measuring systems（CMS）—Part 8：CMMs with optical

distance sensors（产品几何技术规范（GPS） 坐标测量机（CMS）的验收检测和复检检
测 第8部分：配置了光学测距传感器的坐标测量系统）；

——ISO 10360.9 Geometrical Product Specifications（GPS）— Acceptance and re-
verification tests for coordinate measuring systems（CMS）—Part 9：CMMs with multiple
probing systems（产品几何技术规范（GPS） 坐标测量机（CMS）的验收检测和复检检
测 第9部分：配置了多测头系统的坐标测量系统）；

——ISO 10360.10 Geometrical Product Specifications（GPS）— Acceptance and re-
verification tests for coordinate measuring systems（CMS）—Part 10：Laser Trackers used
for measuring point-to-point distances（产品几何技术规范（GPS） 坐标测量机（CMS）
的验收检测和复检检测 第10部分：用于点—点距离测量的激光跟踪仪）。

8.2 坐标测量系统中误差的概念和检测条件

坐标测量系统是一种非常复杂的空间长度测量系统，如何对其计量性能进行合理准确
的评估一直是几何量测量界在探索的课题。在实际应用中，为了能使针对坐标测量系统的
检验具有可操作性，目前国家和国际标准中都对坐标测量系统的误差检验进行了简化，其
中主要考核的指标包括：

——尺寸测量的示值误差（E）"error of indication of a CMM for size measurement"；

——探测误差（P）"probing error"。

标准同时规定，坐标测量系统的这二项误差值不大于制造商的规定或供需双方约定的
最大允许尺寸测量示值误差（MPE_E）和最大允许探测误差（MPE_P）即为合格。检验测
量的对象是实物标准器，检验方法按该系列标准中规定的方法进行。

图8.1为检验时的测量方法，其尺寸的测量应该是覆盖整个测量空间的。

a)   b)

图8.1 坐标测量机检验时的尺寸测量内容与方法示意

尺寸测量最大允许误差的表达法一般有三种：

1）$MPE_E = \pm (A + L/K)$ 和 $MPE_E = \pm B$

2）$MPE_E = \pm (A + L/K)$

3）$MPE_E = \pm B$

其中：A——正常数，μm，由坐标测量系统制造商提供；

K——无量纲常数，由坐标测量系统制造商提供；

L——被测长度，mm；

B——最大允许误差 MPE_E，μm，由坐标测量系统制造商提供。

图8.2描述了这三种类型尺寸测量最大示值误差的图示表达方法：

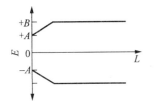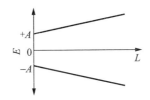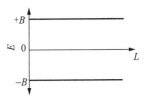

图 8.2　坐标测量机尺寸测量最大示值误差表达示意

最大允许探测误差 $\mathrm{MPE_P}$ 表示为：

$$\mathrm{MPE_P} = A$$

其中：A 是正常数，单位为 μm，而对探测误差的检验同样是覆盖整个测量空间的。图 8.3 表示了最大探测误差。

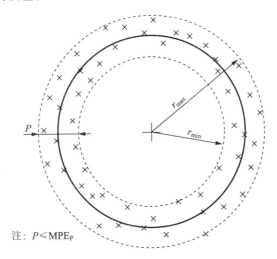

注：$P \leqslant \mathrm{MPE_P}$

图 8.3　坐标测量机探测误差 P

验收检验是指制造商和用户共同商定的检测程序，验证一台坐标测量系统符合制造商所提供性能的一组操作。

复检检测是指按验收检测的同一检测程序，检测坐标测量系统符合用户规定性能的一组操作。

在检测和复检的相关标准中，还规定了测量机检验测量时相应的条件及约束：

——**环境条件**：其中包括温度条件（温度、温度变化梯度、温度分布梯度等）、空气湿度和安装场地的振动等方面允许的极限，这些参数在验收检测时由制造商规定，复检检测时由用户规定。

——**探测系统**：包括探测系统配置（探针类型和参数、加长杆、探针方位和探针系统重量等）的限定，在验收检测时由制造商规定，复检检测时由用户规定。

——**操作条件**：包括测量的开机预热过程、探针系统配置、探针针头和标准球的清洁程序和探测系统标定等，都须按制造商的操作说明进行相关的操作。

8.3 坐标测量系统检测与复检方法

（1）测量尺寸的坐标测量系统性能的检定

GB/T 16857.2—2006 主要规定了如何检验三坐标测量系统的两个最基本性能指标：尺寸测量的示值误差 E 和探测误差 P 的方法和规范。图 8.4 表示其测量检定的方法和实物标准器（见图 8.5），具体检定过程如下：

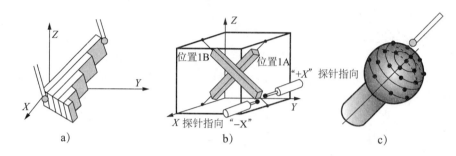

图 8.4　GB/T 16857.2（ISO 10360-2）检测内容与方法示意

a)块规（组）　　　　　　　b)步距规　　　　　　　c)球杆

图 8.5　长度测量精度检测的实物标准器

尺寸测量的示值误差 E：测量对象为包含五种不同长度的量块组，按要求分别放置在空间 7 个位置（包括：沿 X、Y、Z 轴、沿 YZ 平面的二对角和沿 XZ 平面的二对角布置），每种长度分别测量三次，共计 105 次，然后计算分析所有的测量结果。尺寸测量的示值误差 E 应小于最大允许示值误差 MPE_E。该方面的性能检定适用于距离、直径、位置的测量与误差评定。

探测误差 P：在标准球上按推荐的测点分布方位探测 25 点，进行球拟合计算后得出的空间探测误差 P（形状测量误差）应小于最大允许探测误差 MPE_P。该方面的性能检定适用于自由曲线、曲面、直线度、平面度、圆度、圆柱度等的测量与误差评定。

（2）配置有第四轴的坐标测量机性能的检定

GB/T 16857.3—2009 标准主要规定了检测坐标测量系统所配置的第四轴——转台的误差，其中包括：径向四轴误差 FR、切向四轴误差 FT 和轴向四轴误差 FA 的测量和检定方法与规范。图 8.6 表示测量检定的方法与误差的表示。

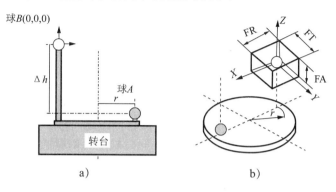

图 8.6 GB/T 16857.3（ISO 10360-3）检测内容与方法示意

图 8.7 表示测量位置的分布与测量方法。

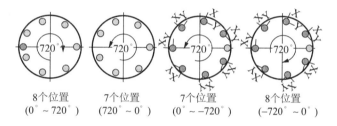

图 8.7 GB/T 16857.3（ISO 10360-3）第四轴检测内容与方法示意

整个测量与检定步骤如下：

1）在被测转台上安装球 A 和 B（推荐高度差 $\Delta h = 400mm$，分布半径 $r = 200mm$）；

2）测量球 B，并将其设为测量坐标系的原点（0，0，0）；

3）转台按 $0° \sim 720°$ 和 $720° \sim 0°$ 方向旋转，在正反转向过程中，按图 8.7 所示 7 个位置，共计 14 个位置上测量 A 球；

4）转台按 $0°$-$720°$ 和 $720° \sim 0°$ 方向旋转，在正反转向过程中按图 8.7 所示 7 个位置，共计 14 个位置上测量 B 球，并在最后一个位置（28）上再测量一次 A 球；

5）计算球 A 和球 B 在 X，Y 和 Z 方向上变化的范围：在 X 轴方向上为径向四轴误差 FR，Y 轴方向上为切向四轴误差 FT，Z 轴方向上为轴向四轴误差 FA；它们应分别小于最大允许径向四轴误差 MPE_{FR}、最大允许切向四轴误差 MPE_{FT} 和最大允许轴向四轴误差 MPE_{FA}。

（3）在扫描模式下使用的坐标测量系统性能检定

GB/T 16857.4—2003 主要规定了检测坐标测量系统的扫描性能，包括：扫描探测误差 T_{ij} 和扫描检测时间 τ_{ij} 的方法和规范。图 8.8 表示其测量检定的方法。

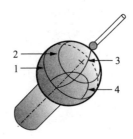

图 8.8　GB/T 16857.4（ISO 10360-4）检测示意

　　具体检测方法是：在（推荐的）4 条预定义的路径上，在一定时间下完成对标准球的扫描测量采点，然后拟合计算球心位置，并计算扫描测点与球心的距离得到扫描探测误差，它应小于最大允许扫描探测误差 $MPET_{ij}$，同时扫描检测时间 τ_{ij} 应小于最大允许扫描检测时间 $MPE\tau_{ij}$。

　　扫描探测误差 T_{ij} 和扫描检测时间 τ_{ij} 中的下标分别为：$i = H$ 或 L，$j = P$ 或 N，其中 H 为高点密度、L 为低点密度、P 为预定路径扫描、N 为非预定路径扫描。由此对应的最大允许扫描探测误差和最大扫描检测时间为：

　　1）在预定路径上扫描，以采集高点密度（HP）：对应 $MPET_{HP}$ 和 $MPE\tau_{HP}$；

　　2）在预定路径上扫描，以采集低点密度（LP）：对应 $MPET_{LP}$ 和 $MPE\tau_{LP}$；

　　3）在非预定路径上扫描，以采集高点密度（HN）：对应 $MPET_{HN}$ 和 $MPE\tau_{HN}$；

　　4）在非预定路径上扫描，以采集低点密度（LN）：对应 $MPET_{LN}$ 和 $MPE\tau_{LN}$。

　　该部分性能的检定适用于曲面、曲线、直线度、平面度、圆度、圆柱度等测量与误差评定。

（4）使用多探针探测系统的坐标测量系统性能检定

　　大多数情况下坐标测量系统不可能只靠一支探针完成所有的测量任务，而多探针的使用又会增加测量结果的不确定度，因此必须对其进行相关的检定。图 8.9 表示使用多探针探测系统的检定以及探针方位与误差定义等内容。这类测量与评定对固定和万向式二种类型的探测系统而言，其误差的定义与表示分别为：

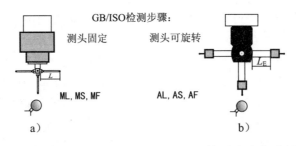

图 8.9　GB/T 16857.5（ISO 10360-5）检测内容与方法示意

　　1）固定多探针探测系统形状误差 MF、尺寸误差 MS 和位置误差 ML；

　　2）万向探测系统形状误差 AF、尺寸误差 AS 和位置误差 AL。

　　测量评定过程如下：

①安装有五个互相垂直，针头直径相同（近可能相近）、长度为 L（近可能相近）的探针，分别对同一标准球进行 25 点测量（在标准推荐的方位），共计 $5 \times 25 = 125$ 次；

②每个探针的 25 个测点分别计算出 5 个球心和半径；

③用 125 个测点计算球心和半径；

④分别评定位置误差 ML 或位置误差 AL（球中心坐标 X、Y 和 Z 的最大变化量）、尺寸误差 MS 或尺寸误差 AS（125 点计算的半径变化量）、形状误差 MF 或形状误差 AF（125 点计算的探测误差）。这些误差应分别小于最大允许固定多探针探测系统位置误差 MPE_{ML}、最大允许固定多探针探测系统尺寸误差 MPE_{MS}、最大允许固定多探针探测系统形状误差 MPE_{MF} 或最大允许万向探测系统位置误差 MPE_{AL}、最大允许万向探测系统尺寸误差 MPE_{AS}、最大允许万向探测系统形状误差 MPE_{AF}。

对于配备有探针更换系统（探针库）的测量机，其还需检定由探针更换带来的不确定度，即在每 25 点的探测前，需要进行一次出入库操作，这种操作应覆盖到所有的库位。

8.4　坐标测量系统测量软件与计算方法性能的评定

由于坐标测量系统的实际测量操作只有离散采点，后续的计算与评定都是依靠测量软件完成的，因此测量软件的性能同样将决定最终的测量评定结果。

GB/T 16857.6 对坐标测量系统拟合要素软件操作方法的评定方法与过程作了规定，其中涉及的要素主要包括：线（以二维和三维表示），平面，截面圆（以二维和三维表示），球面，圆柱面，圆锥面以及圆环等。

对拟合计算方法性能的评定方法是：检测部门使用由标准软件生成的标准参数集和标准数据集（标准副），对被测软件进行检测。标准数据集通过被测试软件计算得到要素的检测参数集，并与标准参数集比较，其差值即反映被测试软件的性能。

这种软件性能检测的关键在于标准软件，当标准软件可信时，通过比较将得到性能值 P，它表示被测性能与标准参数值之间的符合度。

图 8.10 描述几何坐标测量评定软件的检测过程。当今市场上有影响的测量评定软件基本上为发达国家拥有。为了使检测结果在国际上统一，就必须进一步开展国际比对，并完善和修订相应的国际标准。

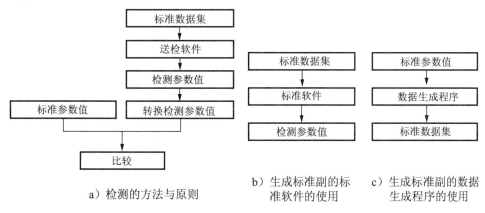

图 8.10　测量评定软件性能的检定原则与过程示意

目前国际上比较权威的几何三维数字测量评定软件评测部门是德国物理技术研究院（PTB：Physikalisch Technische Bundesanstalt）。

从上面的国家标准和国际标准对测量软件的认证要求来看，用户在平时根据需要编制的特殊功能测量评定软件，如自己编制的齿轮、凸轮、螺纹、叶片等软件，也应该根据上述标准的要求和工作流程进行必要的检验、评定和认证。

第9章

坐标测量技术的应用案例

由于坐标测量机的应用涉及一个庞大的知识体系，本章将主要从应用角度出发介绍几何坐标测量的应用及相关案例，希望通过这些案例的分析与解读，帮助读者理解和掌握坐标测量机的应用技术和应用过程。

9.1 坐标测量的应用分类

几何坐标测量面向的对象是多变的，甚至是不可预测的，但从具体测量方法来看，还是有其规律可循。目前对于测量对象的分类有几种，有的按行业分，如汽车行业、航空航天行业等。这里按测量对象和测量内容的相似性来划分，把被测对象约分为以下几种类型：

1）精密加工成形的箱体工件坐标测量；

2）轴类工件坐标测量；

3）钣金成形工件坐标测量；

4）注塑成形工件的坐标测量；

5）金属浇压铸成形工件的坐标测量；

6）焊接成形工件的坐标测量；

7）高精度曲面曲线类工件的坐标测量；

8）二维平面类工件的坐标测量；

9）具有特殊形状工件的坐标测量；

10）现场及大型工件的坐标测量；

11）曲面扫描测量。

下面针对每类工件的几何形状特点、被测量和评定特点分别展开叙述。

9.1.1 精密加工成形的箱体类工件坐标测量评定特点

这里所指的工件主要是由机加工成型的箱体类工件，包括钢、铝合金等材料。这类工件对于坐标测量而言，具有以下的技术特点：

（1）**工件状况**：由于几何特征一般都由机加工形成，因此被测几何特征的表面质量和精度状态都比较好，一般情况下，工件本身的刚性也比较好，因此在测量过程中，工件对测量工作造成的影响相对较少。

（2）**基准状况**：由于属较高精度的工件，其基准都是由加工形成，总体上基准的状态良好，因此在测量过程中，测量坐标系和评定基准的建立一般都直接依靠工件中的几何特征。

（3）**装夹要求**：由于测量评定基准依靠工件上的几何特征构建，因此需将基准面设置在测量机能直接测量到的方位上。此外，由于通过工件中的特征建基准，因此工件装夹方位上比较随意，只要装夹可靠即可，对重复性要求也不高。

（4）**环境要求**：这类工件的测量精度要求都比较高，因此测量工作对环境的要求也相对较高，这里主要要考虑的是温度对测量的影响，包括工件的等温及测量现场的温度状态。

（5）**探针配置**：箱体类工件一般都是机械系统的主体工件，因此一般结构会比较复杂，特别是一些高精度的孔位相距也相对较远，因此造成了探测系统的配置要求和复杂性都会比较高，如汽车发动机的缸体缸盖等，就存在大量的斜孔和横向的深长孔，这在探针配置时需要注意，对于一些高精度的深长孔测量时，建议采用固定式模拟测头。

（6）**测量要求**：这类工件的测量一般为高精度的尺寸测量和几何公差测量，公差标注的要求很高，因此必须在对图样要求理解透彻完整后，对整个测量系统的测量不确定度进行必要的评估，因为在许多情况下，特别对于一些较大型的工件，图样的精度要求已到了测量机性能的极限，构建测量系统时要注意。

图 9.1 为这类工件及测量评定案例：图 9.1a）为铝镁合金的汽车发动机和变速箱主体工件，其精度要求非常高，被测几何特征多，而且方位多样且深度（跨度）大，这里选用了固定式测头系统，并配合工件的装夹工装，配置了超长的探针系统，在探针校准时充分考虑了探测时探针的接触变形修正补偿。同时在高精度几何特征，如孔的测量时，运用了扫描功能。图 9.1c）则描述了一个具有 2000mm×2000mm 体量的铸铁件标注了 0.03mm 孔位置度要求，其测量精度要求几乎达到一般精度坐标测量机的精度极限，因此在测量时更应该注意测量系统和测量过程造成的测量不确定度。

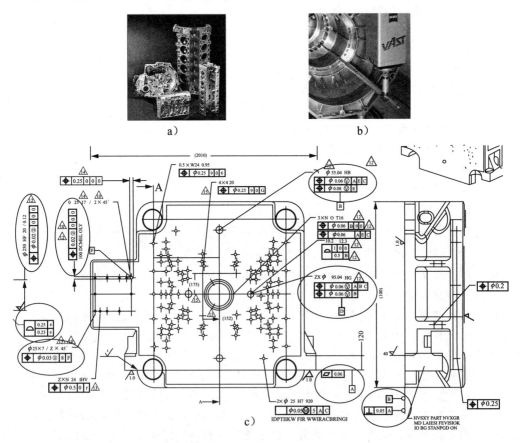

图 9.1 高精度箱体类工件及测量评定要求示例

9.1.2　轴类工件坐标测量评定特点

轴类工件的主要几何特征是回转类轮廓面，一些复杂的工件还会带有一些不规则的几何形状，或者带有螺纹、键槽、凸轮、齿轮等，这就给这类工件的测量带来了难度，下面从坐标测量机的功能特点角度讨论这类工件在坐标测量时的技术特点：

（1）**工件状况**：由于几何特征一般都由机加工形成，因此被测几何特征的表面质量和精度状态都比较好，然而由于是回转体，当工件长度较长时，工件一般在测量空间中会横向放置装夹，在这种情况下，往往不能用一根探针完成工件回转轮廓面的测量，这在相当程度上会影响到测量的精度。此外，有的工件上的键槽等特征，由于槽一般较浅，表面质量一般也相对较差，对测量精度的影响就会比较明显，这一点需要引起注意。至于工件上的螺纹、花键和齿轮等复杂形状的测量将在后面介绍。

（2）**基准状况**：基准一般也为回转类轮廓面，而且多为公共基准。当工件采用顶尖做基准时，用坐标测量难以直接构建基准，一般需要由夹具辅助，这会引起相关的误差。此外，由于一般情况下很难测到整个轮廓面，只能测到朝向探针的一半轮廓面，因此在测量时需注意。

（3）**装夹要求**：这类工件一般是通过 V 型块等支放在测量空间中，当工件较长时，需注意其自身挠度的影响。

（4）**环境要求**：这类工件的测量精度要求都比较高，因此测量工作对环境的要求也相对较高，这里主要要考虑的是温度对测量的影响，包括工件的等温及测量现场的温度状态。

（5）**探针配置**：一般情况下，探针只能面对回转轮廓面中的一半，如果被测特征没有专门的方向需要处理，则探针的配置就比较简单，只需一个方向的探针即可。而如果被测的回转特征很大时，一般需要从二个方向测量才能完整对被测特征整个轮廓面的测点采集，这种情况下要注意共同测量一个轮廓面的探针针头直径应尽可能相同，具体要求可参见三坐标制造商的要求与软件功能。

（6）**测量要求**：这类工件的测量除了尺寸误差后，几何误差方面主要是圆度、同轴度（同心度）和跳动，特别是跳动，由于在许多时候无法测到整个轮廓面，因此需注意测量数据与传统测量时的比对条件。而在圆度测量中，除了最好能使用扫描测量外，由于坐标测量机自身的测量精度所限，其测量结果较之圆度仪而言还是有精度上的差距。

对于轴类工件，如果配置了第四轴的转台，那么无论其测量的精度和效率都将有极大的提高。

图 9.2 为轴类工件及测量评定案例：图 9.2a）为机床主轴，总体上比较长，需测量的包括二轴承档（同时也是共公基准）及主轴锥孔的同轴度，工件安装一般为横置，因此需要有多根探针分别测量轴承档（只能测量一半轮廓面）和锥孔，此时需认真评估测量不确定度对该工件测量的影响，因为在主轴这类高精度工件中，公差要求非常高，一般精度的测量机，其精度未必能满测量要求。而该工件中的圆度要求，如果不能做到对工件轮廓面的完整扫描，则很难做到较高精度的测量。

图 9.2b）为一短小的凸轮轴，由于工件结构原因，该工件无论如何放置，都很难用

一根探针完成对凸轮轮廓面的扫描测量，这类工件最好是在配置第四轴的测量机上进行测量，如果采用多探针的方法进行测量，则需注意测量不确定度的影响。

图 9.2c）为一曲轴，为了避免工件自重带来的影响，这类工件一般是垂直放置在测量空间，因此如未配置第四轴转台，则需要在多个方向上配置相应的探针，所以测量系统的测量不确定必须被估算。

图 9.2d）为一个带螺杆的轴类工件，而且结构复杂，其中对螺纹方面的测量会存在相关的问题，首先能否测得螺纹轮廓面，其次就是能测得截面线，但也需要有专门的测量评定软件，才能有效地完成测量工作。

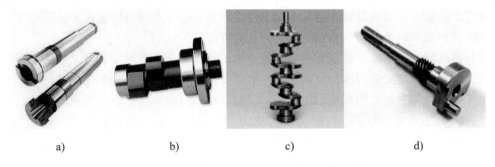

a)　　　　　　　　b)　　　　　　　　c)　　　　　　　　d)

图 9.2　轴类工件及测量评定要求示例

9.1.3　钣金类工件的坐标测量评定

借助模具和压机，通过冲裁、冲压、挤压、拉伸和弯曲等钣金工艺成型的工件，尽管其精度并不像机加工件那么高，但由于成型过程不易控制，工件还存在回弹和本身的柔性等问题，因此该类工件在实际测量中问题不少。这类工件在测量具有以下的技术特点：

（1）**工件状况**：相对于整个工件而言，钣金工件一般自身都较薄，也相对较软。同时成型后不仅有回弹问题，内部还会有残余应力。成型后工件的（冲裁成型）边界光亮带一般都不会很宽，形状也不太规则；这类工件中典型的工件为汽车的白车身及相关工件。

（2）**基准状况**：总体上看，这类工件的基准状态并不理想，这不仅因为基准特征的边界面窄且不规整，而且其精度（包括形状和位置）都不会太高，因此其在基准建立时直接用工件上的几何特征时，需要注意这些基准要素的状态。

（3）**装夹要求**：由于该类工件自身存在一定的变形，因此在实际测量时，一般都需要借助夹具来保持图样上的工况，同时也是测量工况。同时，由于该类工件的基准状况本身也比较差，精度要求又不是很高，因此也需要借助夹具上的基准来完成测量评定基准的建立，在这种情况下，需要注意的是工件在夹具上的安装重复性。此外，由于工件误差和柔性的存在，因此在确保工件安装重复性时，必须注意工件装夹装置的顺序及操作的规范性。

（4）**环境要求**：由于工件的测量精度要求较低，因此对测量环境的要求不高。

（5）**探针配置**：由于测量精度要求不高，因此对探针配置要求一般也不高，只需配合工件装夹方式和方位，配置相应的探针即可，当然对于车身这样的工件，最好能使用万向式测头,那样可以使探针配置非常简单方便,测量效率也更高。

(6) **测量要求**:该类工件的测量内容还是比较多的,包括一些孔位、轮廓面、关键点等,尽管测量精度要求并不高,但由于几何特征和精度的状况不佳,具体测量时还是需要注意方方面面对测量精度的影响。此外,由于该类工件存在一定的柔性,因此其基准在设计时常有过定义情况,因此需对所建的基准做一定的验证。

图 9.3 为这类工件及测量评定案例:图 9.3a) 是汽车白车身总成,一般都是由钣金件焊接而成,一般基准都在工装夹具上,测量的内容除了孔位外,还包括很多与装配与匹配相关的面轮廓度及一些特定点的测量。

图 9.3b) 和图 9.3c) 是车身上某些异型孔位及形状的测量,一般情况下,由于孔位精度较低,且钢板厚度又较薄,特别是光亮带更窄,因此这局部孔位接触式测量时一般需要专门编制程序,通过粗测量定位后再进行精细的测点采集来完成测量。

图 9.3d) 为车身侧围的安装夹具,由于工件较大,为了保证工件装夹的一致性和重复性,除定位基准定位时会有接触方向要求外,还会对所有的夹紧装置夹紧顺序做一个严格的规定。

图中 9.3e) 为双悬臂坐标测量机在测量白车身的工作示意,其中都配置了万向式测头,并通过二个测量臂的配合,完成多方向多方位测量的需要。

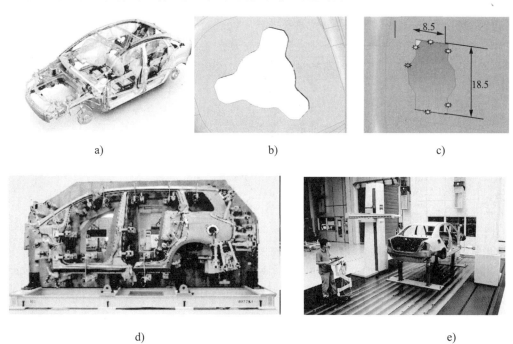

图 9.3 钣金成型工件的坐标测量评定示例

在钣金类工件,特别是车身工件中的图样公差标注中,大量出现了最大实体要求Ⓜ,在这种情况下,一方面需要注意在坐标测量过程中,最大实体要求Ⓜ在误差评定中的方法,还要注意该类标注在综合功能量规(检具)中检测的方法,因为是否带最大实体要求

Ⓜ，其定位基准和检测的塞规与套筒结构是完全不同的。因此应在相同的理解下开展数据比对。

9.1.4 注塑类工件的坐标测量评定

由模具及注塑系统成型的塑料工件，它不仅具有材料薄、质地软、易接触变形等特点，而且由于是热成型，一般情况下自由状态时会存在着变形，再加上工件会带有成型过程中产生残余应力，所有这些因素都会对后续的测量带来了麻烦和问题。该类工件在坐标测量时的技术特点如下：

(1) **工件状况**：较之工件的整体体量，该类工件壁厚较薄且较软，内部还存有残余应力，一般情况下，工件不在图样状态，而按图样要求，应该是在自由状态下进行测量的，而有意思的是尽管工件在自由状不在正确的位置上，但也许并不会影响使用，因此这一点需要引起十分的注意，即需要明确工件的验收状态是什么。此外，由于需要脱模，许多图样上的平直的形面都成了实际的空间轮廓面，有些轮廓面上还有表面皮纹，这些都会影响测量方法和测量结果。该类工件最典型的案例为汽车的内外饰件。

(2) **基准状况**：该类工件的基准状态应该是很不理想，这不仅因为作为基准的几何特征轮廓面的不够规整，而且精度（包括形状和位置）都不会太高。在实际测量时，有时会将基准构建在夹具上，以简化整个测量过程，提高测量数据的稳定性。

(3) **装夹要求**：由于工件的柔性及基准状况问题，这类工件需要通过专用夹具，将其支撑在自由状态，或根据图样要求装夹到图样标注的工况。同时为了防止接触测量时可能引起的变形，应根据测量规范，在测量采样点方位上予以必要的支撑。此外，由于基准状态不好，因此需要充分考虑其多个工件装夹的一致性。

(4) **环境要求**：由于精度要求较低，因此对测量环境的要求不高。

(5) **探针配置**：该类工件一般都是在夹具装夹下测外表面，因此对探针配置要求一般不高，如使用万向式测头，则探针的组合会更方便。

(6) **测量要求**：该类工件的坐标测量一般为一些与其他工件匹配的几何轮廓面轮廓度及一些安装孔位和固定柱的测量，但测量精度要求一般较低。一般可以通过工装建立测量评定基准来进行轮廓度和其他测量。

图 9.4 为这类工件及测量评定案例。图 9.4a) 为手机中相关工件示例，只是这类工件由于几何特征的尺寸非常小，用一般的测量机测量时，由于探针针头直径所限，很难应对这类工件的测量，这类工件一般是用一些配置有双探头，如接触式测头和影像测头等的坐标测量机，此时，接触式测头主要用于测量坐标系的构建，而具体几何特征的测量则由影像测头完成。

图 9.4b) 和图 9.4c) 都是汽车中的内饰件，按轿车的 1mm 工程要求来看，其表面的轮廓度为 ±0.5mm。由于工件本身的柔性，因此在测量时，这些工件被安装在专门设计的工装中，工装中的定位结构是根据理论模型制作的，即工件基本上模拟了实际的应用状态。不过由于一般的图样要求是在自由状态下，因此当工件有所变形时，尽管测量数据可能是合格的，但工件并不是在图样的状态，在这种情况下，工件是带有内部应力的，当后续应用时如有其他因素影响，如外力或热量影响，很容易引起工件的变形和装配结构的分离。

a)   b)   c)

图 9.4 注塑成形类工件及测量评定示例

9.1.5 金属浇压铸类工件的坐标测量评定

该类工件是由模具和压机压铸，或模具和浇注系统浇铸而成的，材料主要是铝合金或铝镁合金等。尽管这类工件看似是金属件，壁厚也不薄，然而由于通过压力和热成型的，因此内部存在着相当的应力，这些应力的释放会直接影响工件的形状，并对测量结果造成影响。如果加工以后，该类工件就转化为箱体类机加工工件了，只是由于内部应力的存在，有时工件的形体会随时间而变化，这一点必须引起十分的重视。该类工件的技术特点有：

(1) **工件状况**：该类工件由于是通过模具制成，因此存在着脱模斜度，要注意模具和 CAD 理论模型之间的差异，有时许多图样上的平直轮廓面到了实际工件都成了空间面，且在工件毛坯阶段，其基准轮廓面一般也不太规整和精确，其测量要求一般是配合模具修正及产品检测的形面轮廓度。典型的工件为汽车的传动部件外壳。

(2) **基准状况**：在其未加工时，其基准状态不理想，此时的基准主要是为了机加工定位所用，因此基准特征轮廓面不够规整，而且精度（包括形状和位置）都不会太高；在实际测量时，有时会将基准构建在夹具上，以简化整个测量过程。

由于工件的基准设计主要为了加工定位，且多为空间特征，因此此类工件有时还会根据加工定位的方法标注基准（点），即空间的基准目标，此时需要采用迭代法构建测量坐标系。

(3) **装夹要求**：由于本身是金属件，表面上比较硬，因此装夹方式可以参考箱体类工件的装夹。但由于其内部应力问题，该类工件常在图样上会标注工况要求（按柔性工件），在这种情况下，应根据图样要求，配置专用夹具。

(4) **环境要求**：由于精度要求较低，因此对测量环境的要求不高。

(5) **探针配置**：该类工件一般都是在夹具装夹下测内外表面，因此对探针配置有一定的要求，包括一些测内部的长测针，如使用万向式测头，则探针的组合会更方便。

(6) **测量要求**：该类工件的测量一般是产品研发和配合修模，主要检测内外轮廓面的面轮廓度，以及一些需加工孔位的余量，总体上精度要求较低。

图 9.5 为这类工件及测量评定案例：图 9.5a) 为某发动机变整箱壳体，在产品试制阶段，需要对其精度进行检验，其基准的建立直接采用了工件上的空间点（空间基准目标），用空间最佳拟合和迭代方法建立测量坐标系，最后测量的是内外轮廓面的轮廓度，测量密度极大，测量总点数达 5000 余个。图 9.5b) 为某汽车发动机的油底壳，该工件图样上明

确标注了不再加工，并标明了实际应用时安装定位的方式方法，最后根据图样要求，制作了专门的测量夹具〔见图 9.5c)〕，这样就确保了工件在图样要求的工况下进行测量。

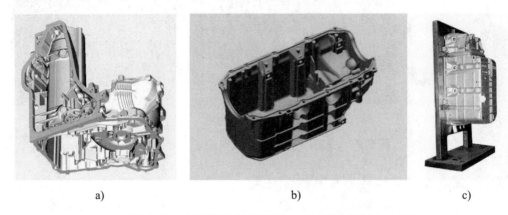

a)   b)   c)

图 9.5　金属浇压铸成形类工件及测量评定示例

9.1.6　焊接成型类工件的坐标测量评定

该类工件是通过焊接制成的，这类工件需要注意的问题主要是变形问题，即内部应力对测量可能造成的影响。工件加工后就转化为机加工类工件，该类工件的技术特点有：

(1) **工件状况。** 焊接件一般都是多个工（零部）件组合而成，测量精度要求不高，主要用于一些组装工件方位的控制，或者是一些加工毛坯件的控制。事实上，汽车白车身也是典型的焊接件，而这里指的是一些由较厚板件和工件焊接而成的工件，典型的工件有机床床身等。

(2) **基准状况。** 这类工件由于一般处于毛坯状态。因此基准要求一般较低，通过简单的六点定位方式，可以比较方便地建立基准，只是当工件较大时，基准特征的精度需要引起注意。

(3) **装夹要求。** 在焊接过程中，一般都会配置一定的装夹，而在测量时，就需要根据图样的要求，以确保工件在合适的工况中。

(4) **环境要求。** 由于精度要求较低，因此对测量环境的要求不高，但当遇上大工件测量时，要注意测量系统对环境的要求。

(5) **探针配置。** 焊接件的结构一般会相对复杂，因此如果采用万向式测头，其适应的范围就能相对广一些。

(6) **测量要求。** 该类工件的测量一般是配合工件焊接或焊装成型后的检验，主要一些形面定位尺寸以及一些需加工孔位的余量，总体上精度要求较低。

图 9.6 为这类工件及测量评定案例：图 9.6a) 为隧道盾构筒体，是一个由多段工件焊接而成的工件，由于工件巨大，放置的方位就会直接影响到外形尺寸，因此在何种状态下测量，应根据图纸和加工过程控制的要求。图 9.6b) 为某汽车工件，焊接成型，主要需控制安装轴与孔位的关系。由于应力会随时间的变化而释放，因此该工件何时测量需要由设计和工艺规定。图 9.6c) 为一焊接成型的箱体，一般这类工件在焊装后会进行热处理，在前期只对工件拼装位置有一个精度不高的测量。

a)　　　　　　　　　　　b)　　　　　　　　　　　c)

图 9.6　焊接成形类工件及测量评定示例

9.1.7　高精度曲面曲线类工件的坐标测量

这里指的主要是由具有高精度要求的"自由曲面曲线"类工件，这类工件对于坐标测量而言，具有以下的技术特点：

（1）**工件状况**。由于具有较高的精度要求，工件本身的刚性较好，被测轮廓面的状态较好，典型的工件有车灯、平面凸轮曲线等。

（2）**基准状况**。基准特征的情况一般比较好，建立基准也比较方便，有利于曲面曲线的测量。

（3）**装夹要求**。可以按一般工件的装夹方法装夹，但需让被测轮廓面（线）和基准放置在容易测量的方向。

（4）**环境要求**。其测量精度对于机加工件而言还是低了一些，因此对测量环境的要求不高。

（5）**探针配置**。由于需要扫描测量，因此一般建议采用固定式测头，除曲面外，平面曲线的测量靠单探针就能完成。如果测点数量有要求，则可配置激光扫描测头。

（6）**测量要求**。一般为工件轮廓面标有基准的面（线）轮廓度测量和评定，也有极少量为不涉及基准的面轮廓度测量时，此时主要评定曲线本身的精度状况。

图 9.7 为这类工件及测量评定案例：图 9.7a）为一汽车车灯外型测量，其中主要包括灯具的形状与其他部分安装匹配的边界形状。测量时工件安装在根据理论模型制作的夹具上，然后借助 CAD 模型，对灯具表面进行面轮廓度的测量和评定。图 9.7b）为一液力变矩器的涡轮叶征，其型面具有相当高的精度要求，同样需要通过专用夹具将其固定，然后通过对轮廓面的测量及其与 CAD 理论模型的空间最佳拟合（best fit），构建新的评定基准后对其进行面轮廓度测量和评定。图 9.7c）为灯具反射镜，其被测型面属于回转体，一般可以通过四根母线的测量和线轮廓度评定来完成测量评定工作的，其基准直接采用工件上的基准特征构建。

在曲面曲线的测量中，当有些工件精度要求不高，但对测量效率要求很高时，或者有些工件不适宜于接触式测量，此时，可以采用非接触式测量，下面是扫描测量和误差评定的案例示意（见图 9.8）。

图 9.8a）为一钣金工件的测量，由于精度要求不高，但需要整个轮廓面的测量和评定，这里选用了配置激光线扫描测头的关节臂作为测量工具，在扫描并获得点云后，通过软件的最佳拟合功能，使被测云点与 CAD 理论模型拟合定位并建立评定基准，然后进行不

涉及基准的面轮廓度评定。图9.8b）描述了一种基于光栅的影像测量方法，这种方法尽管目前精度还不高，但使用方便灵活，采点速度快，这里要注意的是背景光对测量影响。图9.8c）为基于光栅的影像测量方法应用案例，由于每次定位测量的区域约束，为了能将所有的测量结果汇集在一个测量坐标系下，这里在被测物上贴置了许多靶标点（图中的小白点），通过这些公共点在不同位置的测量，并运用相关转站（蛙跳）算法，即通过这些公共点在一个坐标系中的重叠，就能将所有方位的测量数据汇集在一个坐标系下。这里需要注意的是这些公共点的重叠精度，因为这个重叠精度决定了最终的所有测点的测量精度。

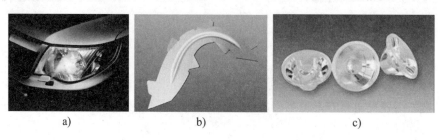

a)　　　　　　　　　　b)　　　　　　　　　　c)

图 9.7　高精度曲面曲线类工件及测量评定示例

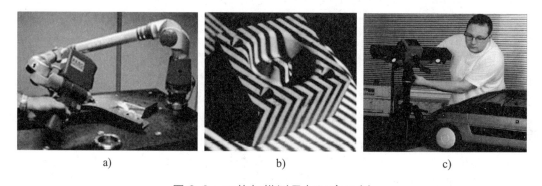

a)　　　　　　　　　　b)　　　　　　　　　　c)

图 9.8　工件扫描测量与评定示例

9.1.8　二维平面类工件的坐标测量

该类工件主要是指厚度非常薄或几何特征非常小的一些工件，其在具体测量时会被作为平面几何尺寸来处理，这类工件对于坐标测量而言具有以下的技术特点：

（1）**工件状况**。尽管属于平面问题，但一般却具有较高的精度要求，特别是当工件较小且几何特征要求高时，其测量有时还需要进行放大处理。同时由于工件加工工艺过程等方面的影响，其被测要素在放大情况下往往会有缺陷明显地显示出来。此外，当工件非常薄，且结构复杂时，其往往还伴随着翘曲现象，即不在图样所要求的测量评定状态，这一点需要引起注意。

（2）**基准状况**。基准情况一般来源于工件中特征，由于工件容易产生变形，因此需根据图样要求进行工件的固定与装夹，并建立相应的基准。

（3）**装夹要求**。由于工件较薄，有时结构还比较复杂，装夹会有一定难度，其主要要保证工件的合理装夹，特别是工件和装夹要符合图样的标注要求，且不能造成变形。

（4）**环境要求**。由于采用影像方法，有时需要采用辅助光，因此应注意环境光的影响。

（5）**探针配置**。这类工件的测量除影像测头外，一般还会加配接触式测头，该测头主要用于工件基准的测量和测量基准的建立。

（6）**测量要求**。该类工件的测量要求主要是平面中各几何轮廓线和要素的形状尺寸和几何位置误差等，其测量评定的操作根据相关软件，但总体上测量和评定流程与一般的三坐标测量机是一样的。

图 9.9 描述了几个这类工件及测量评定案例：图 9.9a）为影像测量机示例，其中的工件很小，需要通过摄像放大及图像处理后才能测量，其中红色部分为辅助光，用以帮助得到更清晰的被测几何轮廓线。图 9.9b）为采用单点激光测距传感器进行小工件测量的案例，这是一种二维半的测量方法，即在测量坐标系下，先定位 XY 平面上的位置，然后采集 Z 方向的高度信息。图 9.9c）为纯平面影像测量的案例，被测对象是一块电子线路板，通过影像方法放大读取后，运用相应的测量软件及 CAD 模型，实现平面上尺寸和几何精度的测量与评定。

a)　　　　　　　　　　　b)　　　　　　　　　　　c)

图 9.9　高精度曲面曲线类工件及测量评定示例

9.1.9　具有特殊形状工件的坐标测量

这里指的工件带有一些特殊的几何形状轮廓面，这些形状具有专门的理论设计模型，如凸轮、齿轮、花键、滚子、螺纹和叶片等，这类工件对于坐标测量而言具有以下的技术特点：

（1）**工件状况**。这类工件都有较高的精度，被测轮廓面多为已知的曲面或曲线。

（2）**基准状况**。一般都有较好的定位基准特征，也有部分在周向没有定位基准，需要在测量时用被测要素自身拟合后构建，如齿轮类工件等。

（3）**装夹要求**。由于工件具有较高的精度，因此其装夹定位一般没有特殊要求，只要满足基准定位要求和被测型面能顺利测量即可。

（4）**环境要求**。如一般的精度要求，则其对测量环境的要求不高，如果有较高的精度要求，则应象箱体类工件的精密测量一样控制环境影响因素。

（5）**探针配置**。由于工件形状比较复杂，而且有时需要法向测量，因此对探针配置具有一定的要求，特别是在齿轮测量中，如果没有配置第 4 轴，则探针的配置需满足多方位的测量要求。如果配置了万向式测头，探针配置可以相对简单些，但测量精度会受到一定的影响。

（6）**测量要求**。由于这些工件上的这类几何特征具有相应的功能，因此除了需要测量评定其面（线）轮廓度，一般还会需要进行一些关于该类工件综合性能方面的几何特性评定，如叶片的升角、齿轮的廓线特性等，这些都需要由专门的算法来完成，常规的坐标测量软件并没有配置这样的算法模块，因此用户需要配置专用的测量模块才能有效地完成这类测量。如果用户自行编制相关测量评定软件，则须注意软件本身功能的检验和认证。

此外，这类特殊形状工件的 CAD 模型有时并不是一般 CAD 软件能精确表达，在 CAD 上往往只是一个近似的模型，此时如果直接将这些模型导入测量软件，则可能引起几何模型在精度方面的损失，这一点在进行基于 CAD 模型的测量时须引起十分的重视。

图 9.10 为这类工件及测量评定案例：图 9.10a)、b) 分别描述了一种叶片的测量及它的评定过程，包括它的探测配置及专业的评定软件，其最终得到测量结果除了几何方面的误差外，更多的是该叶片与气动性能直接相关的一些评定结果。

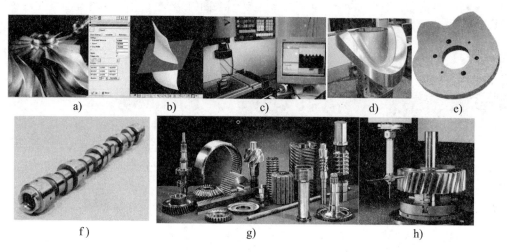

图 9.10　特型类工件及测量评定示例

图 9.10c) 描述了工件上螺纹的测量，螺纹的测量在坐标测量机中有不少的问题，小的螺纹，由于测量机探针无法测得型面，因此测量误差较大，一般是采用引出方法来测螺孔的中心位置，即在螺孔上拧上螺纹规后测量螺纹规。而对于大的外螺纹，尽管能测到轮廓面，但还需要有专门的评定软件。图中表示的是采用影像方法获取螺纹轮廓并进行评定的方法。

图 9.10f) 为一圆柱凸轮，由于测量干涉问题，无法直接测得轮廓面，现有许多的 CAD 软件又无法精确描述该轮廓面，而该类曲面的评定往往是中心曲面和槽宽，无法直接用一般的坐标测量软件来直接评定。这类工件一般都需要由专门的测量软件或模块来完成测量和评定工作，其输入一般是凸轮的设计参数，后续的测点计算和评定是由软件完成的。

图 9.10d)、e) 都是平面凸轮，只是图 9.10e) 的测量比较方便，可以简单地用一根探测，通过扫描测量来完成，而图 9.10f) 中，如果不配置第 4 轴，则很难用一根探针完成一个凸轮轮廓面的扫描测量，如选用 2 根探针，可能会影响测量的精度。当获取了测点点群后，一般测量软件的曲面曲线测量评定功能可以方便地完成轮廓度的评定工作。

图 9.10g)、h) 是齿轮测量的案例，由坐标测量的原理可以看到，无论何种形状的轮廓面，都是通过点的测量并计算和评定的，但齿轮的评定有其特殊性，这都需要有专门的测量软件和评定模块完成。这方面的测量和评定模块包括了：直齿、斜齿、伞齿、螺旋伞齿、蜗轮蜗杆等。

9.1.10　现场及大型工件的坐标测量

在某些场合，特别是工件较大时，无法采用一般的坐标测量机进行测量和误差评定，此时会采用移动式的坐标测量系统在生产现场进行测量评定工作。所采用的测量系统一般包括：激光跟踪仪、关节臂、光笔式测量仪等。这类工件一般可以分为二类，一类是具有高精度要求的机加工工件，还有一类是以轮廓面轮廓度测量要求为主的大型工件，现分别就这二种类型介绍其测量工作的技术特点：

(1) 以轮廓面轮廓度测量要求为主的大型工件

1）工件状况：工件具有较高的测量精度要求，许多情况下被测轮廓面和基准状态良好，典型的工件有大型检具、模具和车身轮廓面等；

2）基准状况：被测工件一般都建有完整的现场基准体系，如果选用的测量设备测量范围无法一次覆盖被测工件，则将在多次定位后一般采用转站方式在一个坐标系中重叠测量数据；

3）装夹要求：由于是移动测量，需装夹的往往是测量机本身，工件只要稳固即可；

4）环境要求：其测量精度对于机加工件而言还是较低，因此对测量环境的要求不高；

5）探针配置：一般情况下都为硬测头，并采用手动测量方法；

6）测量要求：这类测量和评定包括了尺寸误差和几何误差，在几何误差中，主要是轮廓度测量。

图 9.11 为这类工件及测量评定案例，图 9.11a) 为车身检具的测量，其选用的测量系统为关节臂，由于关节臂一次定位的测量空间有限，因此被测检具周边设置了多个基准点（球），在实际测量中，通过多次转站，在 CAD 模型的辅助下，完成对基准和被测轮廓面、检测点尺寸的测量与评定。图 9.11b) 为车身形面的测量，也使用了关节臂。由于现场并没有基准特征，因此在测量时，一般采用被测轮廓面上测量云点与 CAD 模型的最佳拟合（best fit）来建立评定基准，并在此基础上完成在面轮廓度的测量评定。图 9.11c) 为一大型叶片的测量，采用了激光跟踪仪，并在评定基准下，完成轮廓面上提取点的测量和空间点误差评定，这也可以看作为面轮廓度的测量评定。在这 3 例中，全是手动测量方式。

　　　a)　　　　　　　　　　　b)　　　　　　　　　　　c)

图 9.11　现场移动坐标测量评定示例

(2) 大型机加工工件坐标测量评定

这里主要指一些在生产环境中的大型工件（几米到几十米）坐标测量和误差评定，工件相对于常规体量大小的工件而言要大许多，目前的大型工件已标注有与一般体量工件几乎相同量级的尺寸公差和几何公差，因此从某种角讲，这类件的测量更为困难。测量这类工件的典型测量系统是激光跟踪仪。其主要具有以下的技术特点：

1）工件状况：由于是机加工工件，其被测特征状态比较好，而且工件一般都比较大，放置位置的不同还是可能对测量结果有所影响。如果工件上需测量特征较多时，工件或测量系统在测量时需要多次定位，典型的工件有大型变速箱、风电和水电叶片和壳体、大型工装夹具等；

2）基准状况：被测工件基准要素状态良好，由于工件较大，一般需要多次定位和构建基准，才能通过转站方式在一个坐标系中重叠测量数据；

3）装夹要求：由于工件自身较大，一般都是选择尽可能一次定位可多测的方位定位，以减少整个工件的定位次数。在工件定位后，由于工件比较大，一般情况下不再需要专门的装夹，只需定位稳固后即可。同时由于是移动测量，因此测量系统必须定位稳固；

4）环境要求：由于工件的测量精度高，工件大，而且现场往往没有良好的温度控制，因此需特别注意温度和现场振动对测量结果的影响；

5）探针配置：一般情况下都为硬测头，并通过手动测量方法；

6）测量要求：这类测量和评定的主要内容为尺寸误差和几何误差。

图9.12为这类工件及测量评定案例：图9.12a）为地铁车辆牵引架的精度测量，整个车厢的长度达22m，要求测量二侧牵引架的平行度，与车厢底部的垂直度等，实际测量中采用了激光跟踪仪，并通过设置在车厢中部外侧的多个靶球实现一次转站，完成二侧测量数据的重叠及误差评定。图9.12b）是风电轮毂的现场测量，由于整个工件中所有方位都有特征需要测量，因此工件需要多次定位，为了使测量数据能重叠在一个坐标系下，需要在工件上设置一定数量的靶标，以供转站和测量坐标系再建。测量中主要是三个安装风电叶片孔中心线和一个主轴中线心线的相互位置关系，以及所有安装孔的位置度。图9.12c）描述了坐标测量技术在大型工件加工中的辅助测量和质量控制的应用过程，这是一艘海上石油钻井船的动力定位主轴孔，整个工件的体量达到 $\phi7000mm \times 14000mm$，需在周向加工均布的 3×4 个高精度孔位。测量系统为激光跟踪仪，由于测量方位和加工配合要求，在现场设置了多个靶标，以供转站所用。在整个工件测量过程中，激光跟踪测量的主要工作是帮助加工工具的定位，以及最后加工成形孔尺寸和位置度的检测。

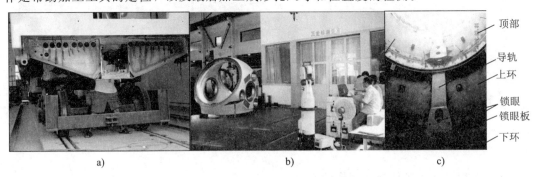

a)   b)   c)

图9.12 大型工件现场移动坐标测量评定示例

9.2 坐标测量的应用案例

在几何误差的测量评定过程中，除了那些只涉及形状的误差外，在评定时都涉及了基准体系问题，其中犹以位置度误差测量评定时的处理难度最大，这里将通过几个综合案例来加深对基准体系的理解。

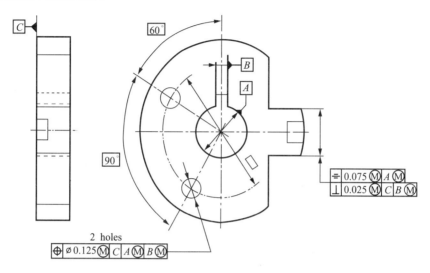

图 9.13 位置度误差评定案例一

9.2.1 具有最大实体要求的几何误差评定案例

图 9.13 所示是一个位置度误差测量评价的案例，图样对基准和测量评定要求的标注比较完整；包括误差评定的基准体系、对作为基准的几何特征标示了几何公差方面的要求，同时测量评定要求明确。其坐标测量与评定过程如下：

(1) **图样的解读**

图样中基准标注明确，C 基准为空间基准，约束了 3 个自由度，A 基准约束了平面上 2 个方向的移动，即约束了 2 个自由度，而 B 基准为键槽中心面，约束了公差带在平面上绕 B 中心线的转动自由度。

在图样中共有三个几何误差需要测量评定：

1) 垂直度：被测要素是右侧凸台的中心面，公差带为即垂直于基准 C 又垂直于基准 B 的 2 个平行平面，两平行平面距离为 0.025。该公差主要限定了在装配状成下该凸台的空间方向误差，并考虑了最大实体要求。

2) 对称度：被测要素是右侧突台的中心面，公差带是以基准 B 中心线为中线的二个平行平面，两平行平面距离为 0.025，对称分布。该公差主要限定了在装配状成下该突台的位置误差，并与垂直度一起最终限定了该几何要素的空间方位误差，并考虑了最大实体要求。

3) 位置度：被测要素是 2 个孔的中心线，公差带以 $C/A/B$ 基准体系和角度理论正确尺寸约束下的理论特征中心线为中心的 2 个圆柱形区域，圆柱区域直径为 0.0125。该公差主要限定了 2 孔在装配状成下的位置误差，并考虑了最大实体要求。

205

（2）**工件的装夹**

由于基准都依靠工件上的基准特征来构建，因此基准特征面 C 必须朝上，而凸台的方向可以放置在 X 或 Y 轴向方向上。工件的压板只要能固定工件，且让出被测特征，即所有的基准特征（C、A 和 B 特征），2 个被测孔和 1 个凸台即可。

（3）**探针配置**

该工件被测特征结构比较简单，因此只需配置一根探针即可，探针的长度只要不与装夹装置不干涉即可。

（4）**测量评定过程**

1）在当前测量坐标下（可能是机器坐标系），测量基准面 C，得到基准 C（评定平面）；测量 A 圆柱面，并在 C 基准的约束下合并导出基准中心线 A；测量与 B 基准相关的二侧平面，并在 C 和 A 基准的约束下，拟合导出基准中心面 B。然后通过测量软件，构建基准体系 $C/A/B$。然后测量工件左侧的 2 个孔，拟合并导出 2 条被测中心线；调用坐标测量软件位置度误差评定功能，选择已建立的基准体系，输入理论正确尺寸、公差值、被评定要素、A 和 B 基准要素的实测值、名义值和公差值、评定长度，选择最大实体要求后进行 2 孔位置度的误差评定。

2）测量基准孔 A，拟合并导出基准中心线 A。然后测量凸台上下二侧面，同组拟合并导出被测中心面。调用坐标测量软件的对称度评定功能，指定基准 A、输入对称度公差、基准孔 A 和二个面距离的实测尺寸、名义值和公差值、评定长度、设置最大实体要求后评定对称度误差。

3）回叫上面测得的基准面 C，测量与 B 基准相关的二侧平面，并在 C 基准的约束下，拟合导出基准中心面 B。回叫上面的被测中心面，调用坐标测量软件的垂直度评定功能，指定基准 C 和 B，输入垂直度公差、基准槽 B 的实测宽度、名义值和公差值、评定长度、设置最大实体要求后评定垂直度误差。

9.2.2 孔系复合位置度误差评定案例

这是一个涉及多个基准和孔系复合位置度的测量评定案例，如图 9.14 所示。

（1）**图样的解读**

图样中基准标注十分明确，其中实际上涉及两个基准体系。上面 4 个孔的位置度用的是 $D/A/B$ 基准体系，下面 3 个孔的评定基准中，D 为空间基准，而 C 基准及方向通过上面 4 孔及下面 3 孔的实测值来构建。在图样中共有 2 个几何公差需要测量评定，一个是上面 4 孔的位置度，另一个是下面 3 孔的复合位置度。

1）**位置度**

被测要素为上面 4 个孔的中心线，公差带以 $C/A/B$ 基准体系和理论正确尺寸约束的理论孔中心线为中心的四个圆柱区域，圆柱直径为 0.05。该公差主要限定了在装配状态下该孔系的位置度。

2）**复合位置度**

这个复合位置度公差包括了二个位置度公差，在上一个位置度公差的基准体系中，基准面 D 约束了 3 个孔公差带的方向（垂直于 D 面），而 C 基准由上面 4 个孔的实测结果构建，即四个实测孔中心线，在 D 基准的约束下拟合并导出分布圆柱中心线基准 C，并通过

3 个被测孔的分布圆中心线和二个方向上的理论正确尺寸，可以明确约束各孔公差带中心线。该位置度限定了下面 3 孔实际使用中的位置度误差。

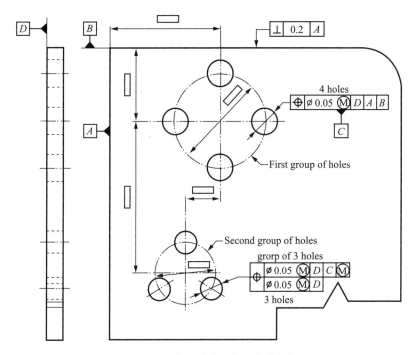

图 9.14　位置度误差评定案例二

　　下面的另一个位置度公差，基准面 D 约束了 3 个孔公差带的方向（垂直于 D 面），其他的自由度图样上并未标注，因此是自为基准，即由 3 实测孔中心线与理论 3 孔做最佳拟合，以建立评定基准。该位置度限定了这 3 孔在基准 D 的约束下，自身的相互位置误差。

　　在复合位置度中，其公差带是上二个位置度公差带的重叠区域。实际上在这种功能要求下，这二个位置度公差分别标示和分别评定，然后同时满足，其评定结果是一样的。

　　（2）工件的装夹

　　由于基准都依靠工件上的基准特征来构建，因此基准特征面 D 必须朝上，而工件放置方向较随意，一般是沿 X 或 Y 轴向方向放置。工件的压板只要能固定工件，且让出被测特征，即所有的基准特征（D、A 和 B 特征），上面 4 个被测孔和下面 3 个被测孔即可。

　　（3）探针配置

　　该工件被测特征结构比较简单，因此只需配置一根探针即可，探针的长度只要与装夹装置不干涉即可。

　　（4）测量评定过程

　　1）在当前测量坐标下（可能是机器坐标系），测量基准面 D，得到基准 D（评定平面）；测量 A 面，并在基准 D 的约束下拟合得到基准面 A；测量 B 面，并在基准 D

和 A 的约束下拟合得到基准 B。测量上面 4 孔并导出中心线；调用测量软件位置度误差评定功能，选择已建立的基准体系，输入理论正确尺寸、位置度公差值、被评定要素及实测值、名义值和公差值、评定长度，选择被测要素最大实体要求后进行 4 孔位置度的误差评定。

2）对于复合位置度误差的测量评定，这里采用分开测量评定，同时满足的方式。首先测量下面一个位置度。调用已测的基准 D，同时测量下面 3 个孔，并在 D 基准的约束下，与 3 孔的理论模型进行最佳拟合（best fit），这个操作实际上建立了评定基准中的平面基准。然后调用测量软件的位置度误差评定功能，选择已建立的基准，输入理论正确尺寸、被测要素及实测尺寸、名字值和公差值，并选择最大实体要求后进行位置度评定。

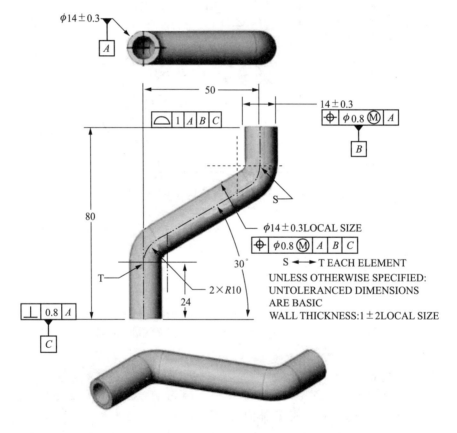

注：图例来自 http：//www.tec-ease.com/，并作调整。

图 9.15　管类工件位置度误差评定案例

3）然后测量上面一个位置度。调用已测的基准 D，然后调用前面已测的（与 C 基准相关）4 孔，并在 D 基准的约束下，将这 4 孔中心线拟合并导出该 4 孔分布圆（柱面）中心线基准 C。然后测量被测量评定的 3 孔，并在 D 基准的约束下，将这 3 孔中心线所合并导出中心线，并通过该导出中心、其到 C 基准的二个方向理论正确尺寸进行最佳拟合计算，实现其在 D 基准平面上，以 C 基准为中心的回转定位。然后测量 3 个被测孔并导出各自中心线。调用测量软件位置度误差评定功能，选择已建立的基准体系，输入理论正确尺寸、位置度公差值、被评定要素和实测值、名义值和公差值、与 C 基准相关的 4 孔实测值、名义值和公差值、评定长度，选择被测要素和基准要素的最大实体要求后进行 3 孔位置度的误差评定。

9.2.3 管类工件位置度误差评定案例

管类工件尽管其自身公差要求一般都较大，但由于其图样上所需评定的对象一般都为中心线，使其在实际测量时被测要素的生成和评定都比较麻烦，图 9.15 描述了某种管件的测量要求。

(1) **图样的解读**

该图样中基准体系非常明确，其中第 1 基准为圆柱 A，它约束了公差带的空间方位（4 个自由度）。第 2 基准为圆柱 B，它约束了公差带绕 A 基准的回转自由度（1 个自由度。第三基准平面 C 则约束了最后 1 个沿 A 轴的自由度。而且对这些基准特征都标注了相应的几何公差。需要评定的是中间一段管子的中心线及连接段中心线的位置度。

(2) **工件的装夹**

该工件尽管体量不大，但由于局部形状都是回转轮廓面，如要在一个方向上全部测到，则需要配置转台或多种探针，考虑到被测要素的精度要求并不高，因此只需简单装夹即可。可以考虑用 V 型块，安装方位可以简单地沿 X 或 Y 轴。装夹时需让出被测特征和基准特征，要注意的是加紧时不能让工件产生变形。

(3) **探针配置**

配合工件安装，只需配置一根探针即可，探针的长度只要不与装夹装置不干涉即可。

(4) **测量评定过程**

在当前测量坐标下（可能是机器坐标系），测量基准圆柱 A，拟合并导出得到基准中心线 A；测量基准圆柱 B，并在基准 A 的约束下，拟合导出基准中心线 B；测量基准面 C 面；确定被测要素测点的提取截面，在各截面上分别测量截面圆并导出中心点。调用测量软件的位置度评定功能，指定评定基准（第一基准 A、第二基准 B 及第三基准 C），输入公差值，被测要素名义值、公差和实测值，选择被测要素的最大实体要求进行位置度误差评定。

这里要注意：

1) 上面是将对整个被测要素（包括管子中间段和二个连接段的中心线）分解为各截面圆的中心来加以测量和误差评定，因此具体确定设置哪些横截面（位置和数量），都应在测量规范中规定；

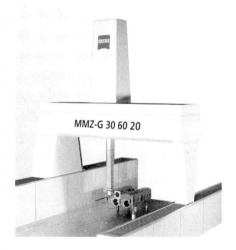

图 9.16 柴油机机体检测总体解决方案

2）由于转化成了截面圆圆心的位置度，因此其公差带是在截面上的一个圆型区域。

9.2.4　针对客户产品的整套解决方案

下面从柴油机机体测量要求的总体解决方案角度出发，介绍如何针对高精度坐标测量的特殊需求，包括技术和经济性等要求，配置测量系统的整套技术解决方案的设计与实施过程。图 9.16 以德国蔡司的坐标测量机和软件系统为工具，所配置的坐标测量系统示意。

（1）用户需求

这是一个具有相当高精度的大型箱体类工件（4400mm×2000mm×1600mm）。根据技术图样及检测控制项目的要求，设计并实施一套完整可行的测量解决方案。其中主要工作包括：

1）测量系统配置：包括三坐标测量、探针组合方式、工件装夹系统及其他相关系统等；

2）制订完整的测量工艺流程。

工件图样如图 9.17 所示：

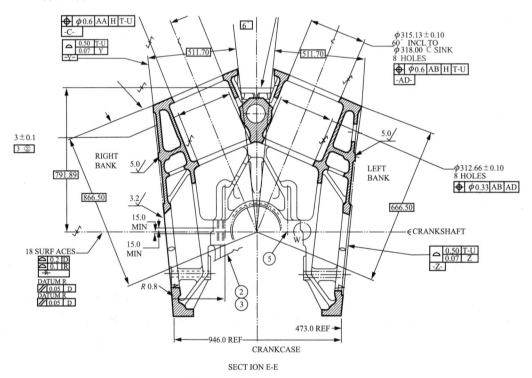

图 9.17　柴油机机体图样示意

由于这是柴油机的关键工件，因此需检测和控制的项目非常多，包括尺寸误差和几何误差，其主要检测和控制内容如下：

①外形尺寸：主要是一些外形尺寸和与安装有关的一些外部尺寸，其主要参数见表 9.1；

②尺寸误差：主要包括孔径、孔距和角度误差等，其中包括：公差要求在±0.02mm

左右，具体要求参见表 9.2；

③几何误差：包括直线度、圆柱度、平面度、平行度、垂直度、同轴度、位置度、对称度，其公差要求±0.02mm 左右。

表 9.1　主要需控制的外形尺寸汇总

型号	长/mm	宽/mm	高/mm
A 型总装	3594	1385	1288
B 型总装	3721	1466.8	1917.4
上机体零件	3629	1466.8	1003
下机座零件	3731	1200.2	914.4
C 型总装	4378	1390	1478
综合尺寸	4400	1600	1600

表 9.2　主要需控制的关键尺寸汇总

需测参数	主要指标
主轴孔参数	直径 ϕ235mm，档距 320mm，深度 340mm（孔边缘距端面 100mm）
缸孔参数	直径 ϕ300mm，深度 480mm，倾斜 22.5°～25°
凸轮轴孔参数	直径 ϕ140mm，档距 300mm，深度 240mm（孔边缘距端面 100mm）
外型参数	265 型 U 基准（前端第一主轴孔）距前端面（深度）约 810mm 止推面 H 基准（前端面第一主轴孔内侧面）距上斜面距离（深度）约 1000mm

（2）测量系统需求分析

在构建测量系统前，重点需要考虑的是测量系统的精度、总体行程要求以及测量工艺过程。测量精度主要根据被测工件的精度要求以及整个测量工艺来确定，在系统未构建和进行测量试验之前，相关工作的经历和经验将起非常重要的作用。

考虑到工件很大，因此初步确定了工件在测量时的安装方位，即图样中的方位。据此，根据可以估算探针的大致配置情况。图 9.18 描述了在工件定位后，针对被测特征所处方位进行了各个方向上探针的配置和行程估算情况。

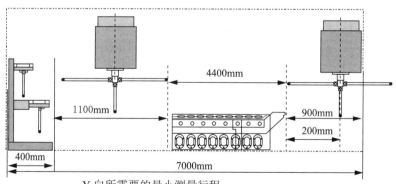

Y-向所需要的最小测量行程：
缸体长度：　　　　　　　　　　　　4400mm
　Y-向加长杆：　　　　　　900+1100=2000mm
退避空间：　　　　　　　　200×2=400mm
探针更换架：　　　　　　　　　　　400mm
　Y-向所需测量最小行程：　　　　　　7200mm

图 9.18　柴油机机体坐标测量行程估算示意

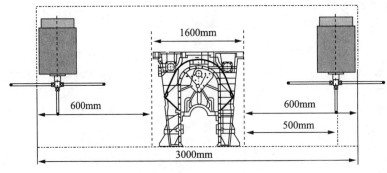

X-向所需要的最小测量行程：
缸体高度：   1600mm
X-向加长杆：   600+600=1200mm
退避空间：   100×2=200mm
X-向所需测量最小行程：   3000mm

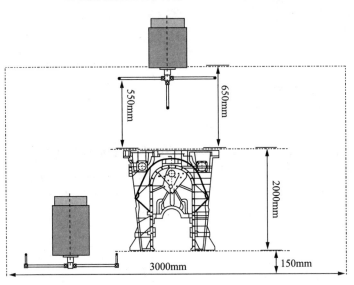

Z-向所需要的最小测量行程：
机体高度：   2000mm
Z-向加长杆：   630mm
退避空间及夹具：   150+100=250mm
Z-向所需最小测量行程：   2900mm

续图 9.18

从上面的估算中，可以看到工件基本的装夹方式和测量方法，以及探针配置的概况。并在此基础上确定了坐标测量机的测量工作空间和行程空间。其各个方向的最小行程分别是：X 轴 3000mm，Y 轴 7200mm 和 Z 轴 2900mm。

（3）测量系统构建

根据被测工件的精度要求和对测量工艺方法与测量过程的设计、测量空间的估算，选择坐标测量系统，表 9.3 罗列了该测量系统基本的软硬配置参数。其中主要考虑的问题包括：

1）测量机工作区域和最小行程约束；

2）考虑到探针的长度和重量问题，选择固定式测头；

3）考虑到测量精度和测量效率要求，选择主动式扫描测头；

4）由于被测对象主要是尺寸和几何误差，所以选用 ZEISS 的坐标测量软件 Calypso 软件的基本模块；

5）由于需要有多个探针组合才能高效高精度地完成所有测量任务，因此配置了相应的探针库，用于探针组合的存贮和自动更换。

表9.3 坐标测量系统配置结果

	型号
三坐标	MMZ _ G _ 408030（4000mm×8000mm×3000mm）
控制器	C99（CNC 控制系统）
探头	VAST Gold（主动式扫描测头） 　　探测力：50mN 到 1000mN 连续可变 　　测量速率：Up to 2 sec. /point（单点）， 　　　　　　　 Up to 200 points/sec.（扫描） 　　允许最大探针重量：600g 　　允许最大探针长度：900mm 　　可用传感器接口：RST 温度传感器，可以与 VAST adapter 实现自动更换
计算机系统	HP workstation（工作站）
测量软件	Calypso4. 6-Basic
探针库	6 库位

（4）测量工艺与探针配置

首先考虑的工件的装夹，针对大工件自身重量大的特点，其装夹和调整方案如下：

1）在 CMM 测量平台上放置相应的 6 个具有高度可调功能的垫块，高度至少在 150mm 以上。其均匀分布在被测工件的左右和前后部位，并且可以借助 CMM 的台面孔直接固定在 CMM 台面上。

2）在垫块上，设计能用于平面轴线找正的结构，以方便自动测量程序的起始坐标定位。

在工件定位后，最关键是探针的配置，这其中不仅要考虑到测量精度和效率问题，还要充分考虑测量和探针交换过程中的可能的碰撞干涉问题。

由于被测工件的被测特征众多、方位各异，因此需通过专门的探针组合配置，才能用最少有探针组合，在工件一次定位后完成所有的测量工作。

探针配置实际上由许多组件组成的（如图 9.19 所示），包括探针组合的适配器（与探头联接部分）、接长杆、多向转接器、角度转接器、盘形探针、球形探针等。

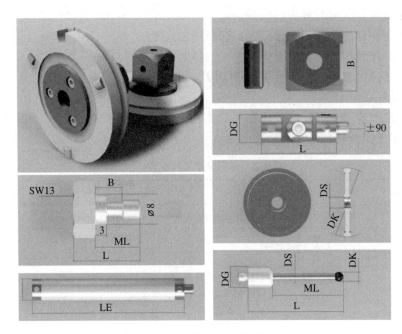

图 9.19　探针配置的组件示意

　　根据该工件的测量工艺，总共需要 6 个探针组合才能完成相关的测量工作。图 9.20 描述了这 6 组探针的配置情况：

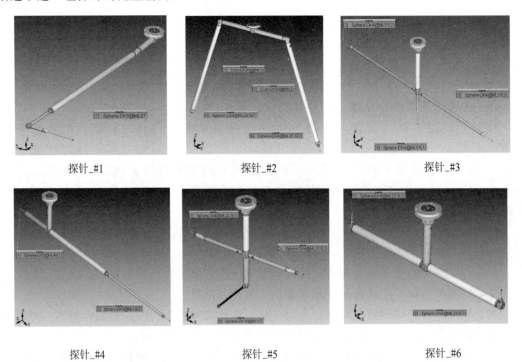

图 9.20　探针组合配置情况示意

（5）测量与应用过程

工件的整个误差测量与评定过程内容较多，所使用的探针组合也较多，因此需要制订详尽的测量过程，并编制成自动测量程序。下面简单描述该工件的测量过程：

1）测量坐标系建立

①调用探针♯4 的 2 号针头，测量工件主轴孔止推面中前端面的两个圆柱孔，并且应用 Calypso 软件的回叫（recall）功能构造前端面 3-D 直线。

②调用探针♯1 的 1 号针头，测量工件前后的主轴孔，同样应用 Calypso 软件的回叫（recall）功能构造主轴 3-D 直线。

③综合以上所有已测得及构造要素：主轴 3D 直线—前端面 3D 直线—前端面主轴圆等，建立工件检测的主坐标系。

2）几何要素的检测和误差评定

①调用♯1 探针的 1 号针头，从工件的右侧面逐次进入机体内部，完成主轴孔的圆柱度（要求≤0.050mm）和同轴度（要求全长≤ϕ0.07 mm，相邻≤ϕ0.06 mm）的检测和误差评定。

②调用♯5 探针的 3 号针头，逐次从工件的顶部进入机体内部，完成凸轮孔的圆柱度（要求全长≤ϕ0.05 mm）和同轴度（要求全长≤ϕ0.04 mm，相邻≤ϕ0.06mm）的检测和误差评定。

③调用♯5 探针的 1 号和 2 号针头，分别从工件的左右侧面进入，完成工件左右侧面以及左右端面上所有的圆柱孔形状公差（要求≤0.04 mm）和位置公差（要求≤ϕ0.06 mm）的检测和误差评定。

④调用♯2 探针的 1 号和 2 号盘型针头，从工件的顶面分别左右倾斜进入缸孔内部，完成上、下缸孔的圆柱度（要求≤0.05mm）、同轴度（要求≤ϕ0.04 mm），缸孔轴线与主轴孔轴线的位置度（要求≤ϕ0.03mm）的检测和误差评定。

⑤调用♯2 探针的 3 号和 4 号针头，进入工件的左右顶面，完成顶面对应多个阵列孔的孔径，圆度和位置度，包括的左、右顶面多个阵列孔的孔径（要求≤0.04mm）圆度（要求≤0.03mm）和位置度（要求≤ϕ0.05 mm）检测和误差评定。

⑥调用♯4 探针的 1 号和 2 号针头，可以完成主轴孔止推面与主轴轴线的端跳动（要求≤0.04 mm）；机体前后端面平面度和所有圆柱孔简单尺寸和几何误差的检测和误差评定。

⑦调用♯3 探针的 2 号和 3 号针头，完成工件前端左右侧面上端平面平面度（要求≤0.03 mm）、圆孔孔径（要求≤0.03 mm）及位置度（要求≤0.04 mm）；中部特定圆柱孔孔径（要求≤0.03 mm）及位置度（要求≤0.04 mm）等的测量和误差评定。

⑧调用♯3 探针的 1 针头，完成工件上端面所有平面和圆柱孔的尺寸（要求≤0.03 mm）形状（要求≤0.03 mm）及位置误差（要求≤0.04 mm）的检测和误差评定。

⑨调用♯6 探针的 1 号和 2 号针头，完成工件下底面所有平面和圆柱孔的尺寸（要求≤0.06 mm）形状（要求≤0.05 mm）及位置度（要求≤0.05 mm）的检测和误差评定。

3）其他误差的测量和误差评定

在完成上述各几何要素的测量和评定后，还可以通过新的几何要素的构造和组合，完成工件余下的误差测量工作，包括：同轴度、平行度、位置度、垂直度、对称度、孔距、角度等。

（6）测量时间评估

表 9.4　坐标测量时间估算结果示意

检测内容	预估时间
严格图样的检测项目和技术要求	20min～25min
根据组合探针能力，增加辅助检测项目	30min～35min
注：程序已在 PC 上脱机模拟运行测试。检测时间有所变动。	

借助坐标测量软件基于 CAD 模型的脱机编程和测量程序调试验证功能，可以方便地在测量程序编制完成对，对整个工件的测量时间做比较精确的工件测量时间估算，表 9.4 为估算的结果示意。

（7）测量系统对环境的要求

由于被测工件体量很大，同时精度要求又非常高，为了确保测量结果的准确性、重复性和再现性，除了需制订严格的测量操作规范外，必须对测量系统的环境进行严格的规定，表 9.5 为测量系统对环境温度、温度变化和环境湿度的要求。图 9.21 为满足该要求的环境要求的空调系统布置示例。其中配置包括：

1）使用高精度的立式恒温恒湿处理机。

2）气流组织采用双侧内送下回或孔板送风方式。

3）立式恒温恒湿处理机安装在单独的空调机房中。安装在 T 型混凝土平台上，并采用减振措施。

4）立式恒温恒湿处理机与送、回风管连接处加减震软管送风口处空气不能直吹向测量机。

5）柜式空调的布置建议采用对角线放置。

此外，工件在测量之前，必须进行等温处理，以确保工件内外温度的一致性，并满足图样规定的测量条件。

表 9.5　温度及湿度要求

保证精度的温度范围	18℃ ～ 24℃
允许温度梯度	0.5K/h
	1.0K/d
	0.5K/m
最佳湿度范围	30% ～ 70%

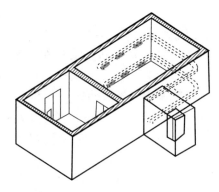

图 9.21　测量室空调配置

9.2.5　压气机叶轮检测解决方案

叶片等具有特殊形面要求的工件，在坐标测量时往往与仅有一般工件尺寸和几何误差测量明显不同的地方，其主要表现在：

——除了一般的尺寸误差和几何误差测量评定要求外，其还有对叶片轮廓面一些特殊结构参数的测量和评定要求；

——除了一些单片叶片外，整体的叶轮其结构比较复杂，因此在具体高精度测量时，探针的配置就非常重要。

下面以德国蔡司的坐标测量机和软件系统为工具，通过某型压气机叶轮的坐标检测来介绍这类工作的开展及坐标测量技术的应用。

(1) 测量要求分析

图 9.22 为压气机叶轮的工程图样，其中非常详细标注了该叶轮的精度要求。这是一个系列的叶轮，其外径从 20mm～300mm。

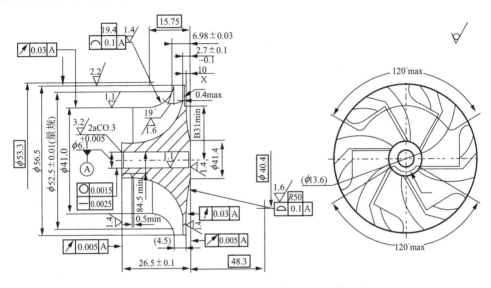

图 9.22　压气机叶轮图样与测量要求示意

该工件对坐标测量提出的要求包括：

1) 能够根据图样中尺寸和几何公差标注，自动完成相应的误差测量和评定工作；

2) 能够自动完成叶形的扫描测量，并生成三维的 CAD 模型；

3) 能够自动测量和评定叶片的后弯角、前倾角、任意指定位置的 β 角等误差；

4) 能够自动测量和计算叶片前缘、后缘的曲率；

5) 能够自动计算测得叶片与理论设计叶片的周向分度误差；

6) 能采用图示化的方式，输出测量结果，如子午面图（包括所标尺寸的测量和计算）；

7) 能够将测得图形与设计图形（也可以是采用其他方法测量形成的图形）进行比对；

8) 测量结果，如比较得出的叶片法向厚度等可以用文件（Excel 格式）输出。

从上面的测量要求可以看到，这类工件测量后误差评定的内容远比一般的机加工工件要多，而且也更为专业。表 9.6 描述了测量系统配置的情况。

表 9.6 坐标测量系统配置结果

	型　号
三坐标测量机	CONTURA G2 776 RDS
控制器	C99（CNC 控制系统）
测头	RDS/VAST XXT（万向式/主动探描探头）
计算机系统	HP workstation（工作站）
测量软件	Calypso5.0，包括：Curve 选项、Iges 接口选项、Freeform 选项等模块

（2）测量系统需求分析与配置

由于被测叶轮最大尺寸为 $\phi300mm$，同时考虑到可能的工装夹具和测头转换时的预留空间，选择的坐标测量机的测量空间范围为 $700mm\times700mm\times600mm$。图 9.23 描述了坐标测量机测量空间的俯视图。

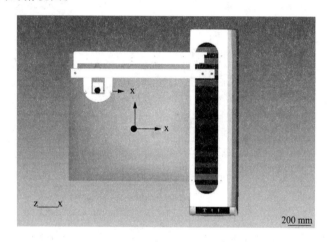

图 9.23 坐标测量空间估算

在测头方面，考虑到系统并不配置回转的第 4 轴，而对叶轮的测量又需要覆盖到所有的周向叶片，特别是有对叶片分度精度的测量要求，配置固定式测头是不合适的，因此在本测量系统中，适合配置万向式探头，这样可以通过具有 2 个自由度的探头结构，使探针能测到所需要的全部方位，这样不仅提高了测量效率，同时也降低了探针组合的难度。图 24 描述了完成配置后整个测量系统的精度。

图 9.25 罗列了配置了主动式扫描探测系统的万向式测头 RDS/VAST XXT 与其他测头在叶片测量方面的功能比较。

整个测量系统中，根据系统配置和具体测量要求，仅需配置 1 个 VAST XXT TL1 适配器，其支持探针最大长度 125mm、1 个探针吸盘和 1 个参考探针（$L=30$ mm，$D_s=5$ mm）。

CONTURA G2 RDS		7/7/6 to 7/10/6	10/10/6 to 10/21/6
RDS动态旋转探头座，可连接光学探头、触发式探头和扫描探头。采用侧位旋转技术，旋转基座在X-Y面和Z向均可实现±180°旋转，步距角为2.5°，测头能达到20736个测量位置。RDS-CAA探针自动校准修正技术，仅需校准少数几个空间特殊位置，探头系统就可以对余下的空间位置做自动补偿修正，节约大量校准时间。而传统的旋转基座，在Z向有150°的圆锥空间无法到达，也不具备自动修正功能。			
VAST XXT 被动式扫描探头，也可单点测量。单点采集时间最长为2.5s。配模块TL1:探针长度（30~125）mm。配模块TL2:探针长度（125~250）mm，最长延长杆100mm，最大探针质量10g，最小探针直径0.3mm。			
长度测量不确定度 MPE acc.EN ISO 10360-2	for E in μm (in/1000)	1.8+L/300 (0.071+L/300)	1.9+L/300 (0.075+L/300)
探测不确定度 MPE acc.EN ISO 10360-2	for P in μm (in/1000)	1.8 (0.071)	1.9 (0.075)
扫描测量不确定度 MPE acc.EN ISO 10360-4 扫描时间	for THP in μm (in/1000) t (sec)	3.5(0.138) 68	3.8(0.150) 68
形状测量不确定度 MPE圆度 EN ISO 12181 (VDI/VDE 2617 Part 2.2)	RONt (MZCI) in μm (in/1000)	1.8 (0.071)	1.9 (0.075)

图 9.24　坐标测量系统精度

VAST或VAST XT　　　　RDS-VAST XXT　　　　RDS-VAST XXT
或VAST配置第4轴

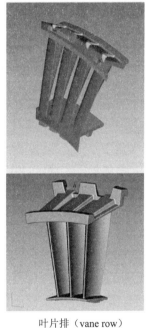

叶片（blade）　　　　叶片排（vane row）　　　　叶轮(blisk)

图 9.25　各类测头系统对叶片类工件的适用范围比较

在测量软件方面，以通用的测量软件 Calypso 软件为主体，配置 Curve（曲线）、Free-form（自由曲面）等模块，以及通用的 IGES CAD 模型数据接口，再加辅以自动测量程序中的部分宏程序模块，就能应对所有的测量任务。

表 9.7 描述了 RDS-VAST XXT 测头系统的技术参数：

表 9.7   各类测头系统对叶片类工件的适用范围比较

RDS 尺寸 Dimension	直径 Diameter-64mm,高度 height-140mm
RDS 最大旋转范围 Max. rotary range	A 旋转角：±180°,B 摇动角：±180°
RDS 步距 Step	2.5°
RDS 空间位置 3D position	20736（144×144）
RDS 支持最大加长杆 Max. extend probe	300mm
探针定位重复性 Probe changing reproducibility	±1″
测头最小探测力 probing force	0.04-0.13N
测头测量范围 measuring range	+/-0.5mm
测头偏移量 deflection range	+/-3.0mm
测头最大扫描速度 scanning speed	100m/s
测头分辨率 resolution	0.05μm
允许最大探针长度 permissible probe length	125mm
允许最大探针重量 permissible probe weight	10g

（3）叶轮的测量过程

该工件的第 1 基准是孔 A 的中心线，其约束了 4 个自由度，顶面约束了工件在第 1 基准 A 方向上的移动自由度。而整个工件绕 A 中心线的围转定位基准并没有在图样中标出，因此将由被测特征自身相对于理论 CAD 模型构建绕 A 基准中心线的周向基准。在测量坐标系/评定基准建立后，就可以导入 CAD 模型，并在此基准上进行测量和误差的评定。

1）测量坐标系/评定基准的建立

①测量基准中心孔 A，拟合并导出中心线基准 A；测量工件顶面，在基准中心线 A 的约束下，拟合基准平面（图中未标示，由测量工艺规定，作为临时基准），然后以 A 为第一基准，以平面为第二基准，初步建立测量坐标系（见图 9.26）。构建初步坐标系的目的在于导于 CAD 模型。事实上，为了方便测量，应在设计中考虑这样的初基准面，并给予精度控制。

②测量各叶片，并将其与 CAD 模型进行最佳拟合（best fit），构建基于各叶片自身的测量坐标系/评定基准；以及在基准 A 的约束下将其与 CAD 模型进行最佳拟合（best fit），构建以 A 为第 1 基准的测量坐标系/评定基准（见图 9.27）。

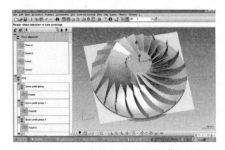

图 9.26   叶轮的初步基准示意

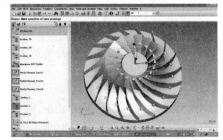

图 9.27   叶轮的测量坐标系/评定基准构建示意

2）叶轮中涉及气动性能的几何参数测量和误差评定

①法向厚度：在叶轮压力面和吸力面上探测空间点，然后计算法向厚度（见图9.28）。

②周向分度：在叶轮压力面或吸力面上探测空间点，然后调用阵列处理功能模块，可在每个叶面上得到相同位置的点。使用软件中的"Circular Pitch"功能命令，可计算出周向分度误差，累计误差等（见图9.29）。

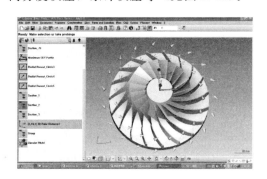
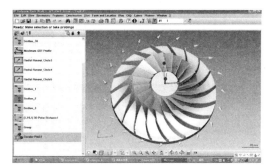

9.28 叶轮的法向厚度误差测量与评定　　图9.29 叶轮的周向分度误差测量与评定

③前倾角：先在叶轮轮廓面出口处测量两个小平面，对称面导出操作后（见图9.30），然后在气道底部测量一个小平面，然后计算夹角（前倾角）（见图9.31）。

图 9.30 叶轮前倾角测量中对称面导出操作

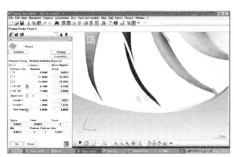
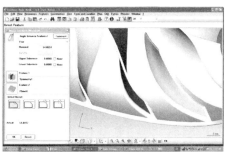

图 9.31 叶轮前倾角的测量与评定

④后弯角、β角：在叶片压力面和吸力面的中间位置各测一条3D曲线，然后对这两条曲线进行对称线导出操作，可得到型面曲线［见图9.32a)］。将这条曲线的数据输出，用外部程序进行投影处理后，再读入，就可得到投影曲线。可计算出后弯角、β角［图9.32b)］。

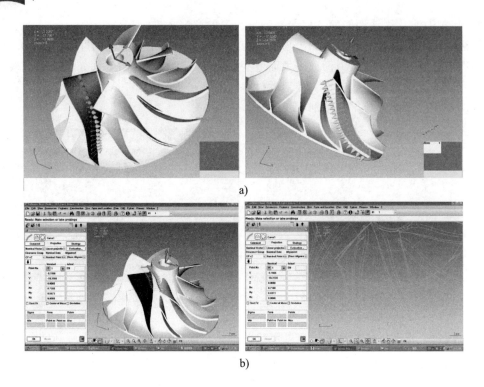

a)

b)

图 9.32　叶轮后弯角、β 角误差测量评定

⑤前缘、后缘的曲率：通过曲线（空间）点的测量，并拟合（和补偿修正）后得到前缘、后缘的曲率［图 9.33a］，采用 Calypso 软件时的测量设置示意）；

在这类叶片的测量中，也可以用专业的叶片测量软件来进行测量和误差评定，图 9.33b）为采用 Blade 叶片测量软件进行误差测量和评定时的设置示意。

在上面的许多测量中，都是在测量坐标系/评定基准建立后，调后 CAD 模型进行相关测量的。

在叶片某些几何特征的测量中，由于被测要素非常小，须注意其测量方法对测量结果的影响。

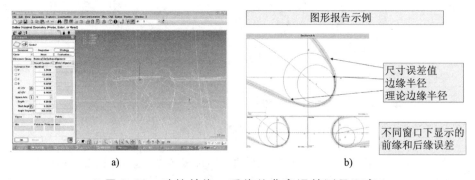

a)　　　　　　　　　　　　　　　　b)

图 9.33　叶轮前缘、后缘的曲率误差测量评定

第 10 章

几何坐标测量结果的合格判定

影响测量结果的因素非常多，如何认可测量结果已成为实际工作中必须回答的一个问题，本章在分析了影响坐标测量结果相关因素后，介绍了保障坐标测量结果准确和合理的方法等。

10.1 影响坐标测量结果的因素

从前面章节的介绍中可以看到，坐标测量系统涉及一个庞大而复杂的技术体系和应用体系，而且整个工作涉及的环节也很多，所有这些都会对坐标测量的测量结果造成不利的影响。

GB/T 18779.2—2004（ISO/TS 14253-2：1999）《产品几何量技术规范（GPS） 工件与测量设备的测量检验 第 2 部分：测量设备校准和产品检验中 GPS 测量的不确定度评定指南》中详细描述了数字计量测量过程中对测量结果不确定度的十大影响因素，GB/T 18305—2003（ISO/TS 16949：2002） 《质量管理体系 汽车生产件及相关维修零件组织应用 GB/T 19001—2000 的特别要求》中测量系统分析（Measurement Systems Analysis，MSA）部分也对测量系统变差的来源进行了详细的分析和定义，尽管该标准主要针对汽车行业，但对于一般的测量工作而言，其中的相关内容同样具有指导意义。图 10.1 分别描述了十大影响因素和影响测量系统变差的因果图。

GB/T 18779 标准中罗列的影响测量结果的因素，具体涉及：

(1) 环境条件

影响测量结果的环境因素非常多，其中包括：振动，电磁干扰，工件或探针上的污物，温度，湿度，尘埃、噪声以及供给测量机支承所用的空气压力和品质等。

一般而言，坐标测量系统的制造商会根据坐标测量机的性能等具体情况，对测量系统的环境条件提出相应的要求，只要能满足这些要求，包括地基、温度控制、气压、气体品质等，测量系统的性能就能得到有效的体现。而有些因素如果能被有效地固定下来，那么就有可能得到相应的补偿。

在这些影响因素中，温度是最主要的一个部分，这方面在日常需注意和控制的内容包括：

1）测量环境温度：计量标准温度为 20℃，坐标测量机的放置环境也应控制在这个温度上，当然一般会有一个许可的变化范围。

2）温度变化与分布：由于坐标测量机和工件材料、导热性、体量等方面原因，温度的变化，会引起坐标测量机相关部件和工件内外及端头温度的不均，从而引起不可明确估算的热变形和扭曲。因此对于高精度测量（机）而言，必须对温度进行严格的控制，控制的内容包括：环境温度、环境日温度变化梯度、环境每小时温度变化梯度、测量环境中空间温度分布状况与梯度等。事实上，温度梯度不仅会引起变形，还直接影响了激光测量的精度。

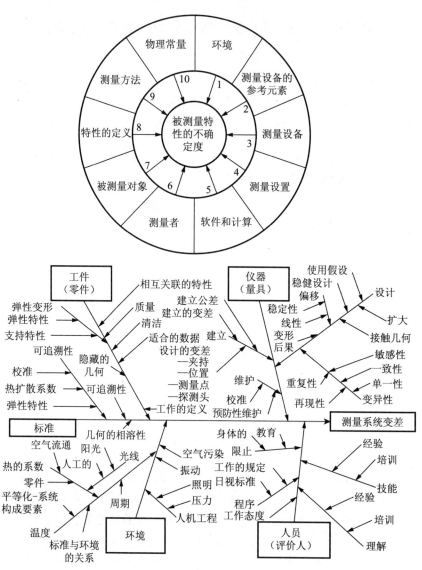

图 10.1　GB/T 18779.2 和 GB/T 18305 对影响测量结果
因素的分析及因果图

3）材料的热膨胀特性：由于坐标测量机台面、导轨、光栅及被测工件等所使用的材料不同，以及机构与结构等方面的影响，在温度变化时，它们胀缩量的大小与方向会也不同，从这一点上讲，也必须有效地控制温度。在一定的温度条件下，测量机配置的温度补偿功能可以通过对各部分温度的实时测量，以及事先构建的温度补偿模型，有效地补偿这方面的影响。

4）操作人员人体的热量影响：操作人员是一个容易被忽略的热辐射源，据相关统计，1 个人所散发的热量，相当于 1 个 36W 的灯泡。因此在精密测量时须严格限制进入测量机恒温室操作人员的数量。

5）湿度的影响：湿度会对测量系统的器件造成一定的影响，从而影响测量精度，影响比较明显的在影像和激光测量系统的应用中。同时，有些材料，如碳复合材料等，尽管温度不敏感，但对湿度极为敏感，在测量时应引起注意。

6）灰尘与污物的影响：灰尘不仅影响导轨的导向精度，也直接影响了激光和影像测量的精度。而污物在接触式测量中的影响也是十分明显的，因此不仅要保持测量环境的清洁，而且还要对探针针头和被测特征进行仔细的清洗。

7）振动的影响：振动是精密测量的天敌，因此测量系统必须根据制造商规定的要求设置地基与隔振装置。

（2）测量设备的参照标准器

这部分主要是指测量系统的基准与检测传感系统等方面的影响。在测量系统供应商所规定的环境条件下，这部分因素是可以通过测量机配置的补偿功能来解决，并可按 GB/T 16857（ISO 10360）系列标准进行检定与验收。

（3）测量设备

坐标测量系统属于多特性的测量设备，需由多个计量特性来表示其特性，因此由测量设备方面原因造成的不确定度非常复杂，目前可按 GB/T 16857（ISO 10360）标准进行相关检定。

（4）测量设备性能与参数设置

坐标测量系统设置主要包括：测量机预热周期，探测系统结构的稳定性（包括热稳定），探测系统的校准技术，标准球位置的稳定性，多探针系统等；多探针方面的因素可以按 GB/T 16857（ISO 10360）标准的相关内容进行检定。

（5）测量评定软件和计算方法

在几何坐标测量中，除了空间点位信息的直接采集与评定外，其余全部都是通过拟合、导出及计算、评定的过程完成的，其中涉及大量的参数设置与计算方法问题，它们都会对最终测量结果的不确定度造成影响，其中包含的主要因素有：

1）外部操作：主要是由测量、计算等操作过程引起；

2）使用的数学处理方法：从坐标测量软件中调用的拟合、导出与计算的数学处理方法；

3）数学模型的正确性：除数学理论模型外，由于测量过程需要处理的实时性，因此有些算法会使用一些工程算法和近似算法，其精度与准确性也会影响到不确定度；

4）数据滤波方法：数据滤波算法是对离散数据处理时常用的方法，其参数设置与处理方法也会影响不确定度。

（6）物理常数和转换因子

目前许多坐标测量系统都配有被测工件温度补偿功能，但如果缺乏对工件热膨胀系数的充分了解，也会产生相关的不确定度，此因素独立于坐标测量系统的性能检定。

（7）测量对象、工件特性

由于坐标测量原理和方法等原因，来自工件本身各方面因素的影响同样非常大，它们对测量不确定度的影响主要体现在以下几方面：

1）热膨胀性能因素：温度对测量结果的影响是与材料的热膨胀性能密切相关，对于温度变化较大的场合，这种由于温度造成的膨胀更是难以估算，因此实际操作时需要特别注意被测工件的温度状况及其变化。在高精度测量中必须对工件进行等温处理，等温的时间根据工件的体积和热容量确定。

2）工件几何形状：工件几何特征的形状与方位会影响到测点的采集方法与测量结果。

3）工件表面质量、粗糙度和形貌：这是几何轮廓面离散采点方法所面临的一个问题。

4）表面污物：须对被测工件表面进行仔细清洁，特别是在高精度测量和扫描测量时。

5）工件刚性：这实际上是确定工件测量工况问题，即必须使图样的要求和测量时工件的状况一致，工件因受力（包括装配、重力）而变形往往是测量中容易被忽略的一个问题。

（8）产品几何特征的特性（GPS 特性）、工件特性、测量仪器的特性

坐标测量系统能承担符合 GPS 标准定义的几何特征的多种测量任务，因此，不完整的或含糊的定义与测量方法，例如不完整的基准定义，过约束的几何要素等，都会影响测量结果的不确定度。

（9）测量方法与过程规范

1）探测系统校准结果的稳定性：探测系统包括探针系统（组合）等，尽管在使用前探针都需进行校准，但在实际应用中，由于实际测量接触方位变化等问题的存在，会影响到其校准结果的稳定性，并影响到测量不确定度。

2）测点技术：相当部分坐标测量中采用了接触式测量方式，此时就会受到探针刚性、测量力、摩擦、测量速度、测量角度、采样时机、扫描方式等方面的影响；同时，在法向测量时，测量机空间测量路径的控制精度也会影响结果的不确定度。而对于影像和激光等测量方法而言，环境光、激光光斑、工件表面品质和反射、漫反射特性等也会对测量结果造成影响。

3）由于工件夹持所造成的影响：被测工件的装夹在测量时是必需的，但必须充分考虑由于夹持力导致工件变形造成的影响。同时由于被测工件本身存在着误差，因此还必须考虑工件装夹结果的一致性与稳定性，这一点在批量工件测量中犹为重要。

4）工件在测量系统中的位置及方向：工件在测量空间中的方位关系到整个测量采点的方案，包括采点方向、测量路径、探针系统（组合）等，应当全面综合地考虑。

5）采点策略，包括点数和分布：离散提取要素的测量方法，使得测点的数量与分布成为几何特征测量与几何要素拟合计算中影响不确定度的一个重要因素；因此必须在测量规范中对这些参数给予定义与规范，以控制这方面因素的影响。

6）重复测量的次数：重复测量次数，特别是一人多次和多人多次（GR&R）测量结果的重复性与再现性，它是检验整个测量过程与测量结果不确定度的重要指标。

7）测量的顺序和持续时间：测量顺序涉及测量规范的制订，而持续时间涉及的面比较广，包括环境、测量机等各方面的因素。

8）所使用的数据处理方法，包括与之相关的特征：尽管工件的几何公差可以通过GPS技术进行了完整定义，但目前还没有完整的测量与评定过程规范，这会影响到后续测量过程、数据分析和处理方法。

9）所编制的操作过程指导文件的质量：这是规范问题，即如何规范相关的测量规范文件及内容，进而规范整个过程。

10）编码文件的质量：这是几何坐标测量管理工作信息化过程中将涉及的内容。

(10)　计量/测量/检测人员

从上面这一系列影响测量不确定度的因素来看，这里存在着一个非常复杂而庞大的技术体系，这就对坐标测量操作人员提出了相当高的要求，其中主要包括：

1）计量/测量/检测人员的教育及培训：有必要对相关操作人员进行知识、规范与系统方面的教育与培训，提高他们的技术素养，更新他们的专业知识，不然他们将无法胜任这样复杂的几何坐标测量工作；

2）计量/测量/检测人员的经验：在一个复杂技术体系下的计量检测实践中，经验将起到非常重要的作用，这不仅在前期的规划与策划过程中，在对测量结果的判断方面也同样重要。面对复杂多变的工件与测量任务，常规的规范还不足以解决所有问题，这也是目前几何坐标测量技术应用过程中的主要难点；

3）计量/测量/检测人员的知识体系：计量/检测是整个机械制造活动中的一个重要环节，因此了解与掌握相关的系统方面知识是非常重要的，这不仅是为了解决机械制造中的质量及其控制问题，同时也将提高计量检测工作的质量；

4）计量检测人员的诚实与敬业精神：在一个复杂的系统中，规范与经验仍不足以解决所有的问题，从业人员的诚实与敬业精神更是至关重要，这不仅是对从业人员本身的要求，同样也是对整个监督与管理体系提出的更高要求。

从上面的分析中可以看到坐标测量技术体系的庞大和影响因素的众多，在实际工作中应引起足够的重视。

从上面我们还可以得出一个结论，那就是**所有的测量结果都是有条件的**，要想使测量结果准确可信，其核心就是将上述的影响因素固化下来，控制起来，这就得依靠规范。

10.2　按规定检验结果的合格判定规则

事实上，由于认知、技术、环境等方面的影响，在实际测量过程中无法得到被测对象的真值，也就是说必然会有测量误差存在。目前是使用测量不确定度来表示这种误差的程度、分布，同时也分离了对测量结果影响的各种因素。图 10.2 表示了测量误差的类型及一些基本概念和术语：

实际上，在整个几何技术规范（GPS）体系中，不确定度的概念更为宽泛，图 10.3 中描述了这些不确定度，其中包括：

(1) 测量方法不确定度

这个不确定度主要针对测量过程，包括了方法不确定度和执行不确定度两个部分。这部分不确定度与测量工艺规范有直接的关系。

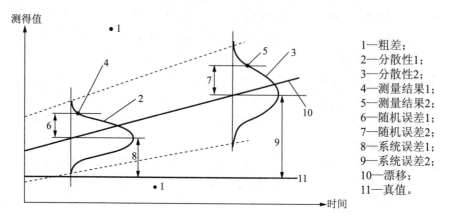

1—粗差；
2—分散性1；
3—分散性2；
4—测量结果1；
5—测量结果2；
6—随机误差1；
7—随机误差2；
8—系统误差1；
9—系统误差2；
10—漂移；
11—真值。

图 10.2　误差的类型

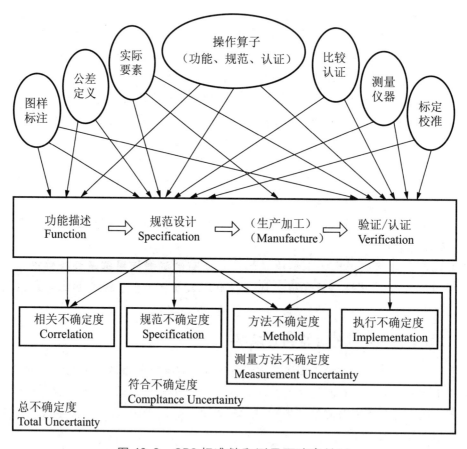

图 10.3　GPS 标准链和测量不确定关系

（2）符合不确定度

这个不确定度主要包括设计过程中公差标注的准确性和测量不确定度。主要考核的是图样标注和测量结果对功能要求的符合程度。

（3）总不确定度

在前两个不确定度的基础上，考虑了设计者对功能描述的准确性。

这些不确定度的概念，体现了将设计、制造、检测和控制作为一个整体进行考虑的思路。

而对于测量工作而言，主要需要考虑的应该不仅是测量方法不确定度，还应包括符合不确定度中的一部分，即对工件图样的正确解读。

对于测量过程和测量结果而言，在如何界定测量误差和测量结果的合格判定等方面，已有多项相关的国家和国际标准颁布，其中包括：

1）GB/T 18779.1—2002（ISO/TS 14253-1：1998）《产品几何量技术规范（GPS）工件与测量设备的测量检验　第 1 部分：按规范检验合格或不合格的判定规则》；

2）GB/T 18779.2—2004（ISO/TS 14253-2：1999）《产品几何量技术规范（GPS）工件与测量设备的测量检验　第 2 部分：测量设备校准和产品检验中的 GPS 测量的不确定度评定指南》；

3）GB/T 18779.3—2008（ISO/TS 14253-3：2002）《产品几何技术规范（GPS）　工件与测量设备的测量检验　第 3 部分：关于对测量不确定度的表述达成共识的指南》。

这个系列标准涵盖了 GPS 体系中所有被测项目的测量操作过程。

GB/T 18779.1—2002 中定义了测量不确定度（Uncertainty of measurement）：与测量结果相关的参数，表征合理地赋予被测量值的分散性。在 GPS 体系中，测量不确定度用扩展不确定度（U）表示：

$$U = k * u_c \tag{10-1}$$

式中：k——包含因子，当没有特别注明时，$k=2$；

u_c——合同标准不确定度。

测量结果的完整表述（y'）为

$$y' = y \pm U \tag{10-2}$$

式中：y——测量结果；

U——测量不确定度。

GB/T 18779.1—2002 对测量结果的判定规则通则进行了规定：

——若供方和用户之间需商定其他判定规则，则双方应签订专门协议并列入有关文件中。

——当供方和用户之间未商定其他判定规则时，则以设计或给定规范阶段（例如在工程图样上）上标注（单侧或双侧）规范的上下限（LSL 和 USL）为依据；在生产或检验阶段时必须考虑测量确定度，所有工件或测量设备均不能超出规范。

图 10.4 表示了测量不确定度的判定规则。对于合格区的评定没有任何疑义，关键问题是如果确定不确定区（不确定度概算），以及如何对该区进行测量结果合格的评定。GB/T 18779.1 中明确指出测量不确定度始终由进行测量并提供合格与不合格证明的一方

考虑。

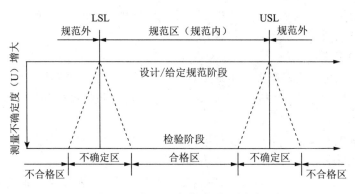

图 10.4　测量不确定度的判定规则

10.3　测量不确定度的管理

由于不确定度问题涉及从设计规范到检测认证的整个过程中，因此 GPS 标准引入了一个测量不确定管理的概念，从系统角度来考虑不确定度对测量结果的影响。测量不确定度管理程序（Procedure of Uncertainty Management，简称 PUMA）可以帮助企业选择在技术和经济上都充分合理的测量程序。

测量不确定度概算和管理的先决条件是清楚地识别和明确测量任务，即要得到定量确定的被测量（工件的 GPS 特征量或 GPS 测量设备的计量特征量）。图 10.5 和图 10.6 列出了"给定测量程序的测量不确定度管理程序（PUMA）"和"测量过程（程序）的测量不确定度管理程序（PUMA）"，通过该程序及相关不确定度的概算方法，就可以有效地估算测量结果的不确定值，比对测量结果，并为合格评定提供可信和量化依据。

在这两个流程中，可以清晰地看到从测量原理、测量方法、测量程序和测量条件等方面考虑测量不确定度的过程，同时也针对不确定度不满足测量工作要求时，如何进行调整的工作顺序提出了方向。最关键的是整个工作都是通过对不确定度的估算来量化表示的。

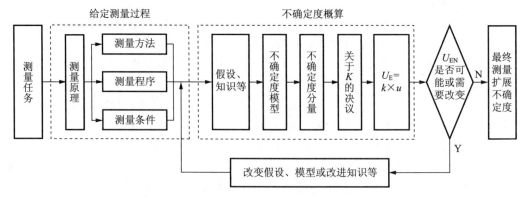

图 10.5　给定测量过程的测量不确定度管理程序

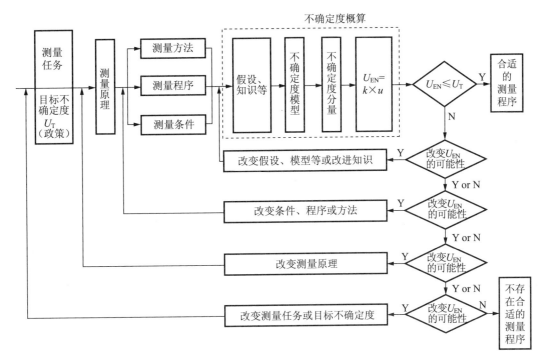

图 10.6　测量过程（程序）的测量不确定度管理程序（PUMA）

有关不确定度的概算方法请参见：

1）测量不确定度表示指南（Guide to Expressio of Uncertainty in Measuremenr（GUM），BIMP，IEC，IFCC，ISO，IUPAC，IUPAP，OIML，第 1 版，1995）；

2）GB/T 18779.2—2004（ISO/TS 14253-2：1999）《产品几何量技术规范（GPS）　工件与测量设备的测量检验　第 2 部分：测量设备校准和产品检验中的 GPS 测量的不确定度评定指南》；

3）JJF 1059—1999《测量不确定的评定与表示》。

10.4　关于测量不确定度表述的共识

对测量结果的合格评定一般发生在供需双方，其合格评定的方法一般是按规范或双方的约定进行，也会在某些情况下引入第三方，但这都必须在一种双方的协议框架下进行，图 10.7 表示了双方在不确定度表述方面达成协议的过程：

从不确定度的形成过程中可以看到，这样的不确定度表述包含了从设计、制造到检验和认证的整个过程，其核心就是规范。

同时，这种不确定度的表述并没有明确表述在不确定区的产品如何判定。在一般情况下，同样需在协议中明确表示这部分的处理意见。在生产实际中，对这部分产品有下列处理方法：

1）选用具有更小测量不确定度的方法，设法再分离一部分产品；

2）让步接收或降档使用。

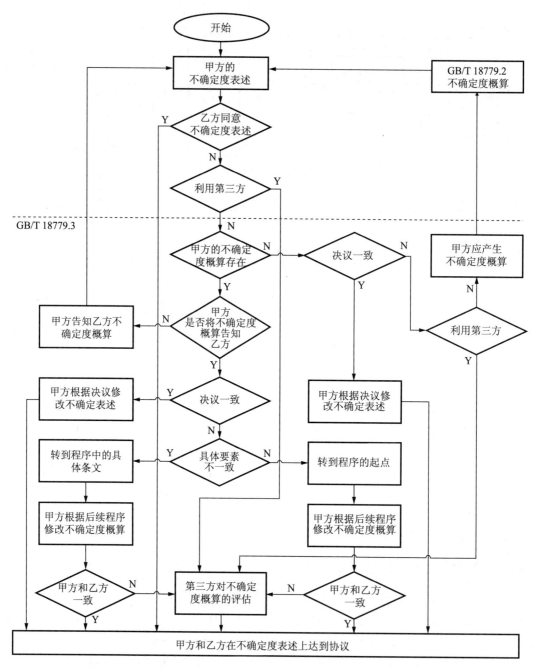

图 10.7　多方在不确定度表述上达成协议的流程

10.5　现场不确定度评估方法

从前面章节的叙述可以看到坐标测量过程中测量不确定度组成的复杂性，坐标测量系统制造商关心的是如何保证由 GB/T 16857（ISO 10360）标准所规定的与测量机本体及系统

（探测系统、测量软件、转台、控制系统）相关的特性。尽管已形成了多个技术层次的国际与国家标准，它们互相联系、补充和包含，但在检定中还是根据实施的需要作了某些简化和状态模拟。因此仅使用 GB/T 16857（ISO 10360）中的这些方法，若没有进一步的分析和检测，其结果对大多数工件的测量来说，特别是确定面向任务的不确定度是不够的。也就是说目前的 GB/T 16857（ISO 10360）标准还不能直接回答面向对象（特定测量任务）的不确定度问题。

ISO/TS 15530 系列标准（产品几何技术规范（GPS） 坐标测量系统（CMM）确定测量不确定度的技术 Geometrical Product Specifications（GPS）—Coordinate measuring machines（CMM）Technique for determining the uncertainty of measurement）的发布，为描述应用坐标测量系统时评估面向任务的测量不确定度（Task specific measurement uncertainty）提供了相关的技术（注意，还不能作为检测的标准）。这些技术将为评估影响所宣称的测量不确定度的来源提供参考，包括坐标测量系统、测量采样策略、环境影响、操作人员等和相关影响实际测量结果的因素。ISO/TS 15530 与 GB/T 16857（ISO 10360）标准之间的关系如图 7.25 所示。

该系列标准目前包括以下几个部分：

1）ISO/ TS 15530-1：2005 概览及计量学特性（Overview and Metrological characteristics）；

2）ISO/ TS 15530-2：2004 应用多次测量策略对人造标准器进行校准（Use of multiple measurements strategies in calibration of artefacts）；

3）ISO/TS 15530-3：2004 应用已校准的工件或标准（Use of calibrated workpieces or standards）；（GB/T 24635.3-2009 产品几何技术规范（GPS）坐标测量机（CMM）确定测量不确定度的技术 第 3 部分：应用已校准工件或标准件）

4）ISO/TS 15530-4：2004 应用模拟方法来评估面向任务的不确定度（Estimating Task Specific Measurement Uncertainty using simulation）；

5）ISO/ TS 15530-5：2004 应用统计测量历史（Use of Statistical Measurement History）。

（1）应用多种测量策略对人造实物标准器进行测量

ISO/TS 15530-2 采用对人造实物标准器的测量评估方法，来进行面向任务的不确定度评估。它主要通过测点分布和被测标准器在坐标测量系统上的方向变化，经过多次测量与分析来完成评估，具体方法如图 10.8 所示。

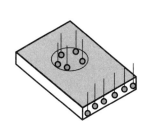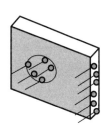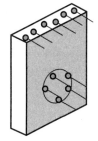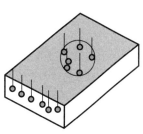

图 10.8　ISO/TS 15530-2 标准中有关不确定度测量方法示意

所有这些对人造实物标准器的重复测量至少选 4 个不同方向，若有需要则还要选不同的探针，这个结果至少要有 4×5 的完整测量，然后进行不确定度计算与评估，人造实物标准器测量方向要处于自然状态，即操作人员所选的方向应能得到最佳的测量条件。

　　ISO/TS 15530-2 标准中还给出了对长度标准器、尺寸（直径）标准器进行测量、计算与评估的方法，同时给出了几何误差的不确定度处理方法。该部分标准所涉及的方法所考虑的不确度因素如表 10.1 所示。

表 10.1　ISO/TS 15530-2 提供的方法所考虑的不确定度因素

不确定度因素	主要考虑下述因素				
	u_{rep}	u_{geo}	E_L，u_{corr}	E_D，u_D	U_{temp}
	重复性及采样	坐标测量系统的几何误差	平均测量距离误差	探针针头的直径	温度影响
点到点的重复性	■				
分辨率	■				
表面污物及粗糙度	■				
数字测量机的几何误差		■			
探针针头的相对位置		■			
探针针头的方向特性		■			
探针针头的直径不确定度		■		■	
表面采样点	■				
人造实物标准器找正		■			
平均距离误差			■		
温度变化、漂移		■			
温度梯度变化		■			
夹持、安装		■			
数字测量机的温度修正					■
人造实物标准器的温度修正					■
当扫描时的动态误差	■				

注：此表并没有完全列出所有的不确度因素，所以此方法还会受更多因素影响。

（2）应用已校准的工件或标准

　　GB/T 24635.3—2009（ISO/TS 15530-3）标准的不确定度评估是直接面向被测工件与测量过程的，它通过制作与被测工件相似的已校准工件或使用核查标准，在相同的测量条件与测量策略下进行不确定度评估。它对已校准的工件或核查标准是有一定要求的，具体要求如表 10.2 所示。

表 10.2　GB/T 24635.3—2009 中已校准工件或标准及测量过程要求

项　目		要　求
尺寸特征	尺寸差异	＜10％（≥250mm）
		＜25mm（≤250mm）
	角度差异	±5°以内
形状误差及表面结构		预期的功能特性相似
材料（如热膨胀、弹性、硬度）		预期的功能特性相似
测量策略		完全相同
探针配置		完全相同

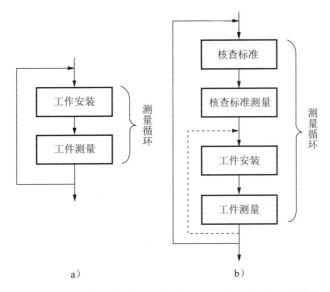

图 10.9　ISO/TS 15530-3 不确定度测量评估过程

　　实际的测量评估是一个循环过程（如图 10.9 所示），它包括工件安装和测量工作的一个或多个步骤，被测工件的位置和方向可以在不确定度评估范围内自由选取，这种过程称为"非替代测量方法"。有时还会使用核查标准（如量块）先对坐标测量系统系统误差进行修正，该过程称为"替代测量方法"，如图 10.9 所示，其中图 10.9a）为非替代方法，图 10.9b）为替代方法。

　　为了获得足够数量的采样，不确定度评估至少需要 10 次测量循环，同时对已校准工件将要进行至少 20 次测量。即如果每个循环只测量一个已校准工件，至少要进行 20 个测量循环。比较理想的是这些测量应分布在较长的时间区域内，以便考虑这方面因素的影响。

　　采用 GB/T 24635.3—2009（ISO/TS 15530-3）标准时，主要考虑的测量不确定度分量如表 10.3 所示。

表 10.3　ISO/TS 15530—3 方法中的不确定度因素

不确定度因素名称	评估方法（根据 GUM）	表示方法
坐标测量系统的几何误差	A	和值 u_p 评估
坐标测量系统的温度		
坐标测量系统的漂移		
工件的温度		
探测系统的系统误差		
坐标测量系统的重复性		
坐标测量系统的标尺分辨力		
坐标测量系统的温度梯度		
探测系统的随机误差		
测头更换不确定度		
由程序导致的误差（夹持，安装等）		
由污物引起误差		
由测量策略引起误差		
已校准工件的校准	B	u_{cal}
工件和已校准工件间在粗糙度、形状、膨胀系数、弹性等方面变化	A 或 B	u_{cal}
注：表中的不确定度贡献因素可能没有包括全部。		

　　从表 10.3 中可以明显看到两种方法之间不仅在理论基础，而且在具体操作过程中也存在着明显的差异。

10.6　规范与测量结果的合格判定

　　从前面的叙述中可以看到规范在测量结果合格判定中的作用，国际标准和国家标准制定了多个相关标准，但这些标准都是宏观的，提供的是一种思路和方法，以及一些流程上的规范，并不涉及测量工作中的实际内容。

　　而在几何测量中，现有的规范和标准，如 GB/T 1958 等标准，又都是针对传统测量方法的，尽管在测量原理等方面可以借鉴，但对于几何坐标测量中的具体工作，则没有涉及。因此为了确保测量数据的合格性，同时保障各种测量结果之间的可比性和比较的有效性，在针对千变万化的工件和测量任务时，用户应当在国家标准和国际标准的大框架和思路的指导下，制订针对具体产品、图样和测量操作过程的相应规范。

　　图 10.10 描述了几何坐标测量的工作流程、测量工艺规范生成流程和测量结果比对要求。同时描述了相关规范的内容。

　　这个规范制订的流程和内容主要包括：

　　（1）正确地理解图样是整个工作的开始，对于规范而言，这种理解应该是显性化的，是成文的，这有助于所有涉及图样的人员有一个共同的理解，同时也有利于发现图样中的问题，以便更好地沟通，并达成共识。

（2）将图样的标注转化为测量要求的工作，这其中包括测量的内容、测量结果的输出要求等，是对测量工作任务定义和完成形式的规定。

（3）根据测量任务，制订详尽的测量工艺规范，其中包括测量的条件、测量评定方法、具体测量过程和数据处理方法、具体的操作流程等。

在上述工作流程的基础上，将会形成相应的规范文件，只有以文件形式表示，才能使对整个过程的规范显性化，并具有可操作性。这些规范主要包括以下几个方面：

1）GD&T 图样解读与测量方法规范文件；

2）检测工艺规范文件；

3）坐标测量评定方法规范文件；

4）测量过程与操作规范文件。

在规范制订和完善过程中，需进行专门的测量系统分析（MSA）和测量比对实验，以确保所制定规范的有效性。

只有在相关的规范文件基础上，测量结果才有可能具有准确性、复现性和再现性，才有可能在一定的条件下与传统的平台测量方法、常规量规量仪、综合功能量规以及其他坐标测量机的测量结果进行相应的比对，才有测量结果合格判定的依据。

同时，通过这些规范的积累，还能使其成为企业 GD&T 设计和测量规范的参考手册。

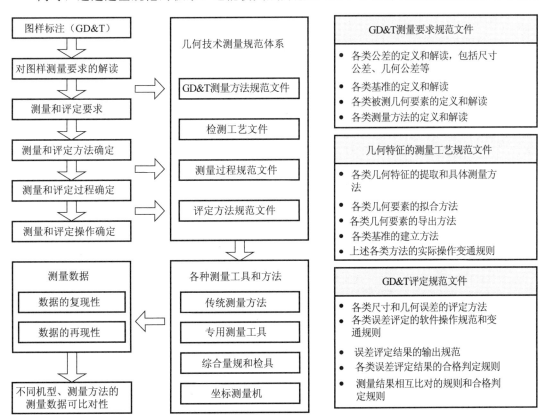

图 10.10　坐标测量工作流程与规范生成流程及相关规范内容

附录 A

相关产品几何技术规范（GPS）标准汇总

产品几何技术规范方面的国家标准由全国产品几何技术规范标准化技术委员会（SAC TC 240/ISO TC 213）负责制订和修订。表 A.1 列出了与本书相关的标准。

表 A.1

序号	标准号	标准名称
1	GB/Z 20308—2006	产品几何技术规范(GPS)　总体规划
2	GB/T 19765—2005	产品几何量技术规范(GPS)　产品几何量技术规范和检验的标准参考温度
3	GB/T 4249—2009	产品几何技术规范(GPS)　公差原则
4	GB/Z 24637.1—2009	产品几何技术规范(GPS)　通用概念　第1部分：几何规范和验证的模式
5	GB/Z 24637.2—2009	产品几何技术规范(GPS)　通用概念　第2部分：基本原则、规范、操作集和不确定度
6	GB/T 18780.1—2002	产品几何量技术规范(GPS)　几何要素　第1部分：基本术语和定义
7	GB/T 18780.2—2003	产品几何量技术规范(GPS)　几何要素　第2部分：圆柱面和圆锥面的提取中心线、平行平面的提取中心面、提取要素的局部尺寸
8	GB/T 24632.1—2009	产品几何技术规范(GPS)　圆度　第1部分：词汇和参数
9	GB/T 24632.2—2009	产品几何技术规范(GPS)　圆度　第2部分：规范操作集
10	GB/T 24633.1—2009	产品几何技术规范(GPS)　圆柱度　第1部分：词汇和参数
11	GB/T 24633.2—2009	产品几何技术规范(GPS)　圆柱度　第2部分：规范操作集
12	GB/T 24630.2—2009	产品几何技术规范(GPS)　平面度　第2部分：规范操作集
13	GB/T 24630.1—2009	产品几何技术规范(GPS)　平面度　第1部分：词汇和参数
14	GB/T 24631.1—2009	产品几何技术规范(GPS)　直线度　第1部分：词汇和参数
15	GB/T 24631.2—2009	产品几何技术规范(GPS)　直线度　第2部分：规范操作集
16	GB/T 321—2005	优先数和优先数系
17	GB/T 19763—2005	优先数和优先数系的应用指南
18	GB/T 19764—2005	优先数和优先数化整值系列的选用指南
19	GB/T 1800.1—2009	产品几何技术规范(GPS)　极限与配合　第1部分：公差、偏差和配合的基础
20	GB/T 1800.2—2009	产品几何技术规范(GPS)　极限与配合　第2部分：标准公差等级和孔、轴极限偏差表
21	GB/T 1801—2009	产品几何技术规范(GPS)　极限与配合　公差带和配合的选择
22	GB/T 1803—2003	极限与配合　尺寸至18 mm孔、轴公差带

续表 A. 1

序号	标准号	标准名称
23	GB/T 1804—2000	一般公差 未注公差的线性和角度尺寸的公差
24	GB/T 18776—2002	公差尺寸 英寸和毫米的互换算
25	GB/T 5847—2004	尺寸链 计算方法
26	GB/Z 24638—2009	产品几何技术规范（GPS） 线性和角度尺寸与公差标注＋/－极限规范 台阶尺寸、距离、角度尺寸和半径
27	GB/T 5371—2004	极限与配合 过盈配合的计算和选用
28	GB/T 12471—2009	产品几何技术规范（GPS） 木制件 极限与配合
29	GB/T 11334—2005	产品几何量技术规范（GPS） 圆锥公差
30	GB/T 12360—2005	产品几何量技术规范（GPS） 圆锥配合
31	GB/T 15754—1995	技术制图 圆锥的尺寸和公差注法
32	GB/T 15755—1995	圆锥过盈配合的计算和选用
33	GB/T 157—2001	产品几何量技术规范（GPS） 圆锥的锥度与锥角系列
34	GB/T 4096—2001	产品几何量技术规范（GPS） 棱体的角度与斜度系列
35	GB/T 17851—2010	产品几何技术规范（GPS） 几何公差 基准和基准体系
36	GB/T 16671—2009	产品几何技术规范（GPS） 几何公差 最大实体要求、最小实体要求和可逆要求
37	GB/T 1184—1996	形状和位置公差 未注公差值
38	GB/T 1182—2008	产品几何技术规范（GPS） 几何公差 形状、方向、位置和跳动公差标注
39	GB/T 2822—2005	标准尺寸
40	GB/T 13319—2003	产品几何量技术规范（GPS） 几何公差 位置度公差注法
41	GB/T 16892—1997	形状和位置公差 非刚性零件注法
42	GB/T 17773—1999	形状和位置公差 延伸公差带及其表示法
43	GB/T 17852—1999	形状和位置公差 轮廓的尺寸和公差注法
44	GB/Z 24636.1—2009	产品几何技术规范（GPS） 统计公差 第1部分：术语、定义和基本概念
45	GB/Z 24636.2—2009	产品几何技术规范（GPS） 统计公差 第2部分：统计公差值及其图样标注
46	GB/Z 24636.3—2009	产品几何技术规范（GPS） 统计公差 第3部分：零件批（过程）的统计质量指标

续表 A. 1

序号	标准号	标准名称
47	GB/Z 24636.4—2009	产品几何技术规范（GPS） 统计公差 第 4 部分：基于给定置信水平的统计公差设计
48	GB/Z 24636.5—2010	产品几何技术规范（GPS） 统计公差 第 5 部分：装配批（孔、轴配合）的统计质量指标
49	GB/Z 26958.1—2011	产品几何技术规范（GPS） 滤波 第 1 部分：概述和基本概念
50	GB/Z 26958.20—2011	产品几何技术规范（GPS） 滤波 第 20 部分：线性轮廓滤波器 基本概念
51	GB/Z 26958.22—2011	产品几何技术规范（GPS） 滤波 第 22 部分：线性轮廓滤波器 样条滤波器
52	GB/Z 26958.31—2011	产品几何技术规范（GPS） 滤波 第 31 部分：稳健轮廓滤波器 高斯回归滤波器
53	GB/Z 26958.32—2011	产品几何技术规范（GPS） 滤波 第 32 部分：稳健轮廓滤波器 样条滤波器
54	GB/Z 26958.40—2011	产品几何技术规范（GPS） 滤波 第 40 部分：形态学轮廓滤波器 基本概念
55	GB/Z 26958.41—2011	产品几何技术规范（GPS） 滤波 第 41 部分：形态学轮廓滤波器 圆盘和水平线段滤波器
56	GB/Z 26958.49—2011	产品几何技术规范（GPS） 滤波 第 49 部分：形态学轮廓滤波器 尺度空间技术
57	GB/Z 26958.29—2011	产品几何技术规范（GPS） 滤波 第 29 部分：线性轮廓滤波器 样条小波
58	GB/T 24634—2009	产品几何技术规范（GPS） GPS 测量设备通用概念和要求
59	GB/T 8069—1998	功能量规
60	GB/T 3177—2009	产品几何技术规范（GPS） 光滑工件尺寸的检验
61	GB/T 1958—2004	产品几何量技术规范（GPS） 形状和位置公差 检测规定
62	GB/T 7235—2004	产品几何量技术规范（GPS） 评定圆度误差的方法 半径变化量测量
63	GB/T 4380—2004	圆度误差的评定 两点、三点法
64	GB/T 7234—2004	产品几何量技术规范（GPS） 圆度测量 术语、定义及参数
65	GB/T 11336—2004	直线度误差检测
66	GB/T 11337—2004	平面度误差检测
67	GB/T 16857.1—2002	产品几何量技术规范（GPS） 坐标测量机的验收检测和复检检测 第 1 部分：词汇
68	GB/T 16857.2—2006	产品几何技术规范（GPS） 坐标测量机的验收检测和复检检测 第 2 部分：用于测量尺寸的坐标测量机

续表 A.1

序号	标准号	标准名称
69	GB/T 16857.3—2009	产品几何技术规范(GPS)　坐标测量机的验收检测和复检检测　第 3 部分：配置转台的轴线为第四轴的坐标测量机
70	GB/T 16857.4—2003	产品几何量技术规范(GPS)　坐标测量机的验收检测和复检检测　第 4 部分：在扫描模式下使用的坐标测量机
71	GB/T 16857.5—2004	产品几何量技术规范(GPS)　坐标测量机的验收检测和复检检测　第 5 部分：使用多探针探测系统的坐标测量机
72	GB/T 16857.6—2006	产品几何技术规范(GPS)　坐标测量机的验收检测和复检检测　第 6 部分：计算高斯拟合要素的误差的评定
73	GB/T 24635.3—2009	产品几何技术规范(GPS)　坐标测量机（CMM）确定测量不确定度的技术　第 3 部分：应用已校准工件或标准件
74	GB/T 18779.1—2002	产品几何量技术规范(GPS)　工件与测量设备的测量检验　第 1 部分：按规范检验合格或不合格的判定规则
75	GB/T 18779.2—2004	产品几何量技术规范(GPS)　工件与测量设备的测量检验　第 2 部分：测量设备校准和产品检验中 GPS 测量的不确定度评定指南
76	GB/T 18779.3—2009	产品几何技术规范(GPS)　工件与测量设备的测量检验　第 3 部分：关于对测量不确定度的表述达成共识的指南

附录 B

本书中插图与表格汇总

为了更简洁明了地表达和解释相关的内容，在本书中使用了大量的图表，除自行绘制的外，其中有部分插图直接引用了相关的国家标准（都注明了相关的国家标准号），有小部分来源于测量机和探测系统制造商的公开广告、网站。还有少量的图片来源于网上（通过百度搜索），来源明确的都标示了引用源。下面分章节分别汇总列出了文中的图和表格。

检06